# PRINCIPES

# D'AGRICULTURE

PARIS. — IMPRIMERIE DE J. CLAYE
RUE SAINT-BENOIT, 7

L'AGRICULTURE FRANÇAISE

# PRINCIPES
# D'AGRICULTURE

APPLIQUÉS

AUX DIVERSES PARTIES DE LA FRANCE

PAR

M. LOUIS GOSSIN

CULTIVATEUR
PROFESSEUR D'AGRICULTURE A L'INSTITUT NORMAL AGRICOLE DE BEAUVAIS
MEMBRE DU JURY DE L'EXPOSITION AGRICOLE DE 1856

DEUXIÈME ÉDITION

TOME PREMIER

PARIS

LACROIX ET BAUDRY
LIBRAIRIE SCIENTIFIQUE, INDUSTRIELLE ET AGRICOLE
QUAI MALAQUAIS, 15

1859

L'auteur se réserve le droit de traduction

# PRÉFACE

Qu'est-ce que l'agriculture ? — Tout.
Qu'est-elle dans l'éducation libérale ? — Rien.

En agriculture, la théorie se lie à la pratique d'une manière tellement intime, que je crois devoir à mes lecteurs une sorte de compte rendu de mes antécédents pratiques agricoles, et des motifs qui m'ont amené à composer cet ouvrage.

Fonctionnaire et veuf avec deux enfants, mon père habitait en Lorraine, non loin de Roville, lorsqu'une célèbre école d'agriculture fut fondée dans cette localité. De ce qu'il vit et entendit alors, mon père conjectura que la profession agricole reprendrait bientôt le rang distingué qu'elle n'aurait jamais dû perdre, et il y destina mon frère aîné. Tous deux devaient se retirer ensemble à la campagne, tandis que j'embrasserais la carrière de la magistrature. Mais l'éloge que, dès le plus bas âge, j'avais entendu faire de la vie champêtre, ne me permettait pas d'admettre cette seconde partie des projets paternels. Je voulais à toute force être cultivateur. Après m'avoir longtemps résisté, mon père finit par céder, et, en 1833, il nous plaça, mon frère et moi, à l'institut de Grignon, afin de nous initier à la science agronomique. Cette même année, nous fîmes notre installation à la Tour-Audry, propriété patrimoniale de cent hectares située dans les Ardennes, et tellement dégradée alors, que le fermier, qui payait un loyer de 1000 francs, demandait une diminution. Pour réussir, il fallait de notre part le travail le plus énergique. Pendant huit ans, mon frère et moi, nous prîmes aux ouvrages manuels de la culture la même part que nos serviteurs. Les projets étaient discutés en commun, et alternativement l'un de nous était chargé de la surveillance, tandis que l'autre labourait, semait, chargeait les gerbes, etc... Mon père s'était réservé la direction du ménage, du jardin et de la basse-cour.

D'honorables encouragements nous soutinrent dans cette dure période. La Société centrale d'agriculture m'accorda, pour mes premières compositions agricoles, deux prix de 1000 francs, deux médailles et le titre de membre correspondant. La Société d'agriculture des Ardennes décerna de son côté une haute prime de 1000 francs à la Tour-Audry, comme à l'exploitation la mieux dirigée du département; j'avais alors 22 ans.

Huit ans après, diverses circonstances me déterminèrent à quitter le domaine paternel, où ma présence avait cessé d'être nécessaire; car, plus habile que jamais, mon frère suffisait seul à la direction.

Rentrant alors en moi-même, je remarquai que mon goût pour la vie des champs venait de ce que mon père m'avait parlé d'agriculture dès mon enfance, et je me dis que si, dans l'instruction publique, on faisait de même, beaucoup de vocations semblables à la mienne se produiraient. Il me semblait d'ailleurs que tout homme instruit, quelle que soit sa position, doit posséder certaines notions agricoles. N'est-ce pas l'agriculture qui nous fait vivre, et tous les intérêts sociaux ne se rattachent-ils pas à ceux du sol? D'où je concluais que l'instruction publique présente sous ce rapport une déplorable lacune. Je m'expliquais ainsi l'éloignement de la plupart des personnes aisées pour les occupations rurales, l'empressement des fils de cultivateurs à quitter la profession paternelle, la tendance des capitaux à se jeter vers le commerce et l'industrie, plutôt que vers les améliorations rurales, enfin la profonde ignorance qu'on remarque dans le monde sur les questions d'agriculture les plus importantes et les plus simples.

M. Édouard de Tocqueville, l'un des fondateurs du Congrès central d'agriculture, avait conçu exactement les mêmes idées que moi sur la nécessité d'un enseignement classique agricole, de sorte que nous étant rencontrés, en 1847, au congrès des agriculteurs du nord qu'il présidait à Mézières, nous concertâmes les moyens de faire passer nos vues à l'état pratique. D'abord, il fallait prouver qu'on peut intéresser à l'agriculture les jeunes gens des colléges, des séminaires, des écoles normales et des écoles primaires supérieures. M. de Tocqueville me proposa de faire moi-même cet essai à Compiègne, où il dirigeait une société agricole; j'acceptai. Bientôt, sur les instances réitérées de MM. Alexis de Tocqueville, de Lespée, et grâce au concours actif de M. Monny de Mornay, M. Cunin-Gridaine, alors ministre de l'agriculture, consentit à l'exécution de la tentative, et une position officielle de professeur d'agriculture me fut accordée.

J'eus la satisfaction de voir que mes leçons plaisaient aux jeunes gens du collége et des autres pensions de Compiègne. Alors, pour compléter l'expérience, j'organisai l'enseignement agricole, tel qu'il existe aujourd'hui dans l'Oise, en ouvrant deux autres cours, l'un près du petit séminaire de Noyon, l'autre à l'école normale d'instituteurs primaires dirigée à Beauvais par les frères des écoles chrétiennes. Au milieu des fatigues de ce triple professorat, je fus soutenu par d'honorables sympathies. Dès 1849, M. Randouin-Berthier, préfet de l'Oise, se déclara le protecteur de mes cours. Le conseil général, monseigneur Gignoux, évêque de Beauvais, les prirent aussi sous leur patronage. Dans sa session de 1851, le Congrès central d'agriculture adopta sur l'enseignement classique agricole les conclusions de la commission dont j'étais rapporteur. A plusieurs reprises, on me proposa d'ouvrir sur divers points de la France des cours classiques d'agriculture. Paraissant lui-même entrer dans nos idées, l'Empereur encourageait la propagation de l'enseignement agricole dans les écoles normales d'instituteurs primaires et dans les écoles rurales. Ces diverses circonstances nous firent penser, à M. de Tocqueville et à moi, que le moment était arrivé de chercher à généraliser l'œuvre fondée dans l'Oise. Pour y parvenir, il fallait : 1° former des professeurs capables d'ouvrir des cours classiques d'agriculture près des lycées, des écoles normales et autres établissements d'instruction publique; 2° composer un livre qui servît de base à cet enseignement.

## PRÉFACE.

L'établissement dans lequel je faisais mon cours à Beauvais était dirigé par un de ces hommes qui, à force de persévérance et d'énergie, savent renverser tous les obstacles. Le frère Mènée, de qui je veux parler, ne fut pas effrayé de la tâche immense dont il allait se charger, en attachant à sa maison déjà très-vaste un institut normal agricole. M. le préfet de l'Oise, qui connaissait la haute capacité du frère, adopta cette idée et la recommanda chaleureusement à M. Magne, alors ministre de l'agriculture. Celui-ci l'accueillit à son tour de la manière la plus bienveillante, autorisa en 1855 les frères de Beauvais à ouvrir l'institut projeté, et leur accorda à cet effet une subvention. Le frère Philippe, supérieur général des frères des écoles chrétiennes, voulut bien consentir à cette création; Monseigneur l'évêque, MM. de Corberon, Lemaire, de Plancy, députés de l'Oise, et MM. les présidents des Sociétés d'agriculture du département la prirent sous leur patronage.

Les progrès rapides de l'institut, qui compte au commencement de sa troisième année dix-sept élèves distingués, se destinant, les uns au professorat, les autres à la carrière pratique de l'agriculture; les résultats obtenus dans la ferme attachée à l'établissement, résultats constatés par le conseil général de l'Oise dans sa dernière session; plusieurs prix remportés en 1855, 1856 et 1857 aux concours universels et régionaux; tous ces faits réunis prouvent que la pépinière des professeurs classiques d'agriculture est solidement établie.

Le livre que je publie aujourd'hui, l'*Agriculture française*, est la seconde partie de l'œuvre. Il s'applique à la

## PRÉFACE.

France entière et renferme les principes qui me paraissent devoir entrer dans l'enseignement classique agricole. Désirant qu'il fût à la portée de tout le monde, j'ai laissé de côté toutes les formules scientifiques. Afin que la lecture en fût plus attrayante, et aussi pour rendre certains faits plus saisissables, je n'ai reculé devant aucun sacrifice pour l'orner de gravures nombreuses et exactes. L'ouvrage est divisé en deux parties : dans la première l'agriculture est étudiée aux points de vue moral, social, religieux ; dans la seconde, au point de vue pratique. On trouvera une carte agricole, une table alphabétique des lieux qui y sont désignés, et les diverses indications géographiques qui doivent compléter un livre spécialement écrit pour la France.

Je n'ai pas traité de l'arboriculture, des volailles, des abeilles, des vers à soie, des poissons. Ces points sont réservés pour un volume qui paraîtra plus tard, si mes concitoyens accordent à ce premier ouvrage leurs sympathies bienveillantes.

Je dois la dédicace de *l'Agriculture française* à M. Édouard de Tocqueville, dont le dévouement m'a mis à même de poursuivre avec fruit l'œuvre de l'enseignement classique agricole. Sans son appui, sans ses conseils, il m'était impossible d'en supporter le fardeau. Qu'il accepte cet hommage, en me permettant d'exprimer à la fois ma gratitude à mon frère, l'ancien compagnon de mes travaux pratiques ; aux professeurs de Grignon, qui m'ont initié à la science agricole ; au patriarche de l'agriculture française, M. A. de Gasparin, dont les paroles bienveillantes ont encouragé mes premiers essais ; à

M. Randouin-Berthier, préfet de l'Oise, dont le concours en faveur de notre œuvre a été tel qu'aujourd'hui cette œuvre est la sienne; aux ministres de l'empereur, MM. Magne et Rouher, qui successivement l'ont adoptée et subventionnée; à MM. Heurtier et Monny de Mornay, qui ont contribué de tout leur pouvoir à nous faire obtenir cette haute protection; à monseigneur Gignoux, évêque de Beauvais, qui nous a accordé son patronage avec une bienveillance toute paternelle; au frère Mènée, qui supporte la plus forte charge de l'entreprise; à MM. les députés et conseillers généraux du département, dont les sympathies nous ont donné la force de vaincre les difficultés du début; à MM. Lepère[1], Delacour[2], Pihan-Delaforest[3], Vente, Auger[4], Duporc[5] et Dubos[6], qui ont bien voulu s'adjoindre au frère Mènée et à moi pour fonder les cours et organiser les études; à MM. Caubet et autres premiers élèves de l'institut, dont l'esprit laborieux, moral, chrétien est aujourd'hui la base la plus solide de tout l'édifice.

Je dois encore de sincères remerciements à ceux qui m'ont secondé pour la composition de ce livre; à MM. Isidore Bonheur et Rouyer, pour leurs dessins exécutés d'après nature avec autant de soin que de talent; à M<sup>lle</sup> Rosa Bonheur, qui a daigné coopérer elle-même à ce travail; au frère Milhau, qui, dans la partie entomologique, m'a aidé de ses lumières et a dessiné les insectes avec le talent de l'artiste et la précision du savant; aux

---

1. Ingénieur en chef des ponts et chaussées. — 2. Juge au tribunal de 1re instance. — 3. Procureur impérial. — 4. Substituts du procureur impérial. — 5. Professeur au grand séminaire. — 6. Vétérinaire de l'arrondissement.

graveurs MM. Lavieille et Leblanc, dont le burin, bien connu, n'a pas été moins habile que le crayon de ceux dont il fallait reproduire les œuvres; à M. l'abbé Carpentier, dont la critique éclairée m'a été d'un grand secours; à l'un des élèves de l'institut agricole, M. Houpin, qui m'a aidé dans mes études géographiques; à M. Vilmorin, qui, avec une obligeance inépuisable, a mis à ma disposition ses collections et ses jardins; à M. Claye, dont les presses ne sont pas restées, dans la partie typographique de l'œuvre, au-dessous d'une célébrité justement acquise.

Enfin, je dois, par-dessus tout, remercier humblement la divine Providence, qui a suppléé à ma faiblesse personnelle, en m'adjoignant des collaborateurs aussi consciencieux et aussi capables, en même temps qu'elle me conservait la santé au milieu des fatigues d'une telle entreprise.

# TABLE ALPHABÉTIQUE

### ET DÉSIGNATION AGRICOLE DES LIEUX INDIQUÉS SUR LA CARTE.

---

ABBEVILLE. Dépôt d'étalons. (Somme.)
AGEN, chef-lieu de Lot-et-Garonne. Variété remarquable de la race bovine garonnaise ; prunes renommées.
AIX, ville des Bouches-du-Rhône. Oliviers ; grand commerce d'huiles ; culture du tabac.
ALBI, chef-lieu du Tarn. Cultures de pastel et d'anis.
ALENÇON, chef-lieu de l'Orne. Plaine d'Alençon, renommée pour l'élève des chevaux normands carrossiers.
ALFORT, près Paris. Bergerie impériale ; école vétérinaire.
ALPES (les), montagnes. Troupeaux sédentaires et transhumants ; agriculture généralement arriérée ; sol peu fertile.
ALSACE (l'), ancienne province. Plaines très-fertiles ; cultures variées et riches ; maïs ; tabac ; houblon ; choux ; topinambour ; raves ; garance ; vins estimés ; races *alsaciennes* dans les espèces bovine et chevaline.
AMIENS, chef-lieu de la Somme. Chaire d'agriculture.
ANGERS, chef-lieu de Maine-et-Loire. Dépôt d'étalons ; pépinières célèbres.
ANGLÈS, montagne d' (Aude). Race bovine de la famille des Aubracs.
ANGOUMOIS (l'), ancienne province. Culture du safran ; immenses vignobles.
ANJOU (l'), ancienne province. Terrain généralement sablonneux ou schisteux ; nombreux châtaigniers.

Ante, bourg de Lot-et-Garonne ; prunes renommées.
Antibes, ville du Var. Fruits excellents.
Aramon, petite ville du Gard. Vastes plantations d'oliviers.
Arbas, bourg de la Haute-Garonne. Veaux renommés.
Arbois. Vignoble estimé (Jura) ; vins blancs.
Ardenne (l'), contrée sauvage et montagneuse, partie en Belgique, partie en France. Terrain schisteux ; landes immenses ; races particulières de chevaux et de moutons.
Argenteuil, petite ville de Seine-et-Oise. Figuiers ; vignoble.
Argonne (l'), contrée accidentée et boisée entre l'Aisne et la Meuse.
Armagnac (l'), partie de l'ancienne Gascogne. Eaux-de-vie estimées.
Armentières, bourg du département du Nord. Fromages estimés ; variété de blé connue.
Arras, chef-lieu du Pas-de-Calais. Établissements de M. Crespel-Delisse, l'un des fondateurs de l'industrie sucrière.
Artois (l'), ancienne province. Terrain de nature variée, généralement fertile ; vastes cultures d'œillette ; moutons *artésiens*.
Aspes, ramification des Pyrénées (Basses-Alpes). Bœufs remarquables, de race béarnaise.
Aubrac, contrée montagneuse, qui fait partie du Cantal et de l'Aveyron. Races *d'Aubrac* dans les espèces bovine et ovine.
Aubervilliers, village (Seine). Fruits et légumes renommés.
Aubussay. Ferme-école (Cher.)
Auge (vallée d'), vallée très-fertile, dépendant du bassin de la petite rivière la Touque (Calvados). Race bovine *augeronne* ; vastes plantations de pommiers ; excellents cidres.
Aunis (l'), ancienne province. Vastes pâturages ; élève de bestiaux nombreux ; vignobles étendus.
Auvergne (l'), ancienne province. Pays montagneux ; sol très-varié ; pâturages étendus ; plusieurs races de bestiaux ; fromages estimés ; peu de culture ; beaucoup de châtaigniers et de noyers ; quelques vignobles.
Auvillars (Tarn-et-Garonne). Vignoble renommé.
Auxois (l'), partie de la Haute-Bourgogne. Terrains calcaires, élevés, de fertilité moyenne.
Avenay, bourg de la Marne. Vins de Champagne très-estimés.

## DES LIEUX INDIQUÉS SUR LA CARTE.

AVESNES, ville du Nord. Pâturages étendus.

AVIGNON, chef-lieu du département de Vaucluse. Statue de Jean Althen, propagateur de la garance.

AVRANCHIN (l'), partie de la basse Normandie (Manche). Vastes pâturages.

AY, petite ville de la Marne. Vins mousseux de Champagne.

BAGNOLET, près Paris. Haricots gris estimés; premières cultures perfectionnées du pêcher par Girardot.

BARBEZIEUX, ville de la Charente. Fromages estimés.

BARCELONNETTE, petite ville des Basses-Alpes. Fromages de chèvre; race ovine à laine grossière.

BAR-LE-DUC, chef-lieu de la Meuse. Vins estimés.

BARSAC. Vignoble estimé du Bordelais; vins blancs.

BAS (île de), petite île en face de Roscoff (Finistère). Nombreux troupeaux de cochons.

BASSIGNY (le), partie élevée de la Champagne, dont la ville principale est Chaumont. Terrains calcaires, de bonne qualité; élève de chevaux estimés.

BAYEUX, ville principale du Bessin (Calvados). Nombreux bétail.

BAYONNE, ville des Basses-Pyrénées. Porcs renommés pour la qualité de la chair.

BAZAS, petite ville de la Gironde. Dans l'espèce bovine, race *bazadaise*.

BAZIN. Ferme-école. (Gers.)

BÉARN (le), ancienne province. Pays montagneux, favorable à l'élève du bétail; races *béarnaises* dans les espèces bovine et ovine; vignobles.

BEAUCAIRE, ville des Bouches-du-Rhône. Foire immense; vignoble estimé.

BEAUCE (la), partie de l'ancien Orléanais. Plaines très-fertiles; vastes cultures de blé; troupeaux métis-mérinos.

BEAUGÉ, ville du département de Maine-et-Loire. Point de repère pour la division climatérique de la France.

BEAUGENCY, petite ville du Loiret. Vins estimés.

BEAUNE, ville de la Côte-d'Or. Vins de Bourgogne très-connus.

BEAUVAIS, chef-lieu de l'Oise. Institut normal agricole.

BEYRIE. Ferme-école (Landes.)

BERGERAC, ville de la Dordogne. Vins blancs estimés.
BERGUES, ville du Nord. Pays fertile; pâturages étendus; vaches flamandes très-remarquables; blés et fromages renommés.
BERNAY, ville de l'Eure. Immense foire aux chevaux.
BERRY (le), ancienne province. Sol varié; agriculture arriérée; deux races de moutons.
BERTHAUD. Ferme-école. (Hautes-Alpes.)
BESANÇON, chef-lieu du Doubs. Chaire d'agriculture; asperges renommées.
BESPLAS. Ferme-école. (Aude.)
BESSIN (le), partie nord du département du Calvados. Terrain fertile; bétail nombreux.
BÉZIERS, ville de l'Hérault. Vignobles très-étendus.
BIARRITZ. Domaine impérial. (Basses-Pyrénées.)
BIGORRE (le), pays montagneux situé entre le Comté-de-Foix et le Béarn. Vastes pâturages; chevaux carrossiers *bigourdans*, variété des navarrins; vins estimés.
BLOIS, chef-lieu de Loir-et-Cher. Dépôt d'étalons.
BOCAGE (le) ou GASTINE (la), pays montueux et boisé dans le nord-ouest du Poitou. Pâturages; nombreux bestiaux; races particulières dans les espèces chevaline, bovine et ovine.
BOIS CHAUD (le), pays peu fertile qui comprend un peu plus que l'arrondissement de Châteauroux.
BONNEVAL. Dépôt d'étalons. (Eure-et-Loir.)
BORDEAUX, chef-lieu de la Gironde. Chaire d'agriculture; vins célèbres; concours d'animaux de boucherie.
BOUCQUENOM, bourg du Bas-Rhin. Race bovine, dérivant du type suisse bigarré.
BOULOGNE, ville du Pas-de-Calais, qui donne son nom à une contrée dans laquelle on élève des chevaux de gros trait remarquables, dits *Boulonnais*, et des vaches flamandes d'une variété particulière.
BOURBONNAIS (le), ancienne province. Terrain très-accidenté, de nature variée; vastes forêts; pâturages; bœufs *bourbonnais*, variété des charollais.
BOURBOURG, ville du Nord. Production du plus beau type de la race chevaline boulonnaise.
BOURGOGNE (la), ancienne province. Terrain varié et accidenté; vignobles

immenses et très-connus ; troupeaux mérinos remarquables; culture de maïs et de moutarde; haricots renommés.

Braisne. Dépôt d'étalons. (Aisne.)

Bray (pays de), partie de la haute Normandie, arrondissement de Neufchâtel. Pâturages très-étendus; nombreuses vaches laitières.

Brenne (la), partie marécageuse du Berry. Très-petites races de chevaux et de moutons.

Bresse (la), partie de la Franche-Comté dont la ville principale est Bourg. Terrain très-varié; chevaux *bressans*, anciennement estimés; volailles renommées; cultures de maïs.

Bretagne (la), ancienne province. Pays accidenté, généralement peu fertile, favorable à l'élève du bétail à cause de son climat doux et humide; terrains granitiques et schisteux ; races estimées dans les espèces chevaline et bovine; landes immenses; champs de sarrazin et d'ajonc très-étendus; arbres résineux, figuiers, châtaigniers.

Breteuil, bourg de l'Oise. Excellente variété de carottes blanches.

Brie (la), partie ouest de la Champagne. On distingue la Brie humide et la Brie saine; celle-ci est très-fertile; vastes cultures de blé; nombreux troupeaux métis-mérinos; fromages gras très-estimés.

Briec, bourg du Finistère. Bidets excellents.

Brignolles, petite ville du Var. Vastes plantations de pruniers; pruneaux renommés.

Brives-la-Gaillarde, ville de la Corrèze. Truffes.

Bugey (le), partie orientale et montagneuse de la Bresse. Vastes pâturages.

Caen, chef-lieu du Calvados. Plaine de Caen, très-fertile; élève de carrossiers distingués; chaire de chimie agricole.

Cahors, chef-lieu du Lot. Vins très-estimés; culture du tabac.

Cambray, ville du Nord. Assolements perfectionnés; excellente variété d'oignons.

Camargue (la), delta formé par les Bouches-du-Rhône. Pâturages marécageux; races très-petites dans les espèces chevaline et bovine; cultures de riz.

Camp (le). Vacherie et ferme-école. (Mayenne.)

Campagne ou Champagne (la), petite partie du Berry, voisine de la Sologne. Plaines crayeuses; petite race ovine, dite *Champenoise*.

Cantal (le), montagne d'Auvergne. Immenses pâturages; fromages connus sous le nom de *fourmes* du Cantal.
Cap-breton (le), bourg des Landes. Vignoble estimé.
Carcassonne, chef-lieu de l'Aude. Cultures de cardères.
Carhaix, petite ville du Finistère. Vaches *carhaisiennes*, variété estimée de la race bretonne.
Castellaouenam. Ferme-école. (Côtes-du-Nord.)
Castelnaudary (Aude), ville principale du Lauraguais. Betteraves de table estimées; maïs.
Causses (les), nom qu'on donne aux plateaux élevés qui se trouvent dans l'Aveyron et certaines contrées voisines. Moutons dits des *causses* ou *caussades*, de taille souvent remarquable.
Caux (pays de), partie de la Normandie, près l'embouchure de la Seine. Dans les espèces chevaline et ovine, races *cauchoises*.
Cerdagne (la), partie sud du Roussillon. Race chevaline très-estimée.
Cette, ville de l'Hérault. Immenses vignobles; fabrication de vins.
Cévennes (les), chaîne de montagnes. Grande race de porcs.
Chablis, près d'Auxerre (Yonne). Vignoble estimé; vin blanc.
Chalosse (la), partie du bassin de l'Adour. Pays fertile; Vastes cultures de maïs; bœufs *de la Chalosse*, variété de la race béarnaise.
Chambertin. Vignoble de 1$^{re}$ classe. (Bourgogne).
Champagne (la), ancienne province. Dans une partie de la Champagne, immenses plaines crayeuses; ailleurs, pays accidenté; vins célèbres; excellentes orges; moutons métis-mérinos; culture progressive.
Champagne, bourg de la Charente, qui donne son nom à une race ovine.
Charmoise (la). Établissement agricole de M. Malingié (Loir-et-Cher). Race ovine remarquable; ferme-école; colonie.
Charollais (le), partie de la Bourgogne, qui donne son nom à une race de bœufs très-estimée. Pays accidenté et de nature variée.
Chartres, chef-lieu d'Eure-et-Loir. Foires très-nombreuses de chevaux percherons; vastes cultures de blé; haricots estimés.
Chartreuse (la grande) (Isère). Vacherie remarquable; liqueurs renommées.
Chateau-Margaux. Vignoble du Bordelais; vins rouges de 1$^{re}$ classe.
Chateau-Laffitte. Vignoble du Bordelais; vins rouges de 1$^{re}$ classe.

## DES LIEUX INDIQUÉS SUR LA CARTE.

CHATEAU-LATOUR. Vignoble du Bordelais; vins rouges de 1<sup>re</sup> classe.
CHATILLON-SUR-SEINE, ville de la Côte-d'Or. Troupeaux remarquables de race métis-mérinos.
CHAUVINIÈRE (la). Ferme-école. (Sarthe.)
CHAVAIGNAC. Ferme-école. (Haute-Vienne).
CHOLET, petite ville de Maine-et-Loire. Centre de la race bovine, dite *choletaise*.
CHENAS. Vignoble renommé du Beaujolais (Rhône).
CITEAUX, ancien couvent célèbre (Côte-d'Or). Vins fins.
CLAIRAC (Lot-et-Garonne). Vignoble estimé; prunes renommées.
CLAIRVAL, village de la Franche-Comté, aux environs duquel se trouve encore l'ancienne race bovine, dite *tourache*.
CLAIRVAUX, ancien couvent, fondé par saint Bernard, point de départ de beaucoup d'améliorations agricoles (Aube).
CLAMART, village près Paris. Vastes cultures de pois.
CLERMONT-FERRAND, chef-lieu du Puy-de-Dôme. Grande production d'abricots et autres fruits de table.
CLOS-VOUGEOT (le). Vignoble renommé. (Côte-d'Or.)
CLUNY, ancien monastère (Saône-et-Loire). Dépôt d'étalons.
COGNAC, ville de la Charente. Eaux-de-vie très-estimées.
COLLIOURE, vignoble des Pyrénées-Orientales. Vins de liqueur.
COLMAR, chef-lieu du Haut-Rhin. Vignoble estimé.
COMMINGE (le), partie de la Haute-Garonne. Pays très-accidenté; vignobles; pâturages.
COMPIÈGNE, ville de l'Oise. Magnifique forêt; cours classique d'agriculture.
CONDRIEU. Vignoble estimé. (Rhône.)
CONQUET (le), petite ville du Finistère. Élève de chevaux carrossiers.
CONSERANS (le), petite contrée montagneuse (Ariége).
CORBEIL, ville de Seine-et-Oise. Pêches renommées.
CORBIÈRES (les), montagnes s'étendant des Pyrénées vers les Cévennes. Race ovine *des Corbières*, indiquée par M. Magne.
CORÉE (la). Ferme-école. (Loire.)
CORLAY, petite ville (Côtes-du-Nord). Chevaux de cavalerie légère estimés.
CÔTE-BOURG, vignoble estimé du Bordelais.

Côte-d'Or (la), suite de collines renommées pour leurs vins (Bourgogne).
Cotentin (le), l'une des parties les plus fertiles de la Normandie. Élève de chevaux carrossiers et d'un grand nombre de bœufs et de vaches de la race dite *cotentine*.
Côte-Saint-André (la). Vignoble renommé. (Isère.)
Côte-Rôtie. Vignoble très-estimé. (Loire.)
Coucy (Aisne). Autrefois vignoble estimé ; actuellement sans vignes.
Coulanges-la-Vineuse (Yonne). Vignoble estimé.
Courtisols, village de la Marne. Petits navets très-estimés.
Craon, ville de la Mayenne. Race porcine estimée, dite *craonnaise*.
Craponne (canal de), dérivation de la Durance, faite pour l'arrosage des terres.
Crau (la), alluvion couverte de galets, près d'Arles ; pâturée par des troupeaux transhumants.
Crépy-en-Valois, chef-lieu de l'ancien Valois (Oise). Blés renommés.
Crevant (le), donne son nom à une race ovine estimée. (Indre.)
Crèvecoeur, petite ville du Calvados. Race de poules très-estimée.
Dauphiné (le), ancienne province. Pays montagneux ; sol varié ; vins fins ; chanvres ; troupeaux transhumants ; mûriers et vers à soie.
Dax, ville des Landes. Vins estimés ; bois de chênes-liéges.
Deux-Ponts, capitale de l'ancien duché de Deux-Ponts. Ancienne race chevaline très-distinguée.
Digne, chef-lieu des Hautes-Alpes. Nombreuses plantations de pruniers ; pruneaux très-estimés.
Dijon, chef-lieu de la Côte-d'Or. Pays riche et bien cultivé.
Dombes (les). Pays couvert d'étangs dans la partie sud de la Bresse.
Domfront, ville de l'Orne. Élève de petits chevaux normands.
Dormans, ville (Marne). Grande production de cerises.
Draguignan, chef-lieu du Var. Oliviers ; vignes ; cultures arbustives.
Dreux, ville d'Eure-et-Loir. Pois estimés.
Dunkerque, ville du Nord. Culture du tabac.
Elbeuf, ville manufacturière de la Seine-Inférieure. Culture de cardères.
Entre-deux-mers (l'), petite contrée fertile, entre la Garonne et la Dordogne, près Bordeaux. Nombreux vignobles.

## DES LIEUX INDIQUÉS SUR LA CARTE.

ÉPINAL, chef-lieu des Vosges. Irrigations remarquables; beaucoup de pruniers.

ÉVREUX, chef-lieu de l'Eure. Grand commerce de bétail normand.

FAMEN (la), bourg de Belgique. Race bovine de *la famen*, variété de la race hollandaise.

FAUX. Bourg du Limousin qui donne son nom à la plupart des moutons limousins vendus à Paris.

FLANDRE (la), ancienne province. Sol fertile, généralement peu accidenté; agriculture très-perfectionnée; tabac, lin, choux, houblon, chicorée, carottes, betteraves, etc.; blé blanc très-estimé; pas de vignes; excellent emploi des engrais; races *flamandes* dans les espèces chevaline, bovine et ovine.

FLORENNE, petite ville de Belgique. Race ovine remarquable.

FOIX (ancien comté de), pays montagneux, dépendant aujourd'hui du département de l'Ariége. Terrain varié; vastes pâturages; races bovine et ovine, dites *ariégeoises*.

FONTAINEBLEAU, ville de Seine-et-Marne, renommée pour ses raisins de table et sa forêt.

FOREZ (le), subdivision de l'ancien Lyonnais. Pays montagneux, généralement peu fertile; vins estimés; chèvres nombreuses.

FOUGÈRES, petite ville d'Ile-et-Vilaine. Élève du plus beau type de chevaux bretons de gros trait.

FRANCHE-COMTÉ (la), ancienne province. Pays accidenté et varié, plutôt fertile que pauvre; races particulières dans les espèces chevaline et bovine.

FRONTIGNAN, ville de l'Hérault. Vins de liqueur.

FURNES-AMBACT (Belgique), contrée qui borde l'Océan. On y élève une variété de la race bovine hollandaise.

GABARET (le). Petite contrée dans la partie orientale des Landes; chênes-liéges.

GAILLAC. Vignoble estimé du Tarn; vins blancs.

GALLARDON, bourg, près Chartres. Lentilles très-estimées.

GANGES, bourg du Gard. Race ovine à laine grossière.

GASCOGNE (la), ancienne province. Pays très-accidenté, généralement fertile, de nature variée; race bovine remarquable; ânes et mulets distingués; vignobles estimés.

GASTINE (la). Nom qu'on donne à la partie montagneuse du Poitou, appelée aussi *Bocage*.

GATINAIS (le), partie de l'ancien Orléanais. Terrains généralement fertiles et friables ; culture du safran.

GAUDE (la). Vignoble estimé (Var).

GERMAINVILLE. Ferme-école (Pyrénées-Orientales).

GEVAUDAN (le). Contrée montagneuse dans le nord du Languedoc ; terrains pauvres ; race bovine de formes gracieuses.

GÉVROLLES (Côte-d'Or). Bergerie impériale ; race mérinos-Mauchamp.

GEX (Pays de), montagnes calcaires, à l'est de la Bourgogne. Immense fabrication de fromages, dits de Gruyères.

GIVRY. Vignoble estimé (Saône-et-Loire).

GLANE (le), petite rivière d'Allemagne, au nord du Bas-Rhin. Elle donne son nom à une race bovine estimée.

GOURNAY, bourg de la Seine-Inférieure. Beurre estimé ; poules excellentes.

GRAND-GALLARGUE, village du Gard. Culture du tournesol.

GRAND-JOUAN. École régionale d'agriculture (Loire-Inférieure).

GRASSE, ville du Var. Vastes cultures d'arbres à fruits et de végétaux aromatiques.

GRAVES (les). Pays vignoble du Bordelais ; vins blancs.

GRENACHE. Vignoble très-estimé (Pyrénées-Orientales).

GRÉSIVAUDAN (vallée du), vallée de l'Isère. Terrain très-fertile ; chanvres de la plus grande hauteur.

GRIGNON. École régionale d'agriculture (Seine-et-Oise).

GRUYÈRES, ville de Suisse. Fromages très-connus.

GUEBWILLERS. Vignoble estimé (Haut-Rhin).

GUYENNE (la), ancienne province. Sol varié, généralement peu fertile, si ce n'est dans la vallée de la Garonne ; vastes landes.

HAGUE (la), cap à l'extrémité de la presqu'île du Cotentin. Bidets d'allure estimés.

HAGUENAU, ville du Bas-Rhin. Cultures riches et variées ; houblon ; vastes forêts de pins silvestres ; cours classique d'agriculture.

HAINAUT (le), ancienne province, partie en France, partie en Belgique. Le Hainaut français est admirablement cultivé.

HAUT-BRION Vignoble estimé du Bordelais.

HAUTVILLERS, village de Champagne. Vins blancs de première classe.

## DES LIEUX INDIQUÉS SUR LA CARTE.

Havre (le), ville de la Seine-Inférieure. Culture du tabac.
Hazebrouck, ville du Nord. Culture du tabac.
Hermitage (l'). Vignoble renommé de la Drôme.
Houdan, bourg de Seine-et-Oise. Poules renommées.
Hyères, îles et ville du Var. Culture d'orangers.
Ile-de-France (l'), ancienne province. Sol varié, généralement fertile, calcaire et perméable; nombreux troupeaux métis-mérinos; peu d'élèves de gros bétail; vastes cultures de blé.
Isigny, bourg du Calvados. Beurre renommé.
Istres, ville des Bouches-du-Rhône. Race de moutons à laine grossière.
Joigny, ville de l'Yonne. Vins estimés.
Jura (le). Chaîne de montagnes à l'est de la France; fabrication de fromages, dits *de Gruyères*.
Jussey. Dépôt d'étalons (Haute-Saône).
Jurançon, bourg, près de Pau (Basses-Pyrénées). Vignoble estimé.
Kaïsersberg. Vignoble estimé du Haut-Rhin.
Labour. Petite contrée fertile à l'angle ouest des Basses-Pyrénées. Vastes cultures de maïs.
La Chatre. Petite ville de l'Indre. Grand commerce de châtaignes.
La Ciotat. Vignoble renommé des Bouches-du-Rhône.
La Flèche, ville de la Sarthe. Volailles renommées; haricots estimés.
La Guiole, bourg de l'Aveyron, dans le pays d'Aubrac. Fromages estimés; race ovine à laine grossière.
La Hayévaux. Ferme-école (Vosges); race ovine noire suisse.
Lamballe. Dépôt d'étalons (Côtes-du-Nord).
Lamontauronne. Ferme-école (Bouches-du-Rhône).
Lamotte-Beuvron. Domaine impérial en Sologne.
Landes (les), contrée marécageuse et à sable mouvant, qui s'étend de Bordeaux à Bayonne. Petites races de chevaux, de bêtes à cornes et de moutons; vastes plantations de pins maritimes.
Langonnet. Dépôt d'étalons (Morbihan).
Languedoc (le), ancienne province du Midi. Terrain varié; vignes, oliviers et autres cultures arbustives; race ovine à laine grossière.
Lannilis, bourg du Finistère. Variétés estimées de chou à tige et de pommes de terre.

## TABLE ALPHABÉTIQUE

Laon, chef-lieu de l'Aisne. Asperges et artichaux renommés; vignobles.

Larose. Vignoble estimé du Bordelais.

Larzac (le), plateau calcaire élevé, situé en grande partie dans l'Aveyron. Dans l'espèce ovine, race *du Larzac*.

La Saulsaie. École régionale d'agriculture (Ain).

La Trappe (Notre-Dame de). Couvent avec établissement agricole (Orne).

Lauraguais (le), petite partie du haut Languedoc. Race ovine laitière; sol fertile; vastes cultures de blé et de maïs.

La Villeneuve. Ferme-école (Creuse).

Le Montat. Ferme-école (Lot).

Léonais (le), petit pays dans le nord du Finistère. Cultures perfectionnées; choux; panais; chevaux de trait léger.

Léoville. Vignoble estimé de la Charente-Inférieure.

Leucates. Vignoble estimé (Aude).

Les Hubaudières. Ferme-école (Indre-et-Loire).

Lhopital. Ferme-école (Cantal).

Liancourt, bourg de l'Oise. Haricots estimés; cerisiers.

Libourne, ville de la Gironde. Vignoble estimé.

Lille, chef-lieu du Nord. Culture très-perfectionnée; concours d'animaux de boucherie; culture du tabac.

Limagne (la). Vallée de l'Allier; sol très-fertile.

Limousin (le), ancienne province. Pays très-accidenté; roches granitiques; sol généralement pauvre; beaucoup de châtaigniers; vastes cultures de raves et de sarrasin; irrigations perfectionnées; pâturages très-étendus; races *limousines* dans les espèces ovine, bovine, chevaline et porcine; élève de mulets.

Limoux. Vins de liqueur (Aude).

Lisieux, ville du Calvados. Élève de chevaux normands de gros trait.

Livarot, village du Calvados, près Lisieux. Fromages estimés.

Lorraine (la), ancienne province. Terrain varié; vignobles étendus; culture en larges ados; races rustiques dans les espèces ovine, bovine et porcine; féveroles et lentilles estimées; navette d'été.

Loudun, ville de la Vienne. Vignoble estimé.

Lourdes, ville des Hautes-Pyrénées. Vaches bonnes laitières appartenant au type béarnais.

DES LIEUX INDIQUÉS SUR LA CARTE.   XXV

Louviers, ville de l'Eure. Culture de cardères.
Luc (le), ville du Var. Marrons renommés.
Lunel, ville de l'Hérault. Vins de liqueur.
Lyon, chef-lieu du Rhône. Marrons renommés; cultures étendues de melon; école vétérinaire; concours d'animaux de boucherie.
Mably. Ferme-école (Loire).
Macon, chef-lieu de Saône-et-Loire. Vins très-estimés.
Macquelines, hameau près Senlis (Oise). Fromages estimés.
Maine (le), ancienne province du nord-ouest. Sables peu fertiles; forêts de pins; race *mancelle* dans l'espèce bovine; volailles.
Mandoul. Ferme-école (Tarn).
Mans (le), chef-lieu de la Sarthe. Poules et poulardes renommées.
Marais (le), pays marécageux, près de l'Océan, depuis l'embouchure de la Loire jusqu'à celle de la Sèvre niortaise. Bœufs *maraichins*, variété des choletais.
Marche (la). Contrée accidentée, généralement peu fertile; bœufs et moutons *marchois*, variétés des limousins.
Marchiennes, ville du Nord. Asperges renommées.
Marmande, ville du Lot-et-Garonne. Vins estimés; pruniers.
Marolles, ville du Nord. Fromages très-connus; vaches *marollaises*, variété des flamandes.
Marseille, chef-lieu des Bouches-du-Rhône. Figues renommées; tabac.
Martinvast. Ferme-école (Manche).
Mauchamp (Aisne). Bergerie; race ovine à laine soyeuse.
Maures (les), partie sud du département du Var; oliviers, garance, abeilles, fromages de chèvre.
Meaux, ville de Seine-et-Marne. Fromages *de la poste de Meaux* très-estimés; excellente variété de navets.
Médoc (le), partie du Bordelais. Excellents vins.
Meilleraie (la). Établissement agricole dirigé par les trappistes (Loire-Inférieure).
Melle, ville des Deux-Sèvres. Production de mulets.
Mercurey, village de Saône-et-Loire. Bons vins.
Merlerault (le), partie de l'Orne. Production de chevaux carrossiers.
Mesnil-Saint-Firmin (le). Ferme-école; colonie agricole (Oise).
Mettray (le). Colonie agricole, près Tours (Indre-et-Loire).

METZ, chef-lieu de la Moselle. Prunes de mirabelles renommées.
MEURSAULT. Vignoble estimé (Côte-d'Or).
MÉZIN. Petite ville de Lot-et-Garonne; chênes-liéges.
MÉZENC, montagne élevée dans l'Ardèche. Race bovine de forte taille.
MILLERY. Vignoble renommé, près Lyon; brebis laitières.
MOLSHEIM (Bas-Rhin). Vins blancs estimés.
MONS-EN-PUELLE, bourg du Nord. Excellents fromages.
MONTAGNE-NOIRE, monts au nord-est du Lauraguais. Race bovine.
MONTBERNEAUME. Ferme-école (Loiret).
MONT-CAVREL. Bergerie impériale (Pas-de-Calais).
MONTCEAU (le). Ferme-école (Saône-et-Loire).
MONT-D'ARRÉE, montagne aride du Finistère. Élève de petits chevaux.
MONTDIDIER, petite ville de la Somme. Patrie de Parmentier.
MONTDOUBLEAU, petite ville de Loir-et-Cher. Élève de chevaux percherons.
MONT-D'OR, qu'il ne faut pas confondre avec le mont Dore d'Auvergne. Pays accidenté, près de Lyon; nombreuses chèvres nourries à l'étable; fromages très-estimés.
MONTÉLIMART, ville de la Drôme. Limite nord des cultures d'oliviers.
MONTFERRAND. Vignoble estimé du Bordelais.
MONTMORENCY, village près Paris. Cerises renommées.
MONTPELLIER (Hérault). Immenses vignobles; huiles; eaux-de-vie.
MONTGUEUX, village près Troyes (Aubes). Navets estimés.
MONTREUIL, village près Paris. Cultures perfectionnées et très-étendues du pêcher en espalier; fraisiers remarquables.
MONTS. Ferme-école (Vienne).
MONTSALVY, bourg près Aurillac. Pois excellents.
MORTAGNE EN BOCAGE, ville du bas Poitou (Vendée). Race ovine distinguée.
MORTAGNE EN NORMANDIE, ville de l'Orne. Élève de chevaux percherons.
MORVAND (le), partie orientale du Nivernais. Pays pauvre, boisé et montagneux; races rustiques dans les espèces chevaline, bovine et ovine; quelques vignobles.
MOULIN-A-VENT. Vignoble de première classe (Saône-et-Loire).
MOURMELON (le), camp près Châlons-sur-Marne. Centre d'améliorations agricoles.

DES LIEUX INDIQUÉS SUR LA CARTE.   XXVII

Montier-en-Der. Dépôt d'étalons (Haute-Marne).
Mouzon, ville des Ardennes. Limite nord des vignobles.
Mulhouse, ville manufacturière du Haut-Rhin. Agriculture riche et variée.
Nancy, chef-lieu de la Meurthe. Société d'agriculture très-active; statue de Matthieu de Dombasle; fabrique d'instruments aratoires; école forestière.
Nantes, chef-lieu de la Loire-Inférieure. Chaire d'agriculture; concours d'animaux de boucherie.
Napoléon-Vendée, chef-lieu de la Vendée. Dépôt d'étalons.
Narbonne, ville de l'Aude. Miel renommé.
Navarre (la), partie méridionale du Béarn. Chevaux *navarrins*, excellents pour la cavalerie légère et les attelages de luxe.
Naz (Ain). Bergerie de moutons mérinos à laine extra-fine.
Nébouzan, petite contrée qui fait partie de la Haute-Garonne et des Hautes-Pyrénées. Terrain très-accidenté.
Nérac, ville de Lot-et-Garonne. Race de moutons à tête rousse; forêts de chênes-liéges; culture du tabac.
Neufbourg (Eure). Blés remarquables.
Neufchatel, ville de la Seine-Inférieure. Petits fromages très-estimés.
Neufvy, bourg du Cher. Grand marché des moutons de la race du Crevant.
Niort, chef-lieu des Deux-Sèvres. De Melle à Niort élève de mulets très-remarquables; variété d'oignons.
Nimes, chef-lieu du Gard. Concours d'animaux de boucherie.
Nivernais (le), province de l'Est. Pays accidenté et boisé; terrain pauvre; vastes pâturages; bœufs *nivernais*, variété des charollais.
Normandie (la), ancienne province. Sol généralement fertile; vastes pâturages; quatre races de chevaux; deux races de bêtes à cornes; une race de moutons et une de porcs; pas de vignes; beaucoup de pommiers; cidres renommés; cultures de colza et de pois; grande variété de trèfle.
Noyon, petite ville de l'Oise. Haricots renommés; vignes en hautain; cours classique d'agriculture.
Nuits. Vignoble célèbre de la Côte-d'Or (Bourgogne).

ORLÉANS, chef-lieu du Loiret. Enseignement agricole à l'école normale; haricots estimés; vaste forêt.

ORME DU PONT (l'). Ferme-école (Yonne).

OUESSANT (Iles d'), îles dépendant du Finistère. Élève de très-petits chevaux.

PALUDS (les), anciens marais (Vaucluse). Riches cultures de garance.

PAILLEROLS. Ferme-école au sud-ouest de Digne (Basses-Alpes).

PARTHENAY OU PARTENAY, ville des Deux-Sèvres. Centre de la race bovine *parthenaise* ou *choletaise*.

PAU, chef-lieu des Basses-Pyrénées. Dépôt d'étalons.

PAUILLAC. Vignoble de la Gironde très-renommé.

PAVILLY, bourg de la Seine-Inférieure. Race de poules estimée.

PAYS D'OULCHE, contrée qui fait partie de l'Eure et de l'Orne. Vastes pâturages; grande production de bétail.

PERCHE (le), contrée entre la Normandie, le Maine, l'Orléanais et l'Ile-de-France. Excellente race de chevaux de trait léger.

PERGAUX. Ferme-école (Drôme).

PERPIGNAN, chef-lieu des Pyrénées-Orientales. Dépôt d'étalons.

PÉRIGORD (le), partie nord-est de la Guyenne. Sol varié; bœufs *périgourdins*, variété des limousins; truffes nombreuses et renommées.

PERTHOIS (le), partie centrale de la Champagne. Plaines calcaires, fertiles; blés renommés.

PÉSENAS. Vignoble de l'Hérault; eaux-de-vie.

PETIT-CHÊNE (le). Ferme-école (Deux-Sèvres).

PHALSBOURG, ville de la Meurthe. Liqueurs renommées.

PICARDIE (la), ancienne province. Terrain varié; céréales; peu de vignes; vastes cultures de chanvre; vaches et brebis *picardes*, variétés des flamandes.

PIN (le). Haras et vacherie de l'État (Orne); race Durham.

PLAINES (les). Ferme-école (Corrèze).

PLAINE (la), contrée calcaire au sud du Bocage (Poitou). Race ovine.

PLANÈZE (la), plateau élevé entre Saint-Flour et Murat. Sol fertile; grande production de blé.

POISSY, ville de Seine-et-Oise. Concours d'animaux de boucherie; marché de bestiaux pour l'approvisionnement de Paris.

POITOU (le), ancienne province. Pays généralement accidenté; sol varié; chou branchu très-productif; châtaigniers; grand commerce de graine de luzerne; plusieurs races estimées dans les espèces ovine, bovine, chevaline; ânes et mulets remarquables.

POMARD (Côte-d'Or). Vin renommé.

POMPADOUR. Haras impérial. (Corrèze.) Races arabe et anglo-arabe.

PONTHIEU (le), portion de la Picardie à l'est du Vimeux. Sol généralement fertile.

PONT DE VEYLE (le). Ferme-école. (Ain.)

PONT-L'ÈVÊQUE, ville du Calvados. Élève de chevaux normands de gros trait.

POUILLY. Vins renommés. (Nièvre et Côte-d'Or.)

POUSSERY. Ferme-école. (Nièvre.)

PRADEL (le), près Villeneuve-de-Berg (Ardèche). Ancien séjour d'Olivier de Serres.

PRÉVALAYE (la), bourg de l'Ille-et-Vilaine. Beurre très-fin.

PRIVAS, chef-lieu de l'Ardèche. Immenses cultures de mûriers.

PROVENCE (la), ancienne province. Sol varié; peu de céréales; excellent blé, dit *touzelle*; production de fruits, de substances tinctoriales et aromatiques, de graine de luzerne, de soie et de vins; troupeaux transhumants; peu de chevaux; bœufs et mulets.

PROVINS, ville de Seine-et-Marne. Vignoble estimé; culture en grand du rosier.

PUILBOREAU. Ferme-école. (Charente-Inférieure.)

PUY-RICARD, bourg près d'Aix. Race ovine à laine grossière.

PUISAYE (la), partie montagneuse et boisée du Loiret.

PYRÉNÉES (les), chaîne de montagnes. Vastes pâturages; plusieurs excellentes races de bestiaux.

QUERCI (le), partie nord-est de la Guyenne. Sol calcaire et fertile; vignobles étendus; bœufs *quercinois*, variété des garonnais.

RAMBOUILLET, ville de Seine-et-Oise. Bergerie de l'État; race mérinos.

RAZÈS (le), petite contrée faisant partie de l'Aude et des Pyrénées-Orientales.

REIMS, ville de la Marne. Vins blancs et rouges renommés.

RECOULETTE. Ferme-école. (Lozère.)

RENNES, chef-lieu d'Ile-et-Vilaine. Cours d'agriculture.

RETHEL, ville des Ardennes. Chevaux ardennais.

Revel, ville de la Haute-Garonne. Blés renommés.
Rhodez, chef-lieu de l'Aveyron. Dépôt d'étalons; châtaigniers.
Rivesaltes. Vignoble des Pyrénées-Orientales; vin de liqueur.
Rochefort, ville de la Charente-Inférieure. Culture du safran.
Rocroy, ville des Ardennes. Peu de culture ; forêts et pâturages.
Rollo, bourg de Picardie. Fromages estimés.
Romanée (la). Vignoble de la Côte-d'Or ; vins de 1re classe.
Roquefort (grottes de), (Aveyron). C'est là que se perfectionnent les fromages de *Roquefort*, faits avec le lait des brebis du Larzac.
Roquevaire, ville des Bouches-du-Rhône. Vignoble renommé.
Roscoff, petite ville (Finistère). Vastes cultures maraîchères.
Rosières. Dépôt d'étalons. (Meurthe.)
Rouen, chef-lieu de la Seine-Inférieure. Canards renommés; chaire d'agriculture.
Rouergue (le), partie orientale de la Guyenne. Pays très-accidenté et peu fertile.
Roussillon (le), contrée voisine de la Méditerranée et de l'Espagne. Terrain fertile; bestiaux nombreux; ancienne race ovine *du Roussillon* très-estimée; vignobles renommés.
Roville, village de la Meurthe, près Nancy. Ancien institut agricole, fondé par Mathieu de Dombasle.
Royat. Ferme-école. (Ariége.)
Ruelle, village près Paris. Pois estimés.
Sablé, ville de la Sarthe. Centre de la race bovine mancelle.
Saint-Angeau. Vacherie de l'État (Cantal.)
Saint-Brieuc, chef-lieu des Côtes-du-Nord. Cultures très-perfectionnées.
Sainte-Catherine, village de Touraine. Prunes et pruneaux renommés.
Saint-Cristoly. Vignoble estimé du Bordelais.
Saint-Denis, près Paris. Ancien marché de garance.
Saint-Émilion. Vignoble de 1re classe. (Gironde.)
Saint-Gauthier. Ferme-école. (Orne.)
Sainte-Geneviève. École d'agriculture, près Nancy. (Meurthe.)
Saint-Genis. Vignoble estimé, près de Lyon (Rhône).
Saint-Gervais. Dépôt d'étalons. (Vendée.) Élève de carrossiers.
Sainte-Foy. Excellent vignoble. (Rhône.)
Saint-Gildas. Ferme-école. (Loire-Inférieure.)

DES LIEUX INDIQUÉS SUR LA CARTE.   XXXI

Saint-Hyppolite. Vin de liqueur. (Pyrénées-Orientales.)
Saint-Jean-d'Angely. Vignoble de la Charente; eaux-de-vie.
Saint-Julien. Vignoble renommé du Bordelais.
Saint-Laurent-de-Salanque. Vignoble estimé des Pyrénées-Orientales.
Saint-Lô. Dépôt d'étalons. (Manche). Riches pâturages.
Saint-Loubès. Vignoble estimé du Bordelais.
Saint-Maixent. Dépôt d'étalons. (Vendée.) Anes et mulets renommés.
Saint-Omer, ville du Pas-de-Calais. Culture du tabac.
Saint-Péray. Vignoble de l'Ardèche; vins blancs.
Saint-Pourçain. Vignoble estimé. (Allier.)
Saint-Privast. Ferme-école. (Vaucluse.)
Saint-Remy, bourg des Bouches-du-Rhône. Bassin construit par les Romains pour l'irrigation.
Saint-Remy. Ferme-école. (Haute-Saône.)
Saint-Robert. Ferme-école. (Isère.)
Saint-Sever, ville des Landes. Élève de très-petits chevaux.
Sainte-Sévère, bourg de l'Indre. Centre d'élève de la race ovine du Crevant.
Saintes, ville de la Charente-Inférieure. Séjour de Bernard Palissy.
Saintonge (la), province de l'Ouest. Sol fertile; vignobles très-étendus; eaux-de-vie; bœufs *saintongeois*, variété des Limousins; ânes et mulets.
Salanque (la), partie très-restreinte des Pyrénées-Orientales. Centre de l'ancienne race ovine du Roussillon.
Salers, bourg du Cantal, qui donne son nom à une race bovine.
Salgues. Ferme-école. (Var.)
Sancerre, ville du Cher. Vignoble estimé.
Sarreguemines, ville de la Moselle. Excellents chevaux.
Sassenage, bourg de l'Isère. Fromages très-fins.
Saumur, ville de Maine-et-Loire. Blés très-estimés.
Sansterre ou Santerre (le), partie de la Picardie. Terrain d'alluvion, fertile; blés rouges remarquables; ancienne coalition des fermiers pour maintenir les baux sans augmentation.
Sauterne. Vignoble de la Gironde; vins de 1$^{re}$ classe.
Sceaux, ville de Seine-et-Oise. Marché de bestiaux.
Schélestadt, ville du Bas-Rhin. Culture du tabac.

Senart (bergeries de). Magnanerie célèbre, fondée par M. Camille Beauvais. (Seine-et-Oise.)

Sept-Moncel, village de l'Ain. Fromages renommés.

Sézanne (Marne). Vignoble estimé de la Champagne.

Sillery. Vignoble de la Marne; vins blancs de Champagne de première classe.

Soissons, ville de l'Aisne. Sol très-fertile; haricots renommés; blés remarquables.

Sologne (la), contrée marécageuse qui s'étend sur la rive gauche de la Loire, près d'Orléans. Sol sablonneux avec sous-sol imperméable; landes immenses; petites races de bestiaux dans les espèces chevaline et ovine.

Sorgues. Vignoble estimé. (Vaucluse.)

Souillac, ville du Lot. Culture du tabac.

Strasbourg, chef-lieu du département du Bas-Rhin. Culture du tabac; oies remarquables, engraissement particulier destiné à leur grossir le foie.

Surésnes, près Paris. Vignoble autrefois estimé, maintenant mauvais.

Tarbes, chef-lieu des Hautes-Pyrénées. Plaine de Tarbes, centre d'élève des chevaux légers, dits *navarrins*; dépôt d'étalons.

Tavel. Vignoble estimé. (Gard.) Vins capiteux.

Thiaucourt. Vignoble estimé. (Meurthe.)

Thiérache (la), partie est de la Picardie. Pays accidenté et à vastes pâtures.

Thiers, ville du Puy-de-Dôme. Moulins à broyer les os pour l'engrais des terres.

Thomery, village de Seine-et-Marne, près Fontainebleau. Culture très-perfectionnée de la vigne en espalier.

Tolou. Ferme-école. (Basses-Pyrénées.)

Tonneins, ville de Lot-et-Garonne. Culture du tabac.

Tonnerre, monts d'Allemagne, prolongement des Vosges. Race bovine estimée, variété de la race comtoise fémeline.

Toulouse, chef-lieu de la Haute-Garonne. Oies très-grosses; vastes culture de maïs.

Touraine, ancienne province qui se compose de plaines fertiles et de quelques plateaux arides. Fruits et chanvre renommés; culture en grand de la citrouille; vins estimés.

## DES LIEUX INDIQUÉS SUR LA CARTE.   xxxiii

Tours, chef-lieu d'Indre-et-Loire. Prunes et pruneaux renommés.
Trécesson. Ferme-école. (Morbihan.)
Tréguier, ville des Côtes-du-Nord. Vastes cultures de lin.
Treilles. Vignoble estimé. (Aude.)
Trévarez. Ferme-école. (Finistère.)
Trois-Croix, près Rennes (Ille-et-Vilaine). Ferme-école; fabrique d'instruments aratoires.
Troyes, chef-lieu de l'Aube. Fromages estimés.
Turbilly, village à 16 kilom. est de la Flèche (Sarthe). Célèbres défrichements du marquis de Turbilly.
Valence, chef-lieu de la Drôme. Vins estimés.
Valenciennes, ville du Nord. Nombreuses sucreries; agriculture très-perfectionnée.
Val d'Ossau, vallée des Basses-Pyrénées. Bœufs renommés, variété des Béarnais.
Vallade (la). Ferme-école. (Dordogne.)
Vallage (le), partie très-fertile de la Champagne, voisine de l'Argonne. Blés renommés.
Valognes, ville de Normandie. Production de chevaux carrossiers.
Valois (le), partie nord-est de l'Ile-de-France. Plaines fertiles; blés renommés.
Vannes, chef-lieu du Morbihan. Petites vaches, dites *morbihannaises*, excellentes laitières.
Velay (le), contrée montagneuse dans le nord-est du Languedoc. Sol accidenté, peu fertile.
Vence, petite ville du Var. Race ovine à laine grossière.
Vendée (la), partie ouest du Poitou. Sol varié; pâturages étendus.
Vendôme, ville de Loir-et-Cher. Asperges renommées.
Verdun, ville de la Meuse. Navets très-sucrés; vignoble estimé à la côte Saint-Michel.
Vermandois (le), partie est de la Picardie. Terrain généralement fertile; pas de vignes.
Versailles, chef-lieu de Seine-et-Oise. Ancien institut agronomique; laitues renommées.
Versenay. Vignoble de la Marne; vins blancs de Champagne.
Vertus (les), près Paris. Excellentes variétés de chou, de navet et d'oignon.

Vexin (le). Pays généralement fertile qui se compose d'une partie de l'Ile-de-France et de la Normandie; céréales; fruits à cidre.
Vieux-Boucaut. Vignoble estimé. (Lande.)
Villechaise. Ferme-école. (Indre.)
Villeneuve-d'Agen. Dépôt d'étalons (Lot-et-Garonne); pruniers; vignobles.
Villers. Dépôt d'étalons. (Ardennes.)
Villers-Cotterets, petite ville de l'Aisne. Magnifique forêt.
Vimeux (le), pays à l'ouest de la Picardie. Vastes pâturages; élève du cheval boulonnais.
Visens. Ferme-école. (Hautes-Pyrénées.)
Vivarais (le), partie sud-est du Velay. Sol montagneux, de fertilité médiocre; vignobles estimés.
Voevre (la), petite contrée entre la Meuse et la Moselle, de Verdun à Nancy. Plateaux calcaires.
Volhac. Ferme-école. (Haute-Loire.)
Volnay. Vignoble très-estimé. (Côte-d'Or.)
Vosges (les), montagnes. Vastes forêts de pins; irrigations remarquables; race bovine estimée; excellente variété de carottes blanches.
Watteringues (les), contrée marécageuse, près de l'Océan (Nord).
Weissembourg, ville du Bas-Rhin. Vignoble estimé.
Wolxheim. Vignoble estimé. (Bas-Rhin.)

# ALTITUDE DES PRINCIPALES VILLES

## DE CHAQUE DÉPARTEMENT.

Extrait de l'*Annuaire du Bureau des longitudes* [1].

### Ain.

| | |
|---|---|
| Bourg | 227 m |
| Nantua (sol de la prairie au bord du lac) | 480 |
| Belley | 278 |
| Gex (pierres sépulcrales) | 647 |
| Trévoux | 258 |

### Aisne.

| | |
|---|---|
| Vervins (chaussée vis-à-vis le portail) | 174 m |
| Laon | 180 |
| Saint-Quentin | 104 |
| Soissons | 49 |
| Château-Thierry | 77 |

### Allier.

| | |
|---|---|
| La Palisse (prairies contiguës) | 280 m |
| Moulins | 226 |
| Gannat | 347 |
| Montluçon | 227 |

### Alpes (Basses).

| | |
|---|---|
| Forcalquier (sol de la route impériale) | 550 m |
| Sisteron (pied de la tour du Sud) | 577 |

### Alpes (Hautes).

| | |
|---|---|
| Gap (sommet du clocher) | 782 m |
| Briançon | 132 |
| Embrun (sommet du clocher) | 919 m |

### Ardennes.

| | |
|---|---|
| Mézières | 170 m |
| Sedan | 157 |
| Rethel | 90 |
| Rocroy | 390 |
| Vouziers (bas de la ville) | 109 |

### Ardèche.

| | |
|---|---|
| Privas | 322 m |
| Largentière | 224 |
| Tournon (sol du collége) | 116 |

### Ariége.

| | |
|---|---|
| Foix (prison) | 454 m |
| Pamiers | 286 |
| Saint-Girons | 389 |

### Aube.

| | |
|---|---|
| Troyes | 110 m |
| Arcis-sur-Aube | 95 |
| Nogent-sur-Seine | 71 |
| Bar-sur-Aube (partie nord de la ville) | 166 |
| Bar-sur-Seine (hôtel de ville) | 158 |

### Aude.

| | |
|---|---|
| Carcassonne | 103 m |
| Limoux | 163 |
| Narbonne | 13 |
| Castelnaudary | 185 |

1. Lorsqu'il n'y a pas d'indication, l'altitude est prise du sol de la cathédrale ou de l'église principale.

XXXVI    ALTITUDE DES PRINCIPALES VILLES

### AVEYRON.

| | |
|---|---|
| Rhodez (à Notre-Dame). | 632 m |
| Milhau (pavé de la rue de la Mairie) | 368 |
| Villefranche | 267 |
| Espalion | 342 |
| Saint Affrique (pavé près la pyramide du clocher). | 325 |

### BOUCHES-DU-RHÔNE.

| | |
|---|---|
| Marseille (Notre-Dame de-la-Garde) | 161 m |
| Aix | 204 |
| Arles (tour des Arènes).. | 17 |

### CALVADOS.

| | |
|---|---|
| Caen | 25 m |
| Falaise | 133 |
| Vire | 177 |
| Bayeux | 46 |
| Lisieux (prairie contiguë). | 49 |
| Pont-l'Evêque | 13 |

### CANTAL.

| | |
|---|---|
| Aurillac | 622 m |
| Mauriac | 698 |
| Murat | 937 |
| Saint-Flour | 883 |

### CHARENTE.

| | |
|---|---|
| Angoulême | 91 m |
| Cognac | 30 |
| Ruffec (perron de la mairie) | 110 |
| Barbezieux (sommet du clocher) | 121 |
| Confolens (tour Saint-Michel) | 183 |

### CHARENTE-INFÉRIEURE.

| | |
|---|---|
| La Rochelle (seuil du corps de garde) | 8 m |
| Rochefort (l'hôpital) | 15 |
| Saintes | 27 |
| Marennes | 10 |
| Jonzac (sommet du clocher) | 58 |
| Saint-Jean-d'Angely (pavé de la tour du Nord). | 24 |

### CHER.

| | |
|---|---|
| Bourges | 156 m |
| Sancerre | 306 |
| Saint-Amand | 165 |

### CORRÈZE.

| | |
|---|---|
| Tulles | 214 m |
| Brives | 117 |
| Ussel (dalles du porche). | 639 |

### CÔTE-D'OR.

| | |
|---|---|
| Dijon | 247 m |
| Beaune | 220 |
| Chatel-sur-Saône | 231 |
| Semur (pied du télégraphe) | 422 |

### CÔTES-DU-NORD.

| | |
|---|---|
| Saint-Brieuc (à l'église Saint-Michel) | 88 m |
| Guingamp | 44 |
| Dinan (à l'église Saint-Sauveur) | 73 |
| Loudéac | 161 |
| Lannion | 23 |

### CREUSE.

| | |
|---|---|
| Guéret | 445 m |
| Aubusson | 456 |
| Bourganeuf | 448 |
| Boussac | 379 |

### DORDOGNE.

| | |
|---|---|
| Périgueux | 77 m |
| Bergerac | 32 |
| Nontron | 207 |
| Riberac | 103 |
| Sarlat | 137 |

### DOUBS.

| | |
|---|---|
| Besançon (seuil de la citadelle) | 367 m |
| Beaune-les-Dames (sol du plateau au nord de la ville) | 531 |
| Pontarlier | 837 |
| Montbéliard (sol du chemin qui longe le château au sud et à l'est). | 322 |

## DE CHAQUE DÉPARTEMENT.

### Drôme.
| | |
|---|---:|
| Valence | 128 m |
| Montélimart (pied de la tour carrée) | 97 |
| Nyons | 276 |
| Die (haut du clocher) | 443 |

### Eure.
| | |
|---|---:|
| Évreux | 66 m |
| Louviers (prairie contiguë à l'Eure) | 16 |
| Les Andelys | 12 |
| Bernay (sol de la prairie) | 105 |
| Pont-Audemer (prairie contiguë à la Risle) | 7 |

### Eure-et-Loir.
| | |
|---|---:|
| Chartres | 157 m |
| Châteaudun (à Saint-Valérien) | 143 |
| Dreux (au télégraphe) | 136 |
| Nogent-le-Rotrou (prairie contiguë) | 105 |

### Finistère.
| | |
|---|---:|
| Quimper | 6 m |
| Chateaulin (Moulin) | 141 |
| Brest | 33 |
| Morlaix | 53 |
| Quimperlé | 30 |

### Gard.
| | |
|---|---:|
| Nîmes | 46 m |
| Alais (sommet de la tour du clocher) | 168 |
| Le Vigan | 260 |
| Uzès (pavé à l'entrée de la tour) | 138 |

### Garonne (Haute-).
| | |
|---|---:|
| Toulouse (à Saint-Servin) | 139 m |
| Villefranche | 173 |
| Saint-Gaudens | 404 |
| Muret | 164 |

### Gers.
| | |
|---|---:|
| Lectoure | 180 m |
| Auch | 166 |
| Mirande | 166 |
| Condom | 84 |
| Lombez | 165 |

### Gironde.
| | |
|---|---:|
| Bordeaux | 6 m |
| Blaye (citadelle) | 17 |
| La Réole | 44 |
| Lesparre | 4 |
| Libourne | 38 |
| Bazas | 79 |

### Hérault.
| | |
|---|---:|
| Montpellier | 44 m |
| Béziers | 69 |
| Lodève | 174 |
| Saint-Pons | 1035 |

### Ille-et-Vilaine.
| | |
|---|---:|
| Rennes (sol intérieur de la tour Sainte-Mélanie) | 53 m |
| Fougères | 136 |
| Saint-Malo | 14 |
| Montfort | 44 |
| Vitré | 110 |
| Redon | 12 |

### Indre.
| | |
|---|---:|
| Chateauroux | 158 m |
| Issoudun | 148 |
| Le Blanc | 108 |
| La Châtre | 226 |

### Indre-et-Loire.
| | |
|---|---:|
| Chinon | 82 m |
| Tours | 55 |
| Loches | 89 |

### Isère.
| | |
|---|---:|
| Grenoble (la Bastille) | 483 m |
| Grenoble (sol à l'église Saint-André) | 213 |
| La Tour-du-Pin (à l'église sur la hauteur) | 319 |
| Vienne (eaux du Rhône) | 150 |
| Saint-Marcellin | 287 |

### Jura.
| | |
|---|---:|
| Lons-le-Saulnier | 257 m |
| Dôle | 224 |
| Poligny | 324 |
| Saint-Claude | 436 |

XXXVIII ALTITUDE DES PRINCIPALES VILLES

### Landes.

| | |
|---|---|
| Mont-de-Marsan | 42 m |
| Saint-Sever | 100 |
| Dax (entrée de la tour Borda) | 39 |

### Loir-et-Cher.

| | |
|---|---|
| Blois | 102 m |
| Romorantin | 85 |
| Vendôme | 84 |

### Loire.

| | |
|---|---|
| Montbrison | 394 m |
| Roanne (sol de la prison) | 285 |
| Saint-Etienne (à l'hôpital) | 540 |

### Loire (Haute).

| | |
|---|---|
| Le Puy | 685 m |
| Issengeaux | 860 |
| Brioude | 447 |

### Loire-Inférieure.

| | |
|---|---|
| Nantes | 18 m |
| Ancenis | 19 |
| Chateaubriand | 62 |
| Paimbeuf | 8 |
| Savenay | 52 |

### Loiret.

| | |
|---|---|
| Orléans | 116 m |
| Pithiviers | 119 |
| Gien | 152 |
| Montargis | 116 |

### Lot.

| | |
|---|---|
| Cahors | 123 m |
| Figeac | 224 |
| Gourdon (sol du perron de l'église) | 257 |

### Lot-et-Garonne.

| | |
|---|---|
| Agen | 42 m |
| Marmande | 24 |
| Villeneuve-d'Agen | 55 |
| Nérac (au temple protestant) | 59 |

### Lozère.

| | |
|---|---|
| Mende | 739 m |
| Florac (sommet du clocher) | 628 |
| Marvejols (sol de la prairie au bas de la ville) | 640 |

### Maine-et-Loire.

| | |
|---|---|
| Angers | 47 m |
| Beaugé (église Saint-Jean) | 58 |
| Segré | 45 |
| Baupréau | 85 |
| Saumur | 77 |

### Manche.

| | |
|---|---|
| Saint-Lô (à l'entrée de l'église de Notre-Dame) | 33 m |
| Valognes | 30 |
| Coutances | 91 |
| Cherbourg | 5 |
| Avranche | 103 |
| Mortain | 215 |

### Marne.

| | |
|---|---|
| Châlons-sur-Marne | 81 m |
| Épernay (au cimetière) | 81 |
| Reims | 86 |
| Sainte-Menehould (place de l'hôtel de ville) | 138 |
| Vitry-le-Français (porte de l'escalier de la tour) | 10 |

### Marne (Haute-).

| | |
|---|---|
| Chaumont (collège) | 324 m |
| Langres | 473 |
| Vassy | 181 |

### Mayenne.

| | |
|---|---|
| Laval | 74 m |
| Mayenne | 101 |
| Château-Gontier | 58 |

### Meurthe.

| | |
|---|---|
| Nancy | 199 m |
| Château-Salins (télégraphe) | 334 |
| Lunéville | 234 |

## DE CHAQUE DÉPARTEMENT. XXXIX

Sarrebourg............ 250 m
Toul................. 216

### MEUSE.

Bar-le-Duc (à Saint-Pierre) 239 m
Commercy (sol des prairies contiguës)....... 243
Verdun (eaux de la Meuse). 204
Montmédy (tour du nord). 293

### MORBIHAN.

Vannes............... 18 m
Pontivy.............. 55
Lorient (tour du port)... 19
Ploërmel............. 76

### MOSELLE.

Metz................. 177 m
Sarreguemines........ 202
Thionville (tour de l'horloge)............... 155
Briey................ 257

### NIÈVRE.

Nevers............... 200 m
Château-Chinon....... 551
Cosne................ 153
Clamecy.............. 157

### NORD.

Lille................ 23 m
Douai (tour de Saint-Pierre)............. 23
Dunkerque (tour des pavillons)............. 7
Hazebrouck........... 17
Avesnes.............. 172
Cambray (à la tour Saint-Géry).............. 53
Valenciennes (au beffroi). 25

### OISE.

Beauvais............. 70 m
Clermont............. 118
Compiègne............ 47
Senlis............... 74

### ORNE.

Alençon.............. 136 m

Argentan............. 166 m
Mortagne (à la tour).... 258
Domfront (à Saint-Julien)................ 215

### PAS-DE-CALAIS.

Arras (au beffroy)...... 66 m
Béthune (à Saint-Vaast). 31
Saint-Omer........... 23
Saint-Pol (la prairie).... 90
Boulogne (à la tour de la ville haute).......... 58
Montreuil (au beffroi)... 48

### PUY-DE-DÔME.

Clermont-Ferrand....... 407 m
Ambert............... 531
Issoire............... 399
Riom (à Saint-Amable). 357
Thiers (à l'ancienne prison)................ 399

### PYRÉNÉES (BASSES-).

Pau (pied de la tour est). 207 m
Oloron............... 272
Orthez (sommet du clocher)............... 105
Mauléon (entrée du château)................ 214
Bayonne.............. 11

### PYRÉNÉES (HAUTES).

Tarbes (aux Carmes).... 311 m
Argelès.............. 466
Bagnères-de-Bigorre... 549
Bagnères-de-Luchon.... 551

### PYRÉNÉES-ORIENTALES.

Perpignan (à la citadelle). 59 m
Ceret................ 170
Prades............... 348

### RHIN (BAS-).

Strasbourg........... 144 m
Saverne.............. 205
Schelestadt.......... 172
Weissembourg........ 164

## ALTITUDE DES PRINCIPALES VILLES

### Rhin (Haut-).

| | |
|---|---|
| Colmar | 195 m |
| Belfort | 363 |
| Altkirch (signal) | 381 |

### Rhône.

| | |
|---|---|
| Lyon (sol à Notre-Dame-de-Fourvières) | 295 m |
| Villefranche | 182 |

### Saône (Haute-).

| | |
|---|---|
| Vesoul | 234 m |
| Gray | 220 |
| Lure (à la sous-préfecture) | 294 |

### Saône-et-Loire.

| | |
|---|---|
| Mâcon (à la tour Saint-Vincent) | 184 m |
| Autun | 379 |
| Charolles (tour du château) | 302 |
| Châlons-s.-Saône (à Saint-Pierre) | 178 |
| Louhans | 181 |

### Sarthe.

| | |
|---|---|
| Le Mans | 76 m |
| Mamers (clocher Saint-Nicolas) | 128 |
| La Flèche (école militaire) | 32 |
| Saint-Calais | 103 |

### Seine.

| | |
|---|---|
| Paris (pavé du Panthéon) | 60 m |
| Saint-Denis | 33 |
| Sceaux | 97 |

### Seine-et-Marne.

| | |
|---|---|
| Melun | 69 m |
| Fontainebleau (sol de l'obélisque) | 79 |
| Meaux | 58 |
| Coulommiers (prairie contiguë) | 70 |
| Provins | 136 |

### Seine-et-Oise.

| | |
|---|---|
| Versailles | 123 m |
| Mantes | 59 |
| Rambouillet (moulin) | 169 |
| Corbeil | 36 |
| Pontoise | 48 |
| Étampes (télégraphe) | 133 |

### Seine-Inférieure.

| | |
|---|---|
| Rouen | 21 m |
| Le Havre | 4 |
| Yvetôt | 152 |
| Neufchâtel | 92 |
| Dieppe (sommet de la tour) | 50 |

### Sèvres (Deux-).

| | |
|---|---|
| Niort | 29 m |
| Bressuire | 184 |
| Melle (sol de la cour du collége) | 139 |
| Parthenay | 172 |

### Somme.

| | |
|---|---|
| Amiens | 36 m |
| Doullens (prairie adjacente à la ville) | 60 |
| Montdidier | 98 |
| Péronne | 53 |
| Abbeville (Notre-Dame, près d'Abbeville) | 22 |

### Tarn.

| | |
|---|---|
| Alby | 169 m |
| Castres | 170 |
| Gaillac | 137 |
| Lavaur | 138 |

### Tarn-et-Garonne.

| | |
|---|---|
| Montauban (place de Oules) | 97 m |
| Moissac | 71 |
| Castel-Sarrazin (pied de la petite flèche) | 81 |

### Var.

| | |
|---|---|
| Draguignan (sol de la tour de l'horloge) | 215 m |

## DE CHAQUE DÉPARTEMENT.

| | |
|---|---|
| Brignolles | 229 m |
| Grasse | 325 |
| Toulon | 4 |

### VAUCLUSE.

| | |
|---|---|
| Avignon (télégraphe) | 54 m |
| Carpentras (pied de la tour carrée) | 102 |
| Apt (sommet de la cathédrale) | 250 |
| Orange (pied du télégraphe) | 104 |

### VENDÉE.

| | |
|---|---|
| Napoléon-Vendée | 72 m |
| Fontenai (sol du clocher de Notre-Dame) | 22 |
| Les Sables-d'Olonnes | 6 |

### VIENNE.

| | |
|---|---|
| Montmorillon (sol du séminaire) | 127 m |
| Poitiers (sol de Saint-Porchaire) | 118 |
| Chatellerault (sol à Saint-Jacques) | 54 |
| Loudun | 109 m |
| Civray (lune de) | 144 |

### VIENNE (HAUTE-).

| | |
|---|---|
| Limoges | 287 m |
| Saint-Irieix | 358 |
| Bellac (girouette nord d'une brasserie) | 242 |

### VOSGES.

| | |
|---|---|
| Épinal | 341 m |
| Mirecourt | 279 |
| Neufchâteau | 305 |
| Saint-Dié | 342 |
| Remiremont | 403 |

### YONNE.

| | |
|---|---|
| Auxerre (sol de Saint-Étienne) | 122 m |
| Avallon | 262 |
| Joigny | 116 |
| Sens | 76 |
| Tonnerre (sol de Saint-Pierre) | 179 |

## ALTITUDE DES PRINCIPALES RIVIÈRES DE FRANCE
### SUR DIFFÉRENTS POINTS

Extrait de l'*Atlas agricole* par M. Nicolet.

| COURS D'EAU. | LIEUX. | ALTITUDE. | |
|---|---|---|---|
| | | mètres. | décim. |
| ADOUR | à sa source | 1931 | " |
| | à Bagnères de Bigorre | 556 | " |
| | à Tarbes | 302 | " |
| ALLIER | à sa source | 1423 | " |
| | à Vichy | 245 | " |
| | à Moulins | 210 | " |
| | à l'embouchure | 178 | " |
| AISNE | à l'embouchure de l'Aire au-dessus de Vouziers | 113 | " |
| | à Soissons | 44 | " |
| | à son embouchure | 35 | " |
| ARDÈCHE | à sa source | 1257 | " |
| | à Joyeuse | 150 | " |
| | à son embouchure | 33 | " |
| DORDOGNE | à la source de la Dore | 1694 | " |
| | au confluent de la Dogne | 1366 | " |
| | à Souillac | 140 | " |
| | à Libourne | " | 7 |
| DOUBS | à sa source | 863 | " |
| | à Besançon | 236 | " |
| | à Dôle | 197 | " |
| | à son embouchure | 176 | " |
| DURANCE | Au pont de Briançon | 1249 | " |
| | à Saint-Clément | 911 | " |
| | à Volx | 340 | " |
| | à Pertuis | 212 | " |
| | à Orgon | 70 | " |
| | à son embouchure | 13 | " |
| ESCAUT | à sa source | 90 | " |
| | à Condé | 14 | " |
| GARONNE | à Viella | 881 | " |
| | à Saint-Béal | 538 | " |
| | à l'embouchure de l'Ariége | 142 | " |
| | à Toulouse | 132 | " |
| | à Grenade | 99 | " |
| | au confluent du Tarn | 66 | " |
| | à Bordeaux | 1 | 5 |
| ISÈRE | à Vilarbonnot | 250 | " |
| | à Grenoble | 230 | " |
| | à son embouchure | 110 | " |
| LOT | à Mende | 730 | " |
| | à son embouchure | 64 | " |

## ALTITUDE DES PRINCIPALES RIVIÈRES

| COURS D'EAU. | LIEUX. | ALTITUDE. | |
|---|---|---|---|
| | | mètres. | décim. |
| Loire | à sa source............ | 1373 | " |
| | à Roanne............. | 267 | " |
| | à Digoin............. | 231 | " |
| | à Nevers............. | 178 | " |
| | à Chatillon............ | 131 | " |
| | à Briare............. | 123 | " |
| | à Orléans............ | 92 | " |
| | à Blois............. | 80 | " |
| | à Tours............. | 48 | " |
| | à Saumur............. | 40 | " |
| | à Oudon............. | 23 | " |
| Marne | à sa source............ | 331 | " |
| | à Châlons-sur-Marne....... | 78 | " |
| | à son embouchure......... | 31 | " |
| Meuse | à sa source............ | 379 | " |
| | à Verdun............. | 204 | " |
| | à Mézières............ | 146 | " |
| | à Givet............. | 100 | " |
| Moselle | à sa source............ | 725 | " |
| | à Metz.............. | 168 | " |
| | à Sierck............. | 145 | " |
| Oise | à Martigny............ | 167 | " |
| | à la Fère............. | 5 | " |
| | à son embouchure......... | 17 | " |
| Rhin | à Bâle.............. | 254 | " |
| | à Kehl.............. | 146 | " |
| | à Lauterbourg........... | 109 | " |
| Rhône | au lac de Genève......... | 375 | " |
| | à Lyon.............. | 162 | " |
| | à Vienne............. | 143 | " |
| | au Pont d'Avignon........ | 14 | 5 |
| | à Arles.............. | 2 | 2 |
| Seine | à sa source............ | 471 | " |
| | à Troyes............. | 101 | " |
| | à Bray.............. | 56 | " |
| | à Melun............. | 37 | " |
| | à Paris.............. | 30 | " |
| | à Rouen............. | 1 | " |
| Saône | à sa source............ | 396 | " |
| | à Gray.............. | 208 | " |
| | à Châlons............ | 173 | " |
| | à Trévoux............ | 167 | " |
| | à Lyon.............. | 162 | " |
| Tarn | à sa source............ | 1550 | " |
| | à son embouchure......... | 66 | " |
| Yonne | à Auxerre............ | 95 | " |
| | à Sens.............. | 66 | " |
| | à son embouchure......... | 50 | " |

## ALTITUDE DE QUELQUES POINTS TRÈS-ÉLEVÉS.

Extrait de l'*Atlas agricole* par M. Nicolet.

| NOMS. | HAUTEUR. | NOMS. | HAUTEUR. |
|---|---|---|---|
| **Chaîne armoricaine.** | mètres. | Hauteur moyenne en Limousin................ | mètres. 8 à 900 |
| Mont d'Arrée............ | 640 | Plomb du Cantal........ | 1,856 |
| Hauteur moyenne...... | 499 | Puy-de-Dôme........... | 1,465 |
| **Chaîne du Jura.** | | Hauteur moyenne de la Limagne............. | 550 |
| | | Murat (ville)............ | 1,055 |
| Hauteur moyenne...... | 1,200 | **Montagnes d'Aubrac.** | |
| Pré des Marmiers...... | 1,720 | | |
| La Brévine (village).... | 1,015 | Hauteur moyenne....... | 1,166 |
| Mont-Tendre............ | 1,682 | Point culminant........ | 1,528 |
| **Chaînon de la rive gauche de l'Ain.** | | Mont Dore............. | 1,055 |
| | | **Chaîne du Vivarais.** | |
| Hauteur moyenne...... | 700 | Mont Mézenc........... | 1,754 |
| Plateau de la Bresse.... | 260 à 310 | Village du Pouzat (Ardèche)................ | 1,196 |
| Sept-Moncel............ | 1,240 | Sainte-Agrève (Ardèche). | 1,156 |
| **Chaîne des Vosges.** | | **Chaîne du Velay et du Forez.** | |
| Hauteur moyenne....... | 754 | | |
| Ballon d'Alsace........ | 1,257 | Hauteur moyenne....... | 1,100 |
| Ballon de Guebvillers... | 1,426 | Pierre-sur-Haute........ | 1,634 |
| **Chaînon de la Côte-d'Or.** | | La Chaise-Dieu (village). | 1,060 |
| | | Montarcher (village).... | 1,167 |
| Hauteur moyenne...... | 410 | **Montagnes du Lyonnais et du Charollais.** | |
| Plateau de Langres..... | 580 | | |
| Morvand, point culminant................ | 1,792 | Hauteur moyenne...... | 700 |
| | | Saint-André-la-Côte (Loire)............... | 938 |
| Morvand, hauteur moyenne............. | 600 | Le Pont-de-l'Ane, entre Lyon et Saint-Étienne (Loire)................ | 525 |
| **Argonne.** | | | |
| Hauteur moyenne...... | 500 | **Alpes françaises.** | |
| **Cévennes.** | | Hauteur moyenne...... | 2,000 |
| | | Mont Ventoux.......... | 1,912 |
| Plateau du Larzac, point culminant............. | 1,004 | Mont Tabor............ | 3,180 |
| | | Village du mont Genèvre. | 1,974 |
| Plateau du Larzac, hauteur moyenne........ | 800 | La Grande-Chartreuse... | 1,013 |
| Mont Lozère........... | 1,718 | Saint-Véran (village)... | 2,040 |
| Pic Saint-Pons......... | 1,055 | **Chaîne des Pyrénées.** | |
| **Montagnes de l'Auvergne et du Limousin.** | | Hauteur moyenne...... | 2,700 |
| | | Pic d'Ossau........... | 2,585 |
| | | Canigou.............. | 2,785 |
| Hauteur moyenne en Auvergne............. | 1,400 | Ville de Mont-Louis..... | 1,588 |
| | | L'Hospitalier (village)... | 1,459 |
| | | Le Cylindre........... | 3,522 |

# TABLE

## GÉNÉRALE ET ALPHABÉTIQUE

Le chiffre romain indique le volume, et le chiffre arabe indique la page.

Acide carbonique. Son rôle dans la végétation, I, 184. Produit par la décomposition des engrais, I, 325.

Ados (culture en), I, 380.

Agriculture. L'agriculture et la famille, I, 1. L'agriculture et la propriété, I, 5. L'agriculture et le respect de la propriété, I, 9. L'agriculture et la propriété foncière, I, 15. L'agriculture et la société, I, 29. L'agriculture et l'autorité, I, 33. L'agriculture et les professions qui résultent de l'état social, I, 35. Tendance de l'homme à délaisser l'agriculture, I, 90. Religions païennes favorables à l'agriculture, I, 92. Rapports intimes qui existent entre la religion véritable et l'agriculture, I, 99. Protection due à l'agriculture par le gouvernement, exemples, I, 129.

Agrostis stolonifère, II, 198, 216, 220.

Aiguillonnier, II, 269.

Aliments. Valeur nutritive, II, 295.

Alpiste des canaries, II, 65. Alpiste en roseau, II, 217.

Alternat des plantes, I, 193.

Alucite, II, 275.

Amendements, I, 359.

Amidonnier, blé, II, 13.

Ammoniaque. Rôle dans la nutrition végétale, I, 185.

Ane, II, 512.

Anguillule du blé, II, 273.

Animaux. Composition chimique, II, 299. Organisation, II, 321. Bonne et mauvaise constitution, II, 328. Tempérament, II, 336.

Animaux nuisibles. Moyens généraux de s'opposer à leurs dégâts, II, 232. Moyens particuliers, II, 247.

# TABLE ALPHABÉTIQUE

ANIMAUX UTILES. Conservation, II, 237.
ARAU POITEVIN, I, 244.
ARGILE. Dans la composition du sol, I, 201. Amendement, I, 362.
ASCLÉPIAS, II, 151.
ASSAINISSEMENTS, I, 378.
ASSOLEMENTS, II, 629.
ASSÈCHEMENT, I, 384.
ASSOCIATION, NÉCESSAIRE pour assurer à la propriété foncière la liberté d'accès et celle des eaux, I, 30.
ATOMARIA, II, 256.
UBAINE, blé, II, 12.
VOINE. Description, culture, variétés, produit, II, 48. Avoine à chapelet, II, 220. Avoine folle. II, 221. Avoine jaunâtre, II, 217.
AZOTE. Principe constitutif des végétaux, I, 182; des animaux, II, 299.
BALANCE D'ATTELAGE, I, 267.
BARATTE, II, 432.
BARDOT, II, 521.
BAROMÈTRE, I, 234.
BATTAGE des grains, machine à battre, II, 33.
BÉTAIL, éducation, hygiène, régime, II, 287. Variété du régime, préparation des aliments, usage du sel, boisson, II, 299. Pâturage, II, 313. Perfectionnement, II, 339. Élève, II, 350. Sevrage, II, 353. Castration, II, 354.
BETTERAVE. Description, histoire, variétés, culture, produit, maladies, II, 97.

BINOIRS, I, 259.
BISAILLE, II, 72.
BLANIULE GUTTULÉ, II, 249.
BLÉ. Description, tallement, II, 3. Classification, II, 4. Blés fins, II, 5. Gros blés, II, 11. Blés durs II, 12. Blés à grains adhérents aux balles, II, 13. Climat qui convient au blé, II, 15. Sol, II, 16. Engrais, culture, semis, II, 17. Sarclage, effeuillage, produit, II, 22. Moisson, granges, meules, II, 24. Battage, nettoyage, conservation, II, 33.
BLUET, II, 221.
BEURRE. Fabrication, etc., II, 430.
BOEUF COMMUN, II, 356. Caractères, dentition, âge, taille, poids, II, 357. Aptitudes, II, 361. Viande, II, 364. Races françaises, II, 368. Races étrangères, II, 385. Choix d'une race, élève, II, 392. Pâturage, gonflement, stabulation, péripneumonie, charbon, II, 402. Engraissement, II, 410. Travail, ferrure, II, 421.
BOUTURES, I, 173.
BRABANT DOUBLE (charrue), I, 262.
BREBIS, caractères, dentition, âge, signes d'une bonne constitution, taille, poids, robe, laine, II, 526. Races françaises qui ne renferment pas de sang mérinos, II, 536. Races anglaises, II, 551. Amélioration des troupeaux français, II, 557. Nourriture, bergeries, maladies principales, parc, tonte, garde, II, 561. Troupeaux d'élève, trou-

peaux temporaires, II, 576.
BRIZE MOYENNE, II, 217.
BRÔME MOL, II, 217. Brôme seigle, II, 43, II, 223.
BRUCHES, II, 281.
BRULIS, I, 350.
BRUYÈRE, I, 205; II, 217. Terre de bruyère, I, 209.
BUFFLE, II, 356.
BUTEUR, I, 260.
CALANDRE, II, 275.
CALCAIRE. Rôle important du principe calcaire, I, 188, 199.
CALCIUM. Principe constitutif des plantes, I, 187; des animaux, II, 299.
CAMELINE. Culture, etc., II, 134.
CAMOMILLE SAUVAGE, II, 220.
CAPITAL FONCIER, MOBILIER, II, 606.
CARBONE. Principe constitutif des plantes, I, 182; des animaux, II, 299.
CARDÈRE. Culture, etc., II, 172.
CAREX, LAÎCHE, I, 205; II, 217.
CARIE du blé, II, 330.
CAROTTE. Culture, etc., II, 104.
CARTHAME (safran bâtard). Culture, etc., II, 162.
CASTRATION, II, 354. Castration des vaches, II, 420.
CÉCIDOMYIE, II, 271.
CENDRES sulfureuses, I, 360. Cendres végétales, I, 363. Cendres de tourbe, I, 364.
CENTAURÉE JACÉE, II, 217.
CÉRÉALES, II, 3 à 66.
CHALEUR. Agent de la végétation, I, 175.
CHANVRE. Culture, etc., II, 147.

Chanvre de Chine, II, 152.
CHARBON (uredo carbo), II, 231.
CHARDON, II, 219.
CHARRUE primitive, I, 243. Charrues qui ne renversent la terre que d'un côté, I. 247. Charrues avec point d'appui sur joug ou sur avant-train, I, 250; sans point d'appui, I, 252. Régulateur, I, 254. Sabot, I, 256. Charrues renversant la terre à droite ou à gauche, I, 259. Choix d'une charrue, I, 263. Perfectionnements, I, 264. Attelage, I, 267.
CHAUX, I, 188, 357.
CHEMINS. Construction, entretien, I, 438.
CHENILLES du chou, des navets, II, 263.
CHEVAL. Description, dentition, taille, robe, II, 444. Caractères du bon cheval, II, 451. Distinction des services, II, 457. Race arabe, race pur sang, II, 461. Races françaises, II, 472. Amélioration, II, 486. Élève et commerce, II, 489. Nourriture et entretien, II, 497. Conduite, II, 503. Harnais, ferrure, II, 505.
CHÈVRES. Description, etc., II, 584.
CHICORÉE. Culture, etc., II, 174.
CHIEN, II, 317, 575.
CHIENDENTS. Espèces, II, 220. Destruction, II, 225.
CHLORE. Principe constitutif des végétaux, I, 182; des animaux, II, 299.
CHLOROPS, II, 268.

CHOU. Culture, etc., II, 118.
CHOU-NAVET. Culture, etc., II, 116.
CHOU-RAVE. Culture, etc., II, 117.
CHRYSANTHÈME DORÉ, II, 219.
CITROUILLE. Culture, etc., II, 123.
CLIMATS AGRICOLES, I, 215. Climats de la France, I, 223; II, 658.
CLÔTURES, I, 438; II, 313.
COLZA. Culture, etc., II, 125.
COMBINAISONS AGRICOLES. Influence de la nature du sol sur les combinaisons agricoles, II, 649. Influence du climat, II, 658; des habitudes des populations, II, 673; des débouchés, II, 674; du capital, II, 676; d'industries accessoires, II, 679; de circonstances accidentelles, II, 681; de la disposition des pièces de terre, des goûts et des préjugés du pays, II, 683; de la valeur vénale du sol, II, 684. Combinaisons agricoles dans leurs rapports avec la production des engrais, II, 641.
COMPOST, I, 358.
COMPTABILITÉ AGRICOLE, II, 688.
CONCASSEURS, II, 306.
COQUELICOT, II, 221.
CORDON DOMBASLE, II, 415.
COUPE-RACINES, II, 305.
CRÉDIT AGRICOLE, I, 55.
CRÉTELLE, II, 217.
CRIBLE, II, 38.
CRYPTOGAMES NUISIBLES, II, 226.
CULTURE DU SOL. Instruments, I, 241. Grande et petite culture, II, 617.
CUSCUTE, II, 223.

DACTYLE PELOTONNÉ, II, 217.
DÉBUTS AGRICOLES, II, 686.
DÉFRICHEMENTS, I, 433.
DÉSINFECTION DES ÉTABLES, II, 409.
DESSÈCHEMENTS, I, 373.
DIRECTION AGRICOLE, I, 62.
DOLIQUE, II, 85.
DOMAINE. Achat, location, II, 606.
DRAGEONS, I, 173.
DRAINAGE, I, 384.
EAU. Son rôle dans la nutrition végétale, I, 183. Qualité des eaux d'arrosage, I, 410. Eau merveilleuse, I, 298.
ÉCINIES, II, 227.
ÉCOBUAGE, I, 371.
ÉCONOMIE RURALE (Principes de l'antiquité sur l'), II, 699.
ENGRAIN (blé), II, 13.
ENGRAIS, I, 324. Engrais animaux, I, 325. Engrais animaux liquides, I, 335; pulvérulents, I, 339. Engrais végétaux, I, 344.
ÉPEAUTRE (blé). Culture, etc., II, 13.
ERGOT (maladie), II, 231.
ERVILIER. Culture, etc., II, 195.
ERYSIPHÈS, II, 227.
ESSARTAGE, I, 370.
EUMOLPE, II, 263.
EXTIRPATEUR, I, 287.
FALUN, I, 356.
FANASSE, II, 221.
FANEUSE MÉCANIQUE, II, 212.
FAUCILLE, II, 25.
FAUX, II, 25.
FÉCONDATION ARTIFICIELLE des plantes, I, 171.
FENAISON des fourrages artificiels, II, 179; des foins naturels, II, 210.

## DES MATIÈRES.

Fer. Principe constitutif des plantes, I, 187; des animaux, II, 299.
Fermage, I, 43.
Fétuque des prés, II, 217.
Fèves. Culture, etc., II, 66.
Fiorin-grass, II, 216.
Fléau (instrument), II, 33.
Fléau des prés, II, 198, 217.
Fouilleur, I, 273.
Fromages. Confection, etc., II, 434.
Fumier, I, 327.
Galère (pelle à cheval), I, 383.
Garance. Culture, etc., II, 152.
Gaude. Culture, etc., II, 158.
Gazons, engrais, I, 346. Gazons naturels, entretien, fauchage et pâturage, II, 205. Récolte, II, 210. Défrichement, création, II, 214. Qualité, plantes dont ils se composent, II, 216.
Genêts. Culture, etc., II, 202.
Gesses cultivées. Culture, etc., II, 76. Gesse velue, II, 198. Gesse des prés, II, 217.
Glycérie aquatique, II, 216. Glycérie flottante, II, 216.
Goemon, engrais, I, 345.
Gonflement des bœufs, II, 402; des moutons, II, 564.
Greffe, I, 174.
Guano, I, 339.
Guénon (signe), II, 361.
Hache-paille, II, 307.
Hanneton, II, 247.
Haricots. Culture, etc., II, 81.
Harna (charrue), I, 260.
Herbe a cochons, II, 223.
Herse et hersages, I, 278. Herse norvégienne, I, 295.

Houblon. Culture, etc., II, 168.
Houes à main et à cheval, I, 284.
Houlque laineuse, II, 216.
Humus, I, 204. Humus acide, I, 205.
Hydrogène. Principe constitutif des plantes, I, 182; des animaux, II, 299.
Insectes. Leurs métamorphoses, II, 233. Insectes nuisibles, II, 233.
Irrigations encouragées au moyen âge par le clergé, I, 128; par plusieurs souverains, I, 130. Qualité des eaux, prises d'eau réservoirs, machines, puits artésiens, kériz, canaux, I, 408. Mesure des eaux, digues, I, 415. Divers systèmes, irrigations d'été, I, 419; par eau courante, I, 423; par eau dormante, I, 429.
Jachère, I, 321; II, 636.
Jarras ou jarrosse. V. Gesse.
Joncs, II, 217.
Joug, II, 421.
Kériz, I, 414.
Labours. Deux genres, I, 245. Enrayures et dérayures, tournières, profondeur, largeur des tranches, I, 270. Labours d'automne, premiers et seconds labours, I, 275.
Lactomètre, II, 429.
Laines, II, 530.
Lait, II, 427.
Laiteron, II, 223.
Laveur de racines, II, 305.
Ledoct (système), I, 303.
Légumes secs, II, 66. Légumes verts, II, 85.

TABLE ALPHABÉTIQUE

LENTILLE, LENTILLON. Culture, etc., II, 78. Lentille d'Espagne, II, 77. Lentille uniflore, II, 81. Lentille ers, II, 195.
LIMACES et LIMAÇONS, II, 253.
LIMONS, I, 203.
LIN. Culture, préparation, etc., II, 139. Lin de la Nouvelle-Zélande, II, 151.
LISERON DES CHAMPS, II, 219.
LIZÉE, I, 335.
LOTIER VELU, II, 198. Lotier corniculé, II, 198, 217.
LUMIÈRE. Influence sur la végétation, I, 178.
LUPIN. Culture, etc., II, 70. Graines de lupin pour engrais, I, 348.
LUPULINE. Culture, etc., II, 188. Lupuline sauvage, II, 217.
LUZERNE. Culture, etc., II, 184.
MADIA. Culture, etc., II, 137.
MAGNÉSIE, I, 188.
MAÏS. Culture, etc., II, 52.
MARCOTTES, I, 174.
MARGAL (Ivraie), II, 198.
MARGUERITE (GRANDE), II, 217.
MARNES, I, 350.
MATIÈRE UNIVERSELLE, I, 298.
MÉCANIQUE AGRICOLE. Progrès, I, 294.
MÉLAMPYRE DES CHAMPS, II, 221.
MERCURIALE, II, 223.
MÉTAYAGE, I, 52.
MÉTEIL, II, 43.
MILLE-FEUILLES, II, 217.
MILLETS. Culture, etc., II, 60.
MOEURS AGRICOLES, I, 73.
MOHA. Culture, etc., II, 62.
MOISSON, MOISSONNEUSE MÉCANIQUE, II, 24.
MOURON, II, 223.
MOUSSES, II, 218.
MOUTARDE NOIRE. Culture, etc. II, 136. Moutarde sauvage, II, 220. Moutarde blanche (moutardon), II, 136.
MOYETTES, II, 28.
MULES ET MULETS, II, 520.
NAVETTE. Culture, etc., II, 125.
NAVETS. Culture, etc., II, 110.
NÉGRIL de la luzerne, II, 261.
NIELLE, plante, II, 221. Altération du blé, II, 273.
NITREUSES (substances). Action sur la végétation, I, 186, 365.
NIVELEUR (Instrument), I, 287.
NOIR ANIMAL. I, 341.
NORIAS, I, 413.
ŒILLETTE. Culture, etc., II, 131.
ŒILLETONS, I, 173.
OIGNONS, I, 173.
OPIUM. Récolte, II, 133.
ORGE. Culture, etc., II, 44. Orge des prés, II, 217.
OROBANCHE, II, 224.
Os (engrais), I, 341.
OXYGÈNE. Principe constitutif des plantes, I, 182; des animaux, II, 299.
PAMELLE (orge), II, 47.
PANAIS. Culture, etc., II, 109.
PAQUERETTE, II, 217.
PARASITISME, II, 245.
PARCAGE, I, 337; II, 571.
PAS-D'ANE, II, 218.
PASTEL. Culture, etc., II, 159.
PATATE. Culture, etc., II, 96.

PATURAGE, II, 313. Vaine pâture, II, 320.
PATURIN TRIVIAL, II, 217; des prés, II, 217.
PAVOT. Culture, etc., II, 130.
PELLEVERSAGE, I, 276.
PERSICAIRE DE CHINE, II, 161. Persicaire des champs, II, 221.
PHOSPHATES DE CHAUX ET DE MAGNÉSIE, I, 183, 186, 188, 365.
PHOSPHORE. Principe constitutif des plantes, I, 181; des animaux, II, 299.
PIMPRENELLE. Culture, etc., II, 201. Pimprenelle sauvage, II, 217.
PIOCHEUSE, I, 295.
PLANTAIN LANCÉOLÉ, II, 217.
PLANTES. Germination, floraison, perfectionnement; plantes hermaphrodites, dioïques, monoïques; fructification; plantes annuelles, bisannuelles, vivaces, ligneuses; variétés automnales et printanières, perfectionnement; dégénérescence, divers moyens de multiplication, I, 164. Acclimatation, I, 178. Composition, respiration et nutrition, I, 181. Classification agricole, II, 1. Plantes oléagineuses, II, 125; textiles, II, 239; tinctoriales, II, 152; à produits divers, II, 168; fourragères, II, 184; nuisibles, II, 218; améliorantes, II, 176; améliorantes et épuisantes, II, 643.
PLATRE (amendement), I, 368.
POIS. Culture, etc., II, 72. Pois chiche, II, 75. Pois loup, II, 70.
POMME DE TERRE. Culture, etc., II, 85.
POMPE ARABE, I, 413.
PORC, régime, hygiène, engraissement, races françaises, races étrangères, élève, maladies principales, II, 591.
POTASSIUM, POTASSE. Principe constitutif des plantes, I, 187; des animaux, II, 299. Amendements à base de potasse, I, 361.
POUDRETTE, I, 339.
PRALINAGE des semences, I, 299.
PRÉSURE, II, 435.
PRÊLE, II, 217, 218.
PRONOSTICS, I, 232.
PROPRIÉTÉ, I, 5. Propriété foncière, I, 15.
PUCCINIES, II, 227.
PUCERONS, II, 260.
PUITS ARTÉSIENS, I, 413.
PURIN, I, 335.
QUEUE DE CHEVAL, II, 218. Queue de rat, II, 221.
RADIS, II, 117. Radis sauvage, II, 220.
RAIFORT DE CHINE, II, 138.
RASETTE, I, 275.
RATEAU A CHEVAL, II, 212.
RATISSOIRE, I, 287.
RATS. Espèces, destruction, II, 283.
RAVE. Culture, etc., II, 110.
RAY-GRASS, II, 196.
RÉCOLTES ENFOUIES, I, 346.
REINE DES PRÉS, II, 217.
REJETONS, I, 173.
RENONCULE DES CHAMPS, II, 221; des prés, II, 218.

Repos des terres, I, 320; II, 642.
Rhizoctone, II, 226.
Riz. Culture, etc., II, 62.
Rouille (maladie), II, 227.
Rouleaux, I, 289.
Rutabaga. Culture, etc., II, 116.
Sable dans la composition du sol, I, 203. Sable impalpable, II, 203.
Safran. Culture, etc., II, 156.
Sainfoin. Culture, etc., II, 190.
Salsifis sauvage, II, 217.
Sape, II, 25.
Sarclage, I, 286.
Sarrasin. Culture, etc., II, 57.
Sauterelles, II, 265.
Savoir agricole. Pratique, théorique, I, 153.
Scarificateur, I, 280.
Scariole de sicile, II, 196.
Science agricole, locale, générale, I, 159.
Seigle. Culture, etc., II, 40.
Sel pour le bétail, II, 309. Sels amendements, I, 361, 365.
Semailles, I, 296.
Semences. Choix et préparation, I, 296.
Semoirs, I, 305.
Seneçon, II, 223.
Serai, II, 440.
Serradelle. Culture, etc., II, 200.
Silicium, silice. Principe constitutif des plantes, I, 187; des animaux, II, 299.
Sitone rayé, II, 255.
Sodium, soude principe constitutif des plantes, I, 187; des animaux, II, 299. Amendements à base de soude, I, 361.

Soleil. Culture, etc., II, 138.
Sorghos. Culture, etc., II, 64.
Soufre. Principe constitutif des plantes, I, 187; des animaux, II, 299.
Souris. Espèces, destruction, II, 283.
Spergule. Culture, etc., II, 198.
Substances fertilisantes, I, 324. Tableau de ces substances, I, 366.
Suie, I, 364.
Sulfate de chaux, sulfate de fer, I, 360.
Tabac. Culture, etc., II, 163.
Tadini (formule de), I, 415.
Tallement, II, 3.
Tangue, I, 356.
Tarare, II, 38. Tarare insecticide, II, 279.
Taupe, II, 240.
Taupins, II, 254.
Taureaux. Conduite, II, 426.
Teigne du blé, II, 275. Fausse teigne, voyez Alucite. Teigne des laines, II, 573.
Terreaux (engrais), I, 348.
Terrement, I, 431.
Terres. Étude, composition, classification, I, 196. Profondeur, sous-sol, pente, exposition, couleur, pierres, voisinage, I, 209.
Thimoty-grass, II, 198.
Topinambour. Culture, etc., II, 93.
Touraillons. Engrais, I, 348.
Tournesol. Culture, etc., II, 161.
Tourteau. Engrais, I, 348. Nourriture du bétail, II, 297, 302.
Trainasse, II, 220.

TRANSHUMANCE, II, 318.
TRANSPLANTATIONS, I, 316.
TRAVAIL. Direction, I, 62. Organisation, II, 625.
TRÈFLE COMMUN. Culture, etc., II, 177. Trèfle blanc, II, 182. Trèfle incarnat, II, 183. Trèfle hybride, II, 184. Trèfle des prés, II, 217. Trèfle des champs (pied-de-lièvre), II, 223.
TRÊVE DE DIEU, I, 127.
TRIEUR VACHON, II, 39. Trieur Pernollet, II, 39.
TROGOSITE, II, 278.
TUBERCULES, I, 173.
TURNEPS, II, 114.
URÉDOS, II, 330.

VACHES. Classification, caractères des bonnes vaches, II, 361. Élève, II, 396. Travail, II, 425.
VAN, II, 37.
VASES (engrais), II, 356.
VEAUX. Chair, II, 366. Sevrage, II, 400. Engraissement, II, 410.
VER BLANC, II, 247.
VER GRIS, II, 249.
VESCE. Culture, etc., II, 193.
VOITURES. Construction, etc., I, 412.
VOULOIR AGRICOLE, I, 74.
VULPIN DES PRÉS, II, 217.
VASSE (charrue), I, 261.
YACK, II, 356.
YEUX OU GEMMAS, I, 172.

---

# TABLE DES NOMS PROPRES CITÉS

Abancourt (d'), II, 550.
Abd-el-Kader, II, 461.
Abel, II, 321, 526.
Abraham, I, 17, 56; II, 321.
Achard, II, 97.
Achille, II, 445, 709.
Adalard, I, 122.
Adam, I, 99.
Aglaüs, I, 77.
Ajot (d'), II, 382.
Albert (prince), I, 149; II, 348, 600.
Alexandre le Grand, I, 130; II, 184.

Allier, II, 553.
Althen (Jean), II, 153.
Amyot, I, 137.
Ancus Martius, I, 138.
André, II, 272.
Angevilliers (duc d'), II, 546.
Anne (reine), II, 468.
Antoine (saint), I, 117, 125.
Apollon, I, 77, 95; II, 527.
Argyle (duc d'), I, 149; II, 389.
Aristée, I, 95.
Aristide, I, 137.

TABLE DES NOMS PROPRES.

Aristote, I, 137; II, 709.
Armelin, I, 266.
Arthur-Young, I, 266.
Assuérus, I, 135.
Athanase (saint), I, 117, 120.
Attale (roi), I, 136.
Audouin, II, 286.
Auger, I, xi.
Auguste, II, 322.
Augustin (saint), I, 120.
Aure (comte d'), II, 461.
Bacchus, I, 34, 95, 97.
Bacciochi (princesse), II, 349.
Backwel, II, 239, 552, 553.
Bailly, II, 198.
Barral, I, 385, 403; II, 26, 311.
Basile (saint), I, 116, 119.
Bazin (Charles), II, 273.
Bathilde (sainte), I, 121.
Béague (de), II, 395, 687.
Beaurain, II, 103.
Beauregard (de), II, 259.
Bedford (duc de), I, 149, 266; II, 600.
Bell, II, 26.
Bella, II, 259, 390.
Bellérophon, II, 445.
Benoît (saint), I, 120.
Benoît (saint) d'Aniane, I, 122.
Bernard, I, 122.
Bernard (saint), I, 124.
Bernard Palissy, I, 90, 104, 155, 158, 163, 181, 351; II, 526, 709.
Bernède, II, 264.
Blanqui (de l'Institut), II, 705.
Bobière, I, 342.
Boileau, I, 78, 296; II, 709.
Bonheur (Rosa), I, xi; 295; II, 318, 378.

Bonheur (Auguste), II, 378.
Bonheur (Isidore), I, xi.
Boniface (saint), I, 122.
Bonnet de Moux, II, 549.
Bossuet, I, 5.
Boucher, II, 710.
Bouddha, I, 94.
Bouley (Henri), II, 410.
Bourgelat, II, 448, 481.
Bourgeois, II, 546.
Boussingault, I, 185; II, 296, 301, 352, 428.
Brière d'Hazy, II, 387.
Brougham (lord), I, 149.
Bruand, II, 275.
Bruno (saint), I, 124.
Bubulcus, I, 140.
Buffon, II, 229.
Caillaud, I, 132.
Caïn, I, 105.
Caprarius, I, 140.
Carloman, I, 123.
Carpentier (l'abbé), I, xii.
Cassien, I, 120.
Caton, I, 72, 85, 86, 264; II, 118, 708.
Caubet, I, xi.
Cérès, I, 34, 94, 97, 112.
César, I, 102.
Cham, I, 101.
Chambardel, I, 342.
Champier, II, 230.
Chaptal, I, 266; II, 98.
Charlemagne, I, 122, 127, 143; II, 667, 685.
Charles II (d'Angleterre), II, 468.
Charles Martel, I, 122.
Charles-Quint, I, 147; II, 153.
Charlier, II, 420.

## TABLE DES NOMS PROPRES

Chin-nong, I, 94.
Chômel, I, 299.
Chopin, II, 547.
Chun, I, 132.
Cicéron, I, 35, 42, 78, 139, 14 ; II, 709.
Cincinnatus, I, 139.
Claye, I, xii.
Clotaire I<sup>er</sup>, I, 121.
Clotaire II, I, 121.
Cloud (saint), I, 122.
Colbert, II, 465.
Colling, II, 239.
Collot, II, 435.
Colomban (saint), I, 121.
Columelle, I, 45, 162, 324; II, 26, 294, 708.
Confucius, I, 133.
Conseil, II, 547.
Corberon (de), I, ix; II, 307.
Craponne (Adam de), I, 409.
Crespel-Delisse, I, 307; II, 98.
Cretté de Palluel, II, 138.
Critobule, I, 42; II, 699.
Crosskil, I, 290.
Cunin-Gridaine, I, vii.
Curius-Dentatus, I, 139.
Cyrus, I, 136.
Dagonnet, II, 269.
Daniel, I, 136.
Daubenton, II, 229, 545, 550.
Daumas (général), II, 460, 462, 494, 497.
Davaine, II, 273.
David, I, 2, 41, 100, 106, 107, 108, 120.
David-Low, II, 387.
Débora, II, 512.
Décalogue, I, 9, 101, 102.

Degéer, II, 276.
Déjotare, I, 136.
Delacour, I, xi; II, 118.
Delafond, II, 410.
Delaforest, I, xi.
Delille, I, 78, 79; II, 708.
Denis I (roi de Portugal), I, 147.
Denis d'Halicarnasse, I, 138.
Derrien, I, 339.
Deutéronome, I, 9; II, 232.
Dieux laboureurs, I, 98.
Dillon, II, 354.
Diodore de Sicile, I, 95.
Diophanes, I, 136.
Dioscoride, II, 153.
Doyère, II, 275, 279; 280.
Dubos, I, xi.
Dugaigneau, II, 271.
Dumanoir, I, 385.
Dumont, II, 240.
Duponchel, II, 275.
Duporc, I, xi.
Dusseau, I, 299.
Dutertre, II, 568.
Dutfoy, II, 547.
Duvoir, II, 35.
Ecclésiastique, I, 408.
Édouard l'Ancien, II, 554.
Élisabeth d'Angleterre, I, 148.
Élisabeth (sainte), I, 147.
Élisée, I, 106.
Ellman (John), II, 554.
Épiphane (saint), I, 116.
Ésaü, II, 78.
Eséchias, I, 110.
Éséchiel, I, 108.
Ésope, II, 701.
Estrée (maréchal d'), II, 229.

Eumée, II, 710.
Eusèbe (saint), I, 116.
Évangile, I, 20, 33, 72, 101, 102, 114, 361, 512; II, 709.
Fabien, II, 551.
Fabius, I, 140.
Falloux (de), II, 395, 687.
Féburier, II, 253.
Fénelon, I, 708.
Ferdinand Favre, I, 342.
Fleury (l'abbé), I, 106, 110, 116, 125; II, 708.
Florian, II, 709.
Flourens, II, 240.
Fonte de Niort, II, 548, 549.
Fournier, II, 463.
Franklin, I, 359.
Frédéric le Grand, I, 145; II, 310, 547.
Gareau, II, 556.
Garrett, I, 286, 307.
Gasparin (comte de), I, x, 341, 412, 420; II, 36, 63, 69, 96, 161, 196, 198, 699.
Gayot, II, 466, 481.
Genèse, I, 99, 100, 105; II, 709.
Gibert, II, 307.
Gignoux (Mgr), I, VIII; III, 129.
Gilbert, II, 547.
Girard, II, 432.
Girod de l'Ain, II, 548.
Godin, II, 548.
Godolphin (lord), II, 468.
Gossin (Charles), I, 288, 399; II, 509.
Gourcy (de), II, 71.
Graux, II, 549.
Grégoire de Tours, I, 116.
Grégoire de Nazianze (saint), I, 119.
Grégoire, pape (saint), I, 120.

Guénée, I, 107.
Guennebault, II, 548.
Guénon, II, 362.
Guérin, II, 275.
Guérin-Menneville, II, 269, 271.
Guibal, I, 295.
Guillaume de Hollande, II, 387.
Guizot, I, 115.
Gygès, I, 77, 136.
Hallié, II, 57.
Hartlib, I, 143.
Henri IV, I, 143, 373; II, 318, 443, 464.
Hercule, I, 95, 438.
Herlincourt (d'), I, 337.
Hermès, I, 93.
Herminie, II, 710.
Herpin, II, 269, 271, 275, 279.
Hervé Mangon, I, 401.
Hervieux, II, 377.
Hésiode, I, 9, 78, 85, 244; II, 624, 708.
Hette, II, 307, 309.
Heurtier, I, XI.
Heuzé, II, 104.
Hiéron, I, 137.
Hilarion (saint), I, 118, 119.
Homère, I, 34, 78, 112, 136; II, 321, 430, 462, 709.
Horace, I, 78; II, 709.
Hong-von, I, 133.
Houpin, I, XII.
Howard, I, 257; II, 212.
Huguin, I, 299.
Humboldt (de), II, 53.
Hutin, II, 547.
Huzard, II, 410, 546.
Isaac, II, 321.
Isaïe, II, 37.
Ischomaque, I, 81, 196; II, 701.

# TABLE DES DES NOMS PROPRES.　　LVII

Isidore de Séville (saint), I, 128.
Jacob, II, 321.
Jacques I (d'Angleterre), II, 164, 468.
Jacques II, II, 387.
Jacques Bujault, I, 79; II, 287, 385, 472, 505, 538, 574, 629, 641, 645, 649, 673, 674, 678, 706.
Jacquet Robillard, I, 307.
Jamet, II, 395.
Jaubert de Passa, I, 115, 409, 412.
Jaubert (Amédée), II, 589.
Jauffret, I, 345.
Jean Chrysostome (saint), I, 119.
Jefferson, I, 266.
Jérôme (saint), I, 119, 120.
Jésus-Christ (N. S.), I, 102.
Job, I, 105; II, 444.
Joly, II, 262.
Josaphat, I, 107.
Joseph, II, 39.
Josèphe, I, 107.
Jourdier, I, 251, 266.
Juda, I, 109.
Judith, I, 106.
Juges (livre), II, 512.
Jules César, II, 153.
Jupiter et Tellus, I, 97, 191.
Jussieu (de), II, 229.
Keelhof, I, 415, 426, 427, 428.
Kennedy, I, 336.
Kœchlin, II, 102.
La Bruyère, II, 705.
Laërte, I, 34; II, 710.
La Fontaine, I, 78; II, 240.
Lainé, I, 339.
Lamartine, I, 126; II, 712.
Laquintinie, I, 174.
Lassaigne, II, 291.

Latreille, II, 275.
Lavergne (Léonce de), I, 148, 152, 294; II, 551, 622.
Lavieille, I, xii.
Leblanc, I, xii.
Ledoct, I, 303.
Lefèvre Sainte-Marie, II, 387.
Lefour, II, 297, 386, 417.
Legrand d'Haussy, II, 58, 536.
Leibnitz, II, 705.
Leicester (duc de), I, 149.
Lemaire, I, ix.
Lentulus, I, 140.
Léonard de Vinci, I, 409.
Léopold I (duc), I, 146.
Lepère, I, xi.
Lequin, II, 543.
Leroy-Mabille, II, 92.
Lescluse (Charles de), II, 85.
Lespée (de), I, vii.
Le Tasse, I, 78; II, 710.
Licinius Stolon, I, 140.
Linné, II, 275, 283.
Lœillet, I, 289.
Lorgeril (de), II, 203.
Louis le Germanique, I, 122.
Louis (saint), I, 128, 143.
Louis XII, I, 143.
Louis XIII, I, 151.
Louis XIV, I, 125, 128, 152; II, 463, 465, 545.
Louis XV, I, 142, 152.
Louis XVI, II, 86, 535, 546.
Lupin, I, 385.
Lympha et bonus eventus, I, 97.
Macaire (saint), I, 117.
Machabées, I, 110.
Mac-Cormick, II, 26.
Magne (ministre), I, ix, xi.

TABLE DES NOMS PROPRES.

Magne (professeur), II, 345, 410, 499, 522, 540, 559, 581.
Magon, I, 75.
Mahomet, I, 112, 113.
Maitre Achille, II, 548.
Malesherbes, II, 229.
Malézieux (de), II, 302.
Malingié, II, 347, 556.
Manou, I, 94.
Marc-Graff, II, 97.
Marie-Antoinette, II, 412.
Marie de Médicis, II, 164.
Marie-Thérèse, I, 146; II, 547.
Massé, II, 377.
Mars, II, 445.
Mathieu de Dombasle, I, 307; II, 98, 230, 296, 414, 535, 631, 697.
Maur (saint), I, 121.
Meike, II, 26, 33.
Ménée (frère), I, IX, XI.
Ménès, I, 131.
Meng-tseu, I, 72.
Mercier, II, 153.
Mercure, I, 95; II, 527.
Meyer, I, 359.
Michaud, I, 126.
Milhau (frère), I, XI; II, 240, 255.
Milne-Edward, II, 269.
Miller, II, 3.
Millet (M<sup>me</sup>), II, 566.
Minerve, I, 95, 97.
Mœris, I, 131, 412.
Moïse, I, 108; II, 420, 444.
Moll, I, 244.
Moniot, II, 548.
Monny de Mornay, I, VII, XI.
Montesquieu, I, 27.
Montigny (de), II, 64, 356.
Morren, II, 260.

Myollis (général), II, 267.
Nabot et Achab, I, 25.
Nadault de Buffon, I, 409, 415, 420.
Napoléon III, I, 152, 412; II, 443.
Néhémie, I, 110.
Neptune, I, 95.
Néron, I, 45.
Nicet (saint), I, 116.
Nicolet, I, XLII, XLIV.
Nicot, II, 164.
Nil (dieu), I, 93.
Ninus, I, 112.
Nitocris, I, 130, 412.
Noé, I, 17.
Numa, I, 97, 137.
Octave, II, 322.
Olivier, II, 269.
Olivier de Serres, I, 2, 91, 144, 153, 298; II, 69, 85, 205, 239, 441, 520, 527, 574, 585, 588, 617, 627, 629.
Osias, I, 109.
Osiris et Isis, I, 93.
Ovide, I, 49.
Pabst, I, 147.
Pacôme (saint), I, 117, 118, 125.
Paganel, II, 311.
Palès, I, 98.
Pallade, II, 26, 110, 708.
Pallas, II, 284.
Parant, II, 415.
Paris de Bercy, II, 441.
Parmentier, II, 39, 86, 97, 229, 281.
Parpaite, II, 181.
Paul (saint), I, 101, 102.
Payen, I, 185, 330, 342, 343; II, 296, 301, 428.
Pepin (roi), I, 122.
Perrière (de la), I, 298.

## TABLE DES NOMS PROPRES.

Perris, II, 278.
Pernollet, II, 39.
Perrault de Jotemps, II, 401, 448.
Petit Lapille, II, 241.
Pétrarque, I, 78.
Pharaon, II, 39.
Phèdre, II, 709.
Philippart, II, 269.
Philippe (frère), I, ix.
Philippe III (roi), I, 147.
Philopœmen, I, 137.
Pictet, II, 548.
Pilat (Louis), II, 556.
Pinet, II, 35.
Pison, I, 140.
Plancy (de), I, ix.
Platon, I, 137; II, 709.
Pline, I, 34, 72, 86, 107, 138, 39 141; II, 153, 421, 708.
Pluchet, II, 556.
Plutarque, I, 72, 137.
Polybe, I, 414.
Polyphème, II, 430.
Ponsard, II, 47, 305.
Porcius, I, 140.
Prévôt (Bénédict), II, 229.
Priape, I, 95.
Prométhée, I, 95.
Proverbes, II, 313, 355.
Pythagore, II, 66.
Quesnay, I, 142.
Quételet, II, 416.
Rachis (roi), I, 123.
Raibaux-Lange, I, 349.
Rancé (de), I, 125.
Randouin-Bertier, I, viii, xi.
Réaumur, II, 278.
Régulus, I, 140.
Richard Goord (sir), II, 553.

Richard du Cantal, II, 454.
Richelieu (duc de), II, 589.
Rieffel, I, 435, 438; II, 197.
Robert (saint), I, 124.
Robert Peel, I, 150.
Robigus et Flora, I, 97; II, 228.
Robinson, I, 12, 55.
Rois (livre des), I, 25.
Rollin, II, 708.
Rollon, I, 18.
Romulus, I, 97.
Rouher (ministre), I, xi.
Rouyer, I, xi.
Royer, I, 30.
Rozier (l'abbé), I, 129; II, 131, 629.
Ruth et Booz, I, 106; II, 709.
Saba Ier, I, 412.
Sagesse, II, 232.
Sainte-Croix, II, 164.
Salmon, I, 343.
Salomon, I, 2, 100, 108, 109, 411; II, 444, 462.
Salvat, II, 395.
Samuel, I, 106.
Sarah, I, 17.
Saturne, I, 95.
Saül, I, 34, 106.
Scaliger, I, 144.
Schmidt, I, 42, 51.
Schmit, II, 212.
Schrœder, II, 177.
Schwertz, I, 147; II, 177, 296, 676, 684.
Schubart, II, 177.
Séja et Séjesta (divinités), I, 98
Sémiramis, I, 112, 130.
Sésostris, I, 131.
Simon, I, 110.
Simphal, II, 547.

TABLE DES NOMS PROPRES.

Socrate, I, 42, 62, 81, 135, 137, 162, 196, 699.
Soliman Aga, II, 175.
Solon, I, 137.
Sommerville (lord), I, 266.
Stiernsvard, II, 432.
Strabon, I, 107.
Sully, I, 142, 144, 373; II, 287.
Tadini, I, 415.
Tachard, II, 377.
Tacite, I, 17, 91; II, 685.
Terme (dieu), I, 97.
Ternaux, II, 589.
Tessier, II, 546, 570.
Tacqueray, I, 385.
Thaër, I, 146, 159, 430; II, 60 200, 296, 606.
Thénard, II, 244.
Théodebert, I, 121.
Tobie, II, 709.
Tocqueville (Alexis de), I, vii.
Tocqueville (Édouard de), I, vii, x; II, 3, 6, 711.
Tomkins (Benjamin), II, 389.
Tondu du Metz, II, 6.
Torcy (de), II, 395.
Touchy, II, 262.
Tournabon, II, 164.
Town-Send (lord), I, 149.
Triptolème, I, 94.
Trudaine, II, 546.
Turbilly (de), I, 378, 438.
Ulysse, I, 34; II, 709.

Vachon, II, 39.
Vala, I, 122.
Valcourt (de), I, 278.
Vallemond (de), I, 298.
Vannière (père), I, 128; II. 702.
Varron, I, 141; II, 708.
Vasse, I, 261.
Vente, I, xi.
Vénus, I, 95, 97.
Vertumne et Pomone, I, 98.
Vesta, I, 95.
Victoria (reine), II, 348.
Ville, I, 185.
Villeroy, II, 376, 392, 399.
Vilmorin, I, xii, 315; II, 4, 47, 62, 81, 99, 106, 138, 161, 196, 283.
Vincent de Beauvais, I, 128, 143.
Virgile, I, 9, 78, 91, 141, 174, 175, 194, 215, 237, 241, 243, 244, 298, 370; II, 321, 576, 629, 708.
Vulcain, I, 95.
Wandecasteele, II, 506.
Watteau, II, 710.
Webb (Jonas), II, 310, 554.
Wilson (sir Richard), II, 177.
Wimpffen (de), II, 239.
Xénophon, I, 42, 63, 67, 78, 95, 135, 136, 137, 156, 162, 196, 699, 708.
Yao, I, 132.
Yvart, II, 60, 93, 109, 550.
Yu, I, 132.

# L'AGRICULTURE FRANÇAISE

## PREMIÈRE PARTIE

L'AGRICULTURE CONSIDÉRÉE AU POINT DE VUE MORAL SOCIAL ET RELIGIEUX

### CHAPITRE I<sup>ER</sup>

L'AGRICULTURE ET LA FAMILLE

> Aimes-tu tes enfants, soigne tes terres.
> JACQUES BUJAULT.

Les détails multipliés d'un faire-valoir agricole se divisent en deux parties : l'une comprend les travaux des champs et les affaires extérieures; l'autre se compose des soins du ménage, de la basse-cour et des étables. Celle-ci n'est guère moins importante que la première; car il ne suffit pas de récolter, il faut encore vivre avec ordre et tirer bon parti de tout. Une seule personne ne peut exercer à la fois ces deux directions, dont l'une oblige à être presque toujours dehors, tandis que l'autre attache au logis. De plus elles exigent des aptitudes différentes.

Cette différence n'est autre que celle qu'on remarque entre les qualités naturelles de l'homme et celles de la femme. L'homme d'un tempérament robuste supporte sans peine le froid, le chaud, la fatigue. Il se déplace avec plaisir; les soins extérieurs lui appartiennent. La femme est attachée à la maison par la délicatesse de sa constitution, par sa timidité et par cet amour particulier qui fixe au nid la mère de l'oiseau; l'intérieur est son domaine.

Cette double spécialité dans la direction de tout établissement agricole, se trouve ainsi marquée par la Providence. Mais pour qu'elle soit efficace dans son action, il faut qu'unis par le mariage, l'homme et la femme aient les mêmes intérêts, la même volonté, le même esprit, le même avenir. La vie de famille est donc indispensable à l'exercice de l'agriculture.

*La femme*, dit Olivier de Serres, *est l'âme de l'agriculture. Qui trouvera la femme forte? Sa valeur est bien au-dessus de celle des perles*, s'écrie Salomon. Puis il décrit la femme adonnée à tous les soins du ménage agricole. *Celui qui l'a trouvée*, dit-il ailleurs, *possède le vrai trésor; il le puise dans la bienveillance de Dieu.*

La nécessité du mariage, pour la pratique de l'agriculture, est dans l'esprit de l'habitant des campagnes une condition de rigueur absolue. Un jeune homme n'entreprend de faire valoir que s'il est marié. Un cultivateur qui devient veuf quitte la culture, ou contracte une seconde union.

En même temps qu'elle nécessite le mariage, l'agriculture favorise l'exercice des vertus qui font le bonheur de la famille. C'est aux champs que la foi conjugale est le mieux observée. Beaucoup plus sévère qu'on ne l'est à la ville vis-à-vis des personnes mariées, on aurait du mépris pour celles qui, après la bénédiction nuptiale, rechercheraient encore les danses et autres réunions de jeunes gens ; chacun sait qu'il n'est pas de désordre contraire aux bonnes mœurs, qui ne soit beaucoup plus fréquent à la ville qu'à la campagne.

Dans la plupart des professions autres que l'agriculture, les enfants ne compensent d'abord par aucun service près des parents, leurs frais d'éducation et d'entretien. La famille constitue dans ces conditions une charge à laquelle on se soustrait trop souvent, en oubliant le principal objet de l'union conjugale, qui est la multiplication de l'espèce humaine. De la sorte, on peut avoir un ou deux héritiers ; mais on n'a pas de famille. La véritable famille, n'est-ce pas celle dont les membres nombreux, d'âge, de sexe et de caractères différents, forment chaque jour une société joyeuse ? N'est-ce pas là seulement qu'on trouve chez les parents absence de faiblesse, dévouement, bon exemple; chez les enfants amour du travail, gaieté, reconnaissance des soins qui leur sont donnés?

Cette famille que Dieu bénit est le trésor du cultivateur. Aussi *sa femme*, pour me servir des paroles de David, *est comme la vigne féconde attachée aux murs de sa maison; ses enfants sont autour de sa table, pareils aux nombreux rejetons de l'olivier.* Le matin, dès que le chant du coq se fait entendre, chacun se met au travail. L'un fait mouvoir la herse, un autre la charrue; un troisième répand la semence. Celle-ci soigne le jardin; celle-là les étables. L'enfant lui-même, muni d'un copieux déjeuner, s'achemine vers le pâturage pour y surveiller le bétail.

Tous les membres de cette communauté sont unis entre eux par une constante réciprocité de services. Loin des champs, ils se croiraient appauvris par le nombre. Mais à la ferme, ils sentent que le nombre multiplie leurs forces et les enrichit; sentiment qui tend à maintenir parmi ces frères une union plus rare ailleurs.

Quant à l'obéissance filiale, la nécessité l'affermit, attendu que sans elle il n'y aurait que désordre et misère pour tous.

Enfin le courage que l'esprit de famille donne au père et à la mère, a quelque chose d'héroïque, de surnaturel. Hier chacun au village enviait le bonheur du fils de Pierre qui épousait la fille de Thomas. Demain nos jeunes époux entreprendront un faire-valoir que leurs parents ont déjà préparé. Le train est peut-être fort pour leurs moyens. Mais l'esprit de famille les aidera à vaincre les difficultés. Les enfants naissent; avec eux l'énergie des parents redouble. Un travail surhumain est accompli. Cependant la famille croît, se multiplie et devient un élément de prospérité.

En résumé l'agriculture s'appuie d'abord sur la vie de famille, et par suite elle conduit naturellement à des vertus que loin des champs on n'exerce pas sans efforts. Aussi n'y a-t-il pas de mots plus justement synonymes que ceux de *cultivateur* et de *père de famille*.

## CHAPITRE II

### L'AGRICULTURE ET LA PROPRIÉTÉ

> L'expérience fait voir que ce qui est non-seulement en commun, mais encore sans propriété légitime et incommutable, est négligé et à l'abandon.
> BOSSUET.

Si nous abandonnions nos enfants, que deviendraient-ils? Leur mère elle-même ne réclame-t-elle pas notre appui?

C'est pour faire contre-poids à la faiblesse de la femme et des enfants, que Dieu nous a mis au fond de l'âme ce sentiment par suite duquel leurs besoins nous deviennent personnels; car à moins d'une dépravation qui fait horreur, tant elle est contre nature, ils nous affectent autant que les nôtres, plus que les nôtres. Nous travaillons donc avec plus d'ardeur peut-être pour notre famille que pour nous-mêmes. La famille suit cet exemple du chef; c'est ainsi que tous travaillent en commun, vivent en commun.

Voilà la communauté naturelle. Elle est, comme nous l'avons vu au chapitre précédent, le fondement de l'agriculture.

Infinimènt variée par le nombre, l'âge et la force de ceux dont elle se compose, cette communauté produit entre les hommes une évidente inégalité de besoins et de travail.

En admettant même que toutes les familles fussent égales, il n'y aurait pas entre elles possibilité d'un travail de même valeur, tant les hommes diffèrent entre eux de forces, de facultés, d'aptitudes.

Quant au fruit du travail, à part quelques cas fortuits, il est proportionnel au travail lui-même. L'un travaille beaucoup, il gagne beaucoup; l'autre travaille peu, son profit est faible. Dès lors par un sentiment invincible, nous voulons travailler personnellement, recueillir personnellement le fruit de nos peines, subvenir personnellement à nos besoins. Hors de la famille, hors de l'association religieuse qui, se fondant sur un austère célibat et sur une mortification de tous les instants, constitue une famille exceptionnelle, nous repoussons le travail commun, le profit commun. Le fort ne peut consentir à travailler en commun avec le faible, l'intelligent avec l'idiot, le père de famille avec le célibataire.

Une union parfaite, sans aucun sentiment d'envie, serait la première condition nécessaire au soutien d'une communauté générale parmi les hommes. Cette union ne pourrait résulter elle-même que d'une participation égale de tous à la production et à la consommation communes.

Cette égalité suppose égalité de travail, égalité de besoins.

Voulons-nous établir l'égalité de travail parmi les hommes? ne pouvant obliger le faible à en faire autant que le fort, c'est le fort qui ne fera pas plus que le faible. Voilà donc le travail réduit à sa moindre expression. Quant à l'égalité des besoins, il faut pour y arriver, supprimer la famille; car c'est elle qui produit dans nos besoins les plus grandes différences. Les enfants de chacun deviennent ceux de tous et sont élevés en commun. Mais pour que, dans cette éducation commune, une égalité nécessaire existe, comme en tout le reste, sans aucune préférence résultant du sentiment de la paternité, il faut éteindre ce sentiment jusque dans son principe par une disposition qui ne permette pas au père de reconnaître ses propres enfants. Voilà les liens sacrés du mariage anéantis.

Extinction de travail, extinction de vertu, telles sont ainsi les conséquences rigoureuses du principe de la communauté.

Ces théories flattent les passions de l'homme paresseux et immoral; ce qui explique le sang répandu à certaines époques malheureuses et trop récemment encore, pour les faire prévaloir. Du reste le désir réel d'une communauté autre que la famille, est absolument étranger à notre cœur, tandis que le sentiment opposé, l'esprit de propriété, se révèle en nous dès le bas âge.

Avec quelle ardeur s'exercent nos petits bras dans ce carré de jardin qui nous est concédé par un père intelligent! Ailleurs le travail serait fastidieux; sur ce carré que l'idée de la propriété nous rend cher, nous ne sentons pas la fatigue; et quelle joie, si nos soins aboutissent à la production d'une fleur, d'un légume, d'un fruit!

A tout âge nous aimons de même le produit de nos peines; nous l'aimons d'avance, comme la mère chérit l'enfant qu'au prix de bien des souffrances elle prépare à la vie. Ainsi le travail agricole, cette nécessité pénible que Dieu a imposée au genre humain, devient, par un merveilleux adoucissement de la Providence, un plaisir, un bienfait. En effet ce labeur fort dur en apparence n'est-il pas celui que le sentiment de la propriété stimule le plus et récompense le mieux? Le cultivateur affectionne d'un amour de père l'arbre qu'il plante, le blé qu'il sème, l'animal qu'il nourrit. Il attribue au champ où ses sueurs se répandent une vertu particulière. Il trouve une saveur plus douce au fruit de son verger, au pain de sa recolte, au raisin de sa vendange. Comme un charme magique, ces jouissances le fixent au sol le plus infertile. Plus il éprouve de fatigue et de peine, plus il semble s'y attacher. Par suite de cette affection, le succès d'un premier travail encourage à de nouveaux efforts. Bientôt les marais sont désséchés ; les bruyères disparaissent; les pentes abruptes sont disposées en terrasses ; l'eau de la cascade féconde les coteaux voisins. Suivant l'expression de Virgile, *un travail opiniâtre surmonte tout*, et l'agriculture prospère où l'on n'aurait jamais cru qu'elle pût s'établir.

Le sentiment de la propriété est donc, comme le dit Hésiode, *dans les racines du monde*. Il est inhérent à la nature humaine; son action est aussi nécessaire à l'agriculture que l'huile à une lampe allumée.

## CHAPITRE III

L'AGRICULTURE ET LE RESPECT DE LA PROPRIÉTÉ

Tu ne voleras point.<br>*Décalogue.*

Pour que le sentiment de la propriété puisse avoir la plénitude de ses conséquences, il faut au cultivateur la certitude de conserver le fruit de ses peines ; certitude qu'il ne peut avoir si ses voisins cherchent sans cesse à le dépouiller. Qu'y a-t-il en effet de plus exposé au pillage ou à la dévastation que des troupeaux et des récoltes ? Quel lieu de plus faible défense que le toit de chaume et que la cour de ferme ?

Le respect de la propriété, ce devoir sacré dont nous portons le sentiment au fond de la conscience, est donc une condition particulièrement nécessaire à l'agriculture. Un intérêt direct qu'on ne retrouve au même degré dans aucune autre profession, prédispose les cultivateurs à y rester fidèles ; et certes nul d'entre eux n'aurait jamais eu l'idée d'attaquer ce principe tutélaire.

Puisque cette pensée a pu être conçue, qu'il s'est même formé des sectes prêtes à soutenir leurs nouvelles doctrines les armes à la main, il est pour l'agriculture d'un intérêt capital que les caractères invariables de la propriété soient clairement définis.

Le premier de ces caractères est l'*inégalité*.

Nos facultés et notre travail différant d'individu à individu, la propriété, fruit du travail, est inégale dès son origine. Chercher à la niveler, ce serait tendre à l'anéantir.

Le second caractère de la propriété, *le libre usage*, exprime la possibilité que tous doivent avoir d'user de ce qu'ils possèdent, pourvu qu'ils ne nuisent pas à leurs semblables. La propriété n'a de valeur en effet que par l'utilité qu'on en tire. L'utilité résulte elle-même de l'usage. Cet usage est donc libre en principe. Il n'a d'autre limite que le respect dû par chacun de nous à la propriété des autres.

C'est par suite de cette liberté que se font les locations et les prêts de toute espèce.

N'y a-t-il pas réciprocité de service entre le possesseur d'une somme d'argent et celui qui la lui emprunte pour des opérations de commerce, d'agriculture ou d'industrie? Ce dernier rend service à l'autre, puisqu'il lui paie une rente annuelle de 5 fr., par exemple, pour 100 fr. prêtés. Le capitaliste de son côté est utile à son débiteur, à cause du développement que les fonds prêtés lui permettent de donner à ses entreprises. Même secours mutuel entre le propriétaire et son fermier.

Est-il nécessaire d'ajouter que le prêt n'est réellement légitime qu'autant qu'il y a service réel rendu à l'emprunteur? Il ne faut donc pas qu'abusant de la pression que telle ou telle circonstance aurait produite, on exige pour le prêt ou la location une redevance égale ou supérieure au profit à retirer de l'usage de l'objet prêté ou loué. Le prêt qui dans ce cas se nomme usuraire, devient le moyen le plus perfide de dépouiller les autres du fruit de leurs peines.

L'échange est une autre manière d'employer la

propriété pour notre avantage réciproque. Il faudrait, sans échange, que chaque laboureur, nouveau Robinson, se fît chaussures, habits, instruments, maison, etc. On aperçoit au premier coup d'œil les mille inconvénients d'un tel état de choses. Aussi l'échange est si naturel qu'il s'établit de lui-même pour les objets matériels, comme pour les pensées et les paroles, dès qu'il y a contact entre plusieurs individus.

L'association est un troisième mode d'employer la propriété en vue de l'avantage réciproque de nos semblables et de nous-mêmes. Combien de fois, réunissant nos moyens à ceux de quelques voisins, parvenons-nous à des résultats que sans ce secours mutuel nous n'aurions pu obtenir! faut-il indiquer, au sujet de l'agriculture, les associations d'assurance, celles de crédit agricole, celles des fromageries où le lait d'une multitude de vaches est converti en fromages à frais communs?

Du reste, à part quelques cas d'association nécessaires pour la conduite des eaux, pour l'établissement des chemins, pour la protection des propriétés et des personnes, associations spéciales sur lesquelles nous reviendrons bientôt, il ne doit pas y avoir de contrainte dans l'association des propriétés, comme il ne doit pas y en avoir non plus pour l'échange et le prêt. Autrement la propriété perdrait sa liberté d'usage, et serait violée dans son caractère le plus évident.

Le bien exclusif des autres est un dernier but pour lequel nous sommes libres d'employer la propriété. Elle devient ainsi l'instrument de la plus belle vertu, la charité.

En résumé, notre propre avantage, un avantage réciproque, l'avantage seul de nos semblables; tels sont les trois points auxquels se rapporte le *libre usage* de la propriété.

Le troisième caractère de la propriété est l'*hérédité*.

L'hérédité est une loi générale de l'univers. Le chêne donne au chêne sa force, son port élevé et ses vastes rameaux. La violette transmet à la violette son humble feuillage et son doux parfum. La fourmi se montre comme sa mère laborieuse et prévoyante. Le cheval du désert, ainsi qu'au temps de Job, creuse la terre de son pied, dévore l'espace et meurt en mettant son maître à l'abri du danger. Toutes les espèces, toutes leurs variétés, tant dans le règne animal que dans le règne végétal, transmettent à leurs générations, avec le principe de la vie, cet autre principe qui leur est propre, c'est-à-dire le germe de leur caractère, de leurs qualités, de leurs défauts.

L'homme ne peut faire exception à cette loi universelle. Aussi l'enfant qui vient au monde, apporte en naissant le principe de la constitution morale et physique de ses parents. Sans doute, l'éducation peut modifier ces premières tendances, les effacer même plus ou moins; mais la transmission héréditaire n'en a pas moins eu lieu. Ne sommes-nous pas en effet formés de la substance de nos pères ? N'est-ce pas leur sang qui coule dans nos veines ; et ne se sont-ils pas réellement perpétués en nous, comme nous nous survivons à nous-mêmes dans nos enfants ? Cette vérité est à un si haut point dans le sentiment universel, que de tout temps la gloire est restée attachée au fils du héros. Par suite de cette même loi, la souillure originelle d'Adam et d'Ève a atteint toute leur postérité.

Si le père transmet à son fils ce qu'il a de plus intime, à plus forte raison doit-il lui transmettre sa propriété. Celle-ci ne peut faire exception à la loi générale de l'hérédité.

J'admets toutefois pour un instant qu'on parvienne à l'anéantir. Dès lors l'égoïsme fait invasion. Comme l'ordre et l'économie de notre part ne peuvent profiter à nos enfants, il n'y a plus d'épargne ; de cette épargne, qui crée la fortune privée et accroît incessamment la richesse publique. Nous devenons tous semblables au malheureux qui, oubliant dans la débauche une famille infortunée, ne lui laisse pour héritage que le vice et la misère.

Au contraire, l'hérédité fortifie merveilleusement l'esprit de famille. Si, comme nous l'avons déjà fait observer, les enfants du cultivateur travaillent avec tant d'ardeur dès le bas âge à féconder le champ paternel, n'est-ce pas à cause de la certitude où ils sont qu'ils fécondent ainsi leur propre champ? Quant au père, son grand âge a pu l'appesantir, mais non l'arrêter. Cependant il a plus qu'il ne lui faut pour les besoins de ses derniers jours. Pourquoi n'accepte-t-il pour lit de repos que celui où l'on ne se réveille plus? C'est que l'hérédité assure aux enfants dans lesquels ils se survit, le fruit de ses peines.

*Inégalité, liberté d'usage, hérédité,* tels sont les trois caractères sacrés de la propriété. Toute attaque à l'un ou à l'autre est une attaque à la propriété tout entière, et par conséquent à l'agriculture dont la propriété et la famille sont les premières bases.

## CHAPITRE IV

### L'AGRICULTURE ET LA PROPRIÉTÉ FONCIÈRE

> Maudit soit celui qui déplace la borne du champ voisin.
> *Deutéronome.*

Pressé par la faim, l'homme a accepté la dure nécessité des soins agricoles. Il est à l'œuvre. Les broussailles sont détruites, les pierres enlevées, le sol nivelé, assaini, irrigué. Enfin au prix de bien des fatigues il a amené une portion de forêt ou de lande à l'état de terre labourable et productive. Mais ce champ qu'il vient d'ensemencer, en jouira-t-il l'an prochain? Un autre ne pourra-t-il le prendre pour le cultiver à son tour? Le bon sens va résoudre cette question.

En agriculture tout se suit et s'enchaîne. Les travaux d'une année s'unissent à ceux de l'année suivante. Une amélioration en prépare une seconde. Les engrais qu'on donne à la terre servent ordinairement à plus d'une récolte. Les effets d'un marnage durent parfois jusqu'à trente années. Ceux du drainage se font sentir pendant plus d'un siècle. La fécondité est presque toujours le résultat d'un travail long et persévérant.

Mais personne n'humecte la terre de ses sueurs, pour en faire ce puissant instrument de production, s'il n'est sûr d'en conserver l'usage. Cette certitude ne peut d'autre part naître et se maintenir, si le sol ne constitue, comme la charrue qui le sillonne, une propriété inattaquable. Sans cette condition il ne peut donc y avoir d'agriculture. Il n'y a pas non plus d'existence politique possible; car si un homme, après avoir construit une maison ou ensemencé un champ, n'a pu dire : *cela est à moi*, une nation n'a pu dire non plus d'une contrée toute entière : *ce pays est le mien*. Dès lors les Cafres, les Hottentots, ont des droits sur la France, de même que les autres peuples du globe, et réciproquement; ainsi le dogme de la communauté dans la possession de la terre mène droit à l'absurde.

Le principe opposé, celui de la propriété foncière,

se perd dans la nuit des temps, fondé qu'il fut du consentement unanime des premiers hommes. Ne voit-on pas dans la Genèse les fils de Noé se partager la terre, de sorte que l'un reste en Asie, tandis qu'un autre se dirige à l'occident et le troisième vers le sud? Plus tard Dieu prescrit à Abraham de se rendre de la Chaldée, sa patrie, dans la terre de Chanaan, dont ensuite il lui assure la possession à trois ou quatre reprises différentes. Ainsi le patriarche devient propriétaire du sol par ordre de Dieu même. En attendant l'accomplissement de cette promesse, Abraham achète d'Éphron, dans la vallée de Mambré, un champ où se trouvait une grotte dont il se sert pour inhumer Sarah; le voilà devenu propriétaire par voie d'acquisition. Plus tard, par ordre de Dieu, le principe de la propriété foncière est consacré de nouveau pour Israël, au moyen d'un partage qui précède la conquête de cette terre promise à Abraham. Une malédiction terrible est prononcée dès le désert contre quiconque osera toucher aux bornes des héritages.

Tandis que du principe de la propriété foncière naissait la civilisation d'une partie du monde, le nord de l'Europe et de l'Asie restait sauvage par l'absence de ce fondement indispensable.

« Les terres en Germanie, dit Tacite, sont cultivées tour à tour par chaque habitant. »

« Nul effort, ajoute l'auteur, pour utiliser l'étendue

« et la fertilité des terres. On ne voit ni plantations
« d'arbres à fruit, ni jardins arrosés, ni prairies
« closes. Point d'autres cultures que celles des cé-
« réales. Aussi les Germains n'ont que trois saisons,
« l'hiver, le printemps et l'été. Le nom et les trésors
« de l'automne leur sont inconnus. »

Ces peuples que la propriété n'attachait pas au sol, le quittaient sans peine; d'où résultait parmi eux un déplacement continuel. Ils envahirent l'empire romain où la propriété foncière était bien assise. Ils en comprirent sur-le-champ les avantages et la conservèrent en s'emparant d'une grande partie des terres. Peu à peu le principe de la propriété foncière s'étendit de l'ancien monde romain dans les pays originaires de ces conquérants; l'agriculture et la civilisation du midi gagnèrent alors le centre et le nord de l'Europe. C'est ainsi que les peuples qui se la partagent aujourd'hui prirent racine.

Un des faits les plus saillants de cette époque de transition, c'est l'établissement sur notre sol des pirates normands qui, remontant le cours des fleuves, portaient au loin la dévastation. La province qu'ils avaient le plus ravagée leur étant accordée, Rollon leur chef fait partager entre eux toutes les terres. Aussitôt ces hommes de sang renoncent au pillage pour s'adonner à l'agriculture. Depuis lors la Normandie n'a cessé d'être une de nos plus riches provinces.

Une partie de l'Europe porte encore la trace d'anciens usages contraires à la stabilité de la propriété foncière. C'est ainsi qu'il existe en France, sous le nom de *biens communaux*, d'immenses terrains que l'esprit de propriété n'a jamais fécondés. Ces terrains qui appartiennent à plusieurs ne sont en réalité à personne; chacun donc y est avare de son temps et de sa fatigue. Les eaux stagnantes, les joncs, les bruyères qu'on y remarque, prouvent jusqu'à l'évidence que la communauté dans la possession de la terre est incompatible avec un travail productif. Concluons que la terre dans son état de nature, avant même que l'agriculture ne l'ait fécondée, doit être déjà partagée, être déjà considérée comme propriété. C'est d'après ce principe que les gouvernements, lorsqu'ils établissent des colonies, font aux colons des concessions de terrains inoccupés et leur en assurent la possession. Cette propriété première d'un sol vierge s'augmente bientôt de toute la valeur des améliorations dues au travail agricole et n'en devient que plus inviolable.

Le respect de la propriété foncière dans ses caractères d'*inégalité*, d'*hérédité*, *de libre usage*, nécessite quelques explications qui feront le sujet des chapitres suivants.

## CHAPITRE V

### INÉGALITÉ DE LA PROPRIÉTÉ FONCIÈRE

> Il y aura toujours des pauvres parmi vous.
> *Évangile.*

Nous avons vu au chapitre précédent qu'il est de rigueur que le sol affecté à l'agriculture constitue une propriété durable. Une vérité aussi évidente, c'est que cette propriété ne doit pas appartenir exclusivement à quelques hommes, mais que tous ont un droit naturel à la posséder.

Ce droit est sauvegardé, autant que possible, lorsqu'il y a liberté complète d'échanger, de vendre et d'acheter la propriété foncière. Par suite de cette liberté dont la France jouit maintenant, la terre est à la disposition de tous ; car il y a constamment et partout des champs à vendre ; et comme la faculté d'acquérir est sans cesse mise à profit par les habitants des campagnes, la plupart sont aujourd'hui propriétaires.

Cette grande division de la propriété foncière est on ne peut plus conforme aux intérêts de la société. Rien n'étant plus exposé que la terre à la dévastation, il n'est pas de propriété qui porte davantage à soutenir l'ordre social. La société a donc d'autant plus de défenseurs naturels, que les propriétaires fonciers sont en plus grand nombre.

Qu'y a-t-il en même temps de plus favorable à l'agriculture? Le petit propriétaire cultive ordinairement lui-même l'héritage modique dont la location ne produirait pas un revenu suffisant pour son entretien et celui de sa famille. Travaillée de la sorte en détail par le bras infatigable du maître et de ses enfants, la terre parvient à la plus étonnante fécondité. Elle occupe et nourrit un peuple fort, laborieux, fidèle à cette prescription de Dieu : *Tu mangeras ton pain à la sueur de ton front.*

Les Romains posèrent les fondements de leur grandeur en fixant pour la propriété foncière un maximum qu'il était défendu de dépasser. Ce maximum était d'abord de deux arpents. Il fut ensuite de trois; il n'était encore que de sept arpents lors des premières guerres puniques. Ainsi les hommes qui, par les premiers coups portés à Carthage, commençaient à établir un empire sans rival, ces généraux célèbres, étaient de simples cultivateurs de sept arpents. La loi *Licinienne* éleva à cinq cents arpents le maximum de la propriété foncière; mais bientôt l'étendue des conquêtes fit tomber en désuétude cette même loi, et la propriété foncière n'eut plus de limites. Rome perdit bientôt son agriculture. Elle perdit à la fois sa liberté; et sa décadence commença.

Passant à l'Europe moderne, nous voyons au contraire le sol concentré presque partout, jusqu'à nos jours, entre les mains d'un petit nombre de possesseurs, par des lois d'esprit opposé. Rappelons ce que nous avons eu déjà occasion d'établir, que les conquérants du monde romain s'emparèrent d'une grande partie de la propriété foncière; le même fait s'accomplit dans toute l'Europe. La propriété foncière s'organisa au profit des plus forts, qui la faisaient cultiver par les plus faibles.

Ainsi se créa partout l'aristocratie féodale; chacun prit le nom de son domaine. L'agriculture et la société sortirent du chaos. Cet état de choses, réellement sauveur dans le principe, n'aurait dû être que transitoire. Mais par une tendance naturelle, l'aristocratie voulut se perpétuer et transmettre sa puissance à ses descendants. De là ces lois qui maintenaient et maintiennent encore, dans d'immenses contrées, la terre en la possession exclusive de quelques familles, que dis-je? de quelques individus; car le droit d'aînesse que ces lois établissent, pour prévenir à la mort du père la division du domaine aristocratique, prive de l'héritage paternel tous les enfants d'une même famille à l'exception d'un seul.

Ces lois sont en opposition évidente avec le principe, que l'agriculture est la profession par excellence du genre humain; que la terre qui sert à l'exercer a été créée par Dieu, non pour quelques-uns seulement, mais pour le plus grand nombre possible.

Dans la situation aristocratique de la propriété foncière, non-seulement ce principe est méconnu; mais encore c'est justement à ceux qui ne cultivent pas la terre que la terre appartient. Il est notoire en effet que le propriétaire de grands domaines ne peut presque jamais les cultiver par lui-même.

Mais livré à des fermiers, à des métayers, à des serviteurs, à des serfs, le sol peut-il arriver à cette puissance de production que lui donne l'incessante activité du cultivateur propriétaire? Non sans doute!

La culture des domaines aristocratiques se ressent du reste au plus haut point de l'absence, ou de la présence des maîtres. Lorsqu'un propriétaire opulent habite ses terres, il ne peut rester étranger à la culture qu'il a sous les yeux. Intérêt et plaisir le portent à y concourir lui-même par différents travaux, assainissements, plantations, etc.; mais il contribue surtout au progrès par les conditions équitables qu'il accorde à ses fermiers; car il voit clairement que sa propre richesse tient à leur aisance. Est-il au contraire fixé loin de ses terres; il n'en connaît ni l'état, ni les besoins; n'apercevant en elles qu'une source de revenus, il dépense en leur faveur le moins possible et en exige sans discernement la rente la plus élevée. Le mal devient plus grand encore s'il les administre par des tiers, spéculateurs presque toujours avides, qui cherchent leur profit sans s'inquiéter de la misère du cultivateur ni de celle du domaine.

C'est ainsi que l'Irlande a été réduite à l'état le plus déplorable par l'absence des propriétaires anglais, qui traitaient encore cette île, il y a peu d'années, en pays conquis.

La noblesse anglaise préfère cependant à toute autre la vie de château; mais ce sont ses domaines d'Angleterre qu'elle habite. On sait combien elle en fait prospérer l'agriculture. Nos voisins reconnaissent toutefois qu'une plus grande division de la propriété serait préférable à l'état actuel; et leur opinion est fondée sur l'étonnante richesse de celles des Iles Britanniques, telles que Jersey, Aurigny, etc., où par exception les terres ne formant aucun domaine aristocratique, peuvent être librement vendues et divisées.

Passant à la France, nous voyons, sous les quatre derniers règnes de l'ancienne monarchie, les nobles quitter leurs terres pour se presser à la cour. En même temps l'agriculture s'appauvrit; bientôt la fermentation révolutionnaire se fait sentir dans les campagnes. Au milieu de ce vaste embrasement, les populations agricoles de Bretagne restent attachées à l'ancien état de choses. Elles défendent le manoir féodal que les paysans brûlent et saccagent sur d'autres points du royaume. C'est que fidèles à l'ancienne simplicité, les nobles Bretons étaient restés dans leurs terres, et que la Bretagne se trouvait, à l'époque de la révolution, dans une situation agricole et morale exceptionnelle.

La sagesse des propriétaires atténue donc beaucoup les mauvais effets de la division du sol en domaines aristocratiques.

Cette possession exclusive de la terre par quelques-uns n'est pas moins en principe, comme nous l'avons établi, contraire aux véritables intérêts de l'agriculture ; elle constitue une *inégalité artificielle*. Quant à l'*inégalité naturelle*, elle résulte des effets purs et simples de l'hérédité, joints à ceux de la liberté des achats et des ventes. Elle tend d'elle-même à s'affaiblir par une grande division de la propriété foncière, division qui fait un des plus solides fondements de l'ordre social.

## CHAPITRE VI

### HÉRÉDITÉ DE LA PROPRIÉTÉ FONCIÈRE

> Naboth dit à Achab : Dieu me garde de vous donner l'héritage de mes pères.
> *Rois.*

Si l'hérédité de toute propriété est inviolable, celle de la propriété foncière est particulièrement sacrée.

Un des plus nobles sentiments de l'homme, c'est

l'attachement à la mémoire de ses pères et à tout ce qui peut perpétuer le souvenir du bien qu'ils ont fait. Or quel objet plus propre à conserver la trace de leurs travaux utiles que le sol où ils ont vécu, puisqu'au lieu de le parcourir en peuplades errantes, ils en ont fait des champs, des vignes, des prairies, des jardins ! Un arbre, un fossé, la disposition d'un coin de terre, sa fécondité, tout dans l'héritage foncier devient un souvenir de famille qui parle au cœur.

Le cultivateur préfère donc le champ de ses pères à celui qu'il achète; tel se croirait coupable d'impiété s'il le vendait.

Cette tendresse religieuse double son énergie, lorsqu'il faut le défendre contre l'ennemi. Ainsi l'amour de la patrie, source de tant de vertus, existe au plus haut degré dans les populations agricoles qui se perpétuent sur l'héritage de leurs aïeux. C'est parmi elles, comme on l'a dit jadis, que naissent les plus braves soldats. *Strenuissimi milites gignuntur.* (Cic.)

Une véritable atteinte à l'hérédité de la propriété foncière résulte du droit d'aînesse qui prive du sol paternel tous les enfants excepté un seul. Le désir de perpétuer après soi, sans affaiblissement, ce qu'on a de richesse ou de pouvoir, prédispose à l'établissement de ce droit. Bien qu'il soit maintenant aboli en France, il est resté dans les mœurs de nos provinces méridionales, où souvent encore le cultivateur ne peut se faire à l'idée que ses champs seront divisés après lui. Si alors sa famille a pu pénétrer son arrière-pensée et deviner son projet de faire un aîné, comme on dit vulgairement, quel motif de désunion parmi les enfants, quel affaiblissement de travail, quelle cause de souffrance dans le faire-valoir !

## CHAPITRE VII

### LIBERTÉ D'USAGE DE LA PROPRIÉTÉ FONCIÈRE

> Les terres ne sont point cultivées en raison de leur fertilité, mais en raison de leur liberté.
> MONTESQUIEU, *Esprit des Lois*.

On ne tire parti d'un instrument que si on peut s'en servir en liberté. De même le premier, le plus essentiel des agents de l'agriculture, la propriété foncière, ne nous donne une juste récompense de nos travaux qu'autant que nous pouvons la cultiver librement, appropriant toute opération à la nature du sol, aux besoins du pays, aux exigences du climat et de la saison.

Voilà, pour l'usage de la propriété foncière, la liberté principale ; elle tient d'abord à la liberté des eaux.

L'eau a une influence capitale sur la végétation,

et par conséquent sur la production agricole qu'elle arrête, compromet ou favorise, suivant une foule de circonstances. On n'use donc librement de la propriété foncière que si l'on a la plus grande liberté possible de faire écouler les eaux surabondantes et d'amener les eaux utiles, c'est-à-dire d'assainir et d'irriguer, sauf les impossibilités qui résultent de la disposition naturelle des lieux.

La liberté d'usage de la propriété foncière comprend nécessairement aussi la liberté de pâturage. En effet, le pâturage qui procure le moyen le plus simple d'entretenir le bétail, constitue l'une des principales richesses du sol, et l'on n'a pas le libre usage de la terre, si ne pouvant aménager ce produit comme on l'entend, on est contraint de se soumettre à la pâture commune ou vaine pâture.

Enfin il est de toute évidence que la liberté d'usage de la propriété foncière est incomplète, si chacun ne peut en tout temps aborder sa terre. Lorsque la propriété est divisée, il faut donc que les champs soient en ordre, comme le sont les maisons d'une ville, et que tous aboutissent sur des chemins possédés en commun. Autrement les propriétaires de terres morcelées se gênent les uns les autres. Souvent ils sont forcés, contrairement à leurs intérêts, de soumettre leurs héritages à un système de culture uniforme et au pâturage commun. C'est pour rendre en pareil cas une entière liberté d'usage à la propriété foncière, qu'en plusieurs pays, la loi ordonne aux propriétaires de champs mélangés d'en faire une nouvelle division, de sorte que toutes les parcelles puissent aboutir sur des chemins.

Toute disposition qui porte atteinte à ces libertés est contraire au droit naturel et funeste à l'agriculture. En revanche les lois les plus parfaites sont celles qui les respectent le mieux.

A la liberté d'usage de la propriété foncière tient encore la liberté de la vendre, de l'acheter, de l'échanger ; enfin la liberté que tous doivent avoir de prêter la terre, c'est-à-dire de la donner à ferme, convention importante sur laquelle nous reviendrons bientôt.

## CHAPITRE VIII

### L'AGRICULTURE ET LA SOCIÉTÉ

La perversité humaine troublerait souvent l'ensemble des conditions nécessaires au paisible exercice de l'agriculture, s'il n'existait une force permanente destinée à les défendre.

Pour l'organisation de cette force tutélaire, il faut que les hommes vivent près les uns des autres dans ce qu'on nomme l'état social. Chaque groupe forme un peuple qui confie à quelques-uns le soin de la défense commune, sous la protection de laquelle l'art agricole puisse s'exercer. Hors de ces conditions, c'est-à-dire si les hommes vivent isolés, sans liens qui les unissent, ils sont par ce fait privés d'une assistance réciproque; et réduits à leurs forces personnelles pour se défendre, ils ne peuvent se livrer à l'agriculture dont les travaux exigent la sécurité la plus constante.

S'il ne peut y avoir d'agriculture sans vie sociale, il ne peut y avoir non plus de société sans agriculture; car pour peu que les hommes se multiplient dans un même lieu, la pêche, la chasse et les productions spontanées du sol ne suffisent plus à leurs besoins. Il faut absolument que la terre soit défrichée, labourée, ensemencée; il faut que le blé prenne la place de l'épine et de la ronce.

Agriculture et société sont inséparables.

## CHAPITRE IX

### ASSOCIATION NÉCESSAIRE DANS TOUTE SOCIÉTÉ POUR ASSURER A LA PROPRIÉTÉ FONCIÈRE LA LIBERTÉ D'ACCÈS ET CELLE DES EAUX.

> En Prusse, s'il y a lieu à réunion de parcelles pour une meilleure exploitation, elle peut être ordonnée d'office ou réglée de gré à gré. Pour l'exécution de toutes les mesures concernant la propriété foncière, il a été institué dans chaque province une ou deux commissions spéciales provisoires. Leurs travaux ont régularisé la possession de 1,200,000 hectares en 66,623 opérations intéressant 9,996 villages.
> ROYER, *Agr. Allem.*

Dans cette agglomération de personnes et de propriétés qui forme l'état social, les parcelles de propriété foncière n'auraient le plus souvent, à cause de leur mélange et de leur position respective, ni liberté d'accès, ni liberté des eaux, si les propriétaires ne s'associaient pour assurer à leurs champs, par des opérations communes, ces deux libertés qui, dans l'étude de la propriété foncière, nous ont paru fondamentales.

Pour donner à leurs terres la liberté d'accès, il faut, comme nous l'avons expliqué déjà, que les propriétaires établissent et entretiennent des chemins communs; il faut aussi qu'ils en viennent dans certains cas à une division nouvelle de leurs héritages. Quant à la liberté des eaux, s'il s'agit de terres humides et de marais à assainir, il est indispensable que tous les propriétaires d'un même bassin s'associent pour donner écoulement aux eaux sur un plan général ; si ce sont au contraire des eaux d'irrigation qu'il faille dériver d'un ruisseau, d'une rivière, d'un fleuve, afin de pouvoir cultiver des terres qui, sans cette condition, seraient brûlées par un soleil ardent, l'association est encore presque toujours nécessaire. Que ferait à lui seul un propriétaire des vallées de la Durance et du Rhône qui chercherait, sans le secours des autres habitants de ces vallées, à répandre sur ses terres l'eau des rivières que nous venons de nommer?

L'association a, dans ce cas, un but particulier, celui d'assurer à la propriété foncière sa condition fondamentale, la liberté d'usage qui tient, comme nous l'avons dit, à la liberté d'accès et à la liberté des eaux. A raison de ce but l'association, au lieu d'être libre comme à l'ordinaire, doit souvent devenir obligatoire. C'est ainsi que d'après nos lois elle est prescrite pour l'assainissement des vallées ; ce qui donne lieu à la création de syndicats spéciaux par les propriétaires intéressés.

La conquête d'une partie de la Hollande sur la mer, celle de plusieurs provinces de la Chine sur des fleuves immenses ; les antiques irrigations du Nil, de l'Euphrate, du Tigre et de beaucoup d'autres fleuves, les magnifiques arrosages de l'Italie moderne prouvent toute la puissance en même temps que la nécessité de l'association, sous l'égide de la force publique, pour la conduite des eaux au profit de l'agriculture.

Mais de ce que l'association est nécessaire et doit être en principe obligatoire pour les chemins et la conduite des eaux, qu'on se garde de conclure qu'elle devrait être également obligatoire pour la mise en valeur des terres et le travail habituel du laboureur.

L'association forcée du travail et des propriétés n'est autre chose que la communauté qui, comme nous l'avons reconnu, est absolument contraire à notre nature. Supposons qu'on imagine sous un autre nom, quelque moyen d'organiser cette association, la propriété ne serait pas moins éteinte dans son caractère principal, la *liberté d'usage*. Or c'est justement cette liberté que l'association forcée rend à la propriété foncière dans le cas que nous venons d'indiquer; et c'est ce qui justifie l'exception.

## CHAPITRE X

### L'AGRICULTURE ET L'AUTORITÉ

Rendez à César ce qui est à César.<br>
*Évangile.*

La société si intimement liée à l'agriculture ne peut subsister sans une autorité qui la gouverne.

Commander aux forces militaires protectrices ; régler les intérêts opposés qui naissent du contact des propriétés et des personnes ; administrer tout ce qui tient aux besoins publics, telles sont, au point de vue de l'agriculture, les principales fonctions de l'autorité dont l'existence est aussi nécessaire à la société que l'est à la marche d'une exploitation la présence du père de famille. Comme l'agriculture est inséparable de l'état social, il s'en suit que l'autorité et l'agriculture sont intimement attachées l'une à l'autre.

Dans l'enfance des nations, elles naissaient ensemble. Ainsi la tradition grecque attribuait aux mêmes hommes divinisés par la gratitude populaire, les premières découvertes agricoles et la première constitution de l'autorité.

« Cérès, dit Pline, a la première donné des lois. « Bacchus a le premier pris le diadème et organisé les « pompes royales. »

Le sceptre n'était dans le principe que le bâton pastoral de l'homme des champs que ses pareils considéraient comme le plus capable de les conduire et de les protéger. Souvent ce bâton reprenait son premier usage. Ulysse, dans l'Odyssée, retrouve Laerte son vieux père, ancien roi d'Ithaque, cultivant à la bêche le pied de ses arbres. Saül, déjà sacré et reconnu roi d'Israël, revenait de sa charrue quand les gémissements du peuple lui apprirent l'invasion des Philistins. Homère et les livres saints rapportent ces faits et d'autres de même genre, sans y attacher plus d'importance que celle qui ressort naturellement du récit.

Si sans autorité, il ne peut y avoir de société ni d'agriculture, la puissance même de l'autorité tient au respect qu'ont pour elle les membres de la société. Sans ce respect tout se dissout, de même que tout est désordre dans une ferme, si serviteurs et enfants n'obéissent pas au père de famille. Le respect vis-à-vis de l'autorité publique est donc un devoir tout aussi sacré que le respect de la propriété. Le mépris de la première conduit à la violation de la seconde, ainsi qu'on le remarque toujours dans les temps de révolutions.

L'agriculture est la sauvegarde de ces principes conservateurs. Car soumis dès le berceau à la puissance paternelle, dans ces communs travaux dont le père est le chef indispensable, les membres de la famille agricole devenus eux-mêmes chefs de famille, ne voient dans la soumission à l'autorité publique, qu'une suite de leurs habitudes domestiques ; ce devoir, ils le remplissent instinctivement et sans effort.

C'est ainsi que le véritable esprit de famille qui, comme nous l'avons vu, prend naissance dans l'agriculture, conduit au véritable esprit social. C'est ainsi que les vertus privées du cultivateur deviennent des vertus publiques.

## CHAPITRE XI

### L'AGRICULTURE ET LES PROFESSIONS QUI RÉSULTENT NÉCESSAIREMENT DE L'ÉTAT SOCIAL

> C'est dans les villes que se crée le luxe. Le luxe produit la cupidité ; la cupidité fait naître l'audace. De là toute espèce de crimes qui ne peuvent prendre origine dans les habitudes sobres et laborieuses de la vie agricole. — L'agriculture enseigne l'économie, le travail, la justice.
> CICÉRON.

Dans l'état social plusieurs professions ne tardent pas à se séparer de l'agriculture ; d'abord les fonctions publiques. En effet dès que les affaires du gouvernement se multiplient, il devient impossible de s'en occuper et de vaquer en même temps aux soins d'un faire-valoir.

De plus on aperçoit bientôt que le travail est d'autant plus parfait, qu'on s'adonne à la fois à moins de choses diverses. On remarque notamment que la confection des étoffes, des vêtements, des chaussures; que la mise en œuvre du fer, de la pierre, du bois, exigent certaines aptitudes particulières qu'on ne peut acquérir dans le travail des champs. Chacun pense dès lors à se livrer à une occupation spéciale, sauf à échanger ensuite les produits de ces arts. C'est ainsi que naissent et se développent les diverses industries.

L'agriculture en reçoit un grand secours, puisque le cultivateur n'est pas détourné du soin des champs par toute espèce de travaux, comme il le serait, s'il lui fallait construire sa maison, forger ses outils, confectionner ses habits, ses ustensiles de ménage.

Pour peu que la société devienne nombreuse, les échanges se multipliant, feraient perdre un temps précieux, si certaines personnes n'en devenaient les intermédiaires. Celles-ci réunissent à la portée de tous, sur un marché ou dans un magasin, le produit du travail des autres. Ainsi s'établit le commerce non moins favorable à l'agriculture que l'industrie, par les débouchés étendus qu'il ouvre aux produits du sol.

Voilà donc dans l'état social les diverses professions qui naissent et se séparent les unes des autres, pour occuper le genre humain, de concert avec l'agriculture; mais celle-ci doit rester la profession par excellence.

D'abord elle nourrit non-seulement ceux qu'elle occupe, mais aussi tous les autres hommes. Puis elle fournit aux arts presque toutes les matières premières dont ils s'alimentent. A la rigueur elle pourrait se passer du commerce et de l'industrie; mais sans elle, industrie et commerce sont impossibles.

L'agriculture est en outre la seule profession dans laquelle il ne puisse y avoir un désastreux encombrement.

Les fonctions publiques sont-elles trop recherchées? il devient nécessaire d'entraver par mille difficultés l'accès des carrières publiques. A de durs examens succèdent de longs noviciats sous le titre de suppléances, d'aspirances, de surnumérariats. Les plus belles années, celles où l'âme, l'esprit et le corps ont le plus de vigueur, et qui seraient propres aux meilleures choses, se consument alors, pour le plus grand nombre, dans un travail d'automate accompagné de désœuvrement et d'intrigue. C'est la guerre qu'on déclare ensuite à la société, parce qu'on veut être juge, fonctionnaire, député, ministre. Enhardi par de tels exemples, chaque travailleur prétend à son tour devenir serviteur de l'État. Pourquoi les fonctions publiques appartiendraient-elles à quelques privilégiés seulement; et pourquoi le pays entier ne formerait-il pas une vaste association agricole, industrielle, commerçante dont chaque citoyen ferait partie? Voilà comment, sous un apparent désir de réformes, on en vient à attaquer la propriété jusque dans son principe, et à ébranler la société par des utopies au fond desquelles il n'y a que misère pour tous.

Quant au commerce, si trop de gens s'y adonnent, ils se nuisent bientôt par une concurrence excessive, et finissent par ne plus pouvoir se soutenir qu'en trompant de diverses manières; ce qui avilit cette belle profession et en éloigne les hommes les plus propres à la rendre honorable par leur probité.

Les professions industrielles se nuisent de même en se multipliant, comme on le remarque partout où il s'établit un trop grand nombre de fabriques et d'ateliers de même genre. Il en résulte encombrement de marchandises, rabais excessif des prix de vente, chômage funeste au maître et à l'ouvrier.

Relativement à l'intérêt général, il existe donc pour ces arts un cercle en dehors duquel ils ne peuvent se perfectionner et s'étendre sans devenir funestes. Cette limite est indiquée par les besoins réels auxquels ils devraient répondre : nécessité de se couvrir, de se chausser, de s'abriter, de faciliter par mille ustensiles et objets divers, les soins du ménage et toute espèce de travail; puis répondant aux nobles instincts d'intelligences créées à l'image de Dieu, nécessité de favoriser les sciences, les lettres et toutes les œuvres du génie; enfin dans un ordre plus général, nécessité d'assurer la grandeur des peuples, ainsi que leurs rapports mutuels. Si l'industrie s'étend et se perfectionne au delà, ce ne peut-être que pour répondre par toutes sortes de superfluités, à des besoins qui ne sont pas dans la nature. Il en résulte un appauvrissement général; car une fois nos besoins réels satisfaits, la plus grande richesse consiste à ne rien désirer, tandis que c'est une grande misère de ressentir, par vanité ou par mollesse, une foule de besoins factices. Ceux-ci ne deviennent que trop vite d'impérieuses nécessités. Le luxe pénètre bientôt de l'appartement du riche dans le réduit de l'ouvrier. La fille qui manque du nécessaire, se couvre du superflu. Sous de brillants dehors une misère secrète dévore les familles; et la société aveuglée prend un tel état pour de la richesse! Elle ne comprend ni son mal, ni ce qui pourrait la guérir, et fière de vains oripeaux, elle méprise de plus en plus la simplicité qui fait en ce monde le plus grand bonheur de l'homme.

Cet excessif développement industriel est particulièrement funeste à la classe d'individus qu'il fait vivre. Que n'a-t-on pas dit sur l'entassement d'ouvriers de tout âge et de tout sexe dans des ateliers à air putride, où l'alternative est de mourir prématurément, ou bien de vivre dans un déplorable état de dégradation? n'est-ce pas dans les grands centres industriels que le vice, le mensonge et l'esprit de révolte, se propagent avec le plus de facilité? Que d'efforts n'a-t-on pas à faire sans cesse pour en adoucir les misères matérielles et morales!

Concluons que pour l'industrie, pour le commerce, pour les fonctions publiques, il est certaines limites qui ne peuvent être franchies sans de grands maux.

L'agriculture, au contraire, peut s'étendre et se perfectionner indéfiniment, non-seulement sans dommage, mais même pour le plus grand bien de tous.

Dans les produits agricoles qui, consistant surtout en substances alimentaires, répondent au besoin le plus continu et le plus pressant, jamais d'encombrement possible, comme dans les étoffes et autres objets manufacturés; car aussi bien que les animaux, l'espèce humaine se multiplie en raison des aliments qu'elle trouve à consommer; et comme on l'a dit avec justesse, *auprès d'un pain naît un homme.*

Les productions du sol répondent à nos besoins, mais sans les compliquer, sans les étendre. Elles constituent donc une véritable richesse; l'agriculture n'a jamais créé excès d'abondance.

Si la terre ne peut trop produire, elle ne saurait non plus occuper trop de bras ; car loin de démoraliser ceux qu'elle exerce, elle tend au contraire à les rendre meilleurs. Ses travaux qui s'exécutent en plein air, développent cette constitution saine qui fait les excellents soldats et qui manque à la plupart des gens d'atelier.

Le nombre des habitants qu'un espace restreint, mais parfaitement cultivé, peut occuper et nourrir, est presque incroyable. On en peut juger aujourd'hui par la Lombardie, la Flandre, l'Alsace, le littoral nord de la Bretagne ; et sans doute aucune de ces contrées n'est aussi peuplée que l'étaient la campagne de Rome aux beaux jours de la République, l'Égypte au temps de la construction de Thèbes et des pyramides,[1] la terre de Chanaan, lorsque David y trouva 1,800,000 combattants.

Si parvenue à son plus haut point, la production agricole n'augmente plus, et que la population grandisse toujours, les habitants doivent se diviser, comme les abeilles d'une ruche. Un essaim va s'établir dans quelqu'une de ces contrées toujours trop vastes, où la terre est encore en friches. Ces colonies destinées par l'ordre providentiel à propager la civilisation, n'ont d'ailleurs chances de réussite que si les colons sont pour la plupart cultivateurs. Une contrée déserte ne présente en effet que des terres à utiliser. L'homme habitué à la culture s'y applique immédiatement, et en supporte les durs travaux ; mais il n'en est pas de même d'ouvriers industriels que quelque tourmente jette loin de l'atelier sur un sol à défricher. Ceux-là périssent de misère, sans tirer meilleur parti de leurs champs, qu'un cultivateur dans un changement inverse n'utiliserait les outils du graveur ou de l'ébéniste.

En résumé, il est nécessaire que dans l'état social les professions se divisent ; mais une grande prééminence doit être accordée à l'agriculture. La société est en péril, si cette prééminence existe du côté de la ville et des professions urbaines.

Cette vérité est de tous les temps ; les plus grands peuples de l'antiquité l'avaient saisie.

« Tous les métiers d'artisans sont bas et serviles », dit Cicéron, dans ce passage si remarquable du *De Officiis*, où il compare entre elles pour la noblesse les différentes professions ; « mais, ajoute le
« philosophe, de toutes les professions où l'on s'en-
« richit, nulle n'est meilleure que l'agriculture, nulle
« n'est plus douce, nulle n'est plus féconde, nulle
« n'est plus digne d'un homme libre. »

« Les arts mécaniques, » disait Socrate à Critobule dans un entretien rapporté par Xénophon, « ont
« quelque chose de dégradant ; et c'est à bon droit
« qu'un gouvernement les méprise de la manière la
« plus absolue. Forçant à demeurer assis et à l'ombre,
« souvent même à passer la journée près du feu, ces
« professions énervent le corps de l'ouvrier et de

« celui qui le surveille. Lorsque le corps est efféminé,
« l'âme peut-elle avoir beaucoup plus de vigueur?
« Aussi dans quelques républiques, surtout dans celles
« qui passent pour les plus habiles à la guerre, il n'est
« permis à aucun citoyen d'exercer ces professions.

« Quant à nous, Socrate, répond Critobule, quelle
« profession nous conseilles-tu?

« Ne rougissons pas, dit Socrate, d'imiter le roi de
« Perse. Persuadé que l'agriculture et la guerre l'em-
« portent pour la noblesse et la nécessité sur tous les
« arts, il s'occupe de l'une et de l'autre avec ardeur. »

La civilisation chrétienne n'admet pas ces ana-
thèmes lancés par les philosophes païens contre des
arts nécessaires dont l'extension exagérée est seule
dangereuse. Toute profession est noble, lorsqu'on la
sanctifie par la vertu; mais comme la vertu est plus
facile dans la vie agricole que dans toute autre, c'est
par là que Dieu nous excite surtout à l'embrasser,
c'est par là qu'il établit sa prééminence.

## CHAPITRE XII

### LOCATION D'UNE PARTIE DES TERRES, CONSÉQUENCE DE L'ÉTAT SOCIAL; FERMAGE.

> En Angleterre, la sûreté du tenancier
> est égale à celle du propriétaire.
> SCHMIDT.

Lorsque les professions se sont divisées, fonc-
tionnaires, industriels, commerçants, ne peuvent

pour la plupart cultiver eux-mêmes leurs terres. Les vieillards, les femmes et les enfants se trouvent dans la même impossibilité; leurs champs resteraient donc en friches s'ils n'étaient loués à d'autres. Ainsi le prêt de la propriété foncière résulte nécessairement de l'état social.

Le champ prêté, c'est-à-dire donné à ferme, n'est généralement pas aussi bien utilisé que celui du cultivateur propriétaire. En effet la fécondité, comme nous le démontrerons de plus en plus, résulte presque toujours de travaux persévérants; mais par suite de l'invincible esprit de propriété, nous ne versons ainsi nos sueurs sur le sol, pour l'améliorer, que lorsque ce sol nous appartient. La ferme est même exposée à de fortes détériorations. Quel intérêt le locataire à fin de bail aurait-il à conserver aux terres une fécondité dont il va cesser de jouir?

Au moyen de bonnes conventions, la ferme peut cependant se trouver à peu près dans les mêmes conditions de prospérité que le faire-valoir du propriétaire. Pour atteindre ce but, le fermage doit, comme toute espèce de prêt, porter le caractère moral de service mutuel. Il faut donc : 1° que le cultivateur n'altère pas la ferme; 2° qu'il y ait entre lui et le propriétaire un partage équitable des bénéfices de l'exploitation.

Le champ affermé ressemble à un cheval de louage,

auquel on ménage d'autant plus l'avoine et d'autant moins la fatigue, qu'on l'emploie moins de temps. La terre, comme l'animal, exige soins et nourriture ; soins, pour les travaux destinés à l'entretenir saine, meuble et nette ; nourriture, pour les engrais qui doivent alimenter les récoltes. Ces soins, ces engrais, nul n'est tenté de les appliquer à un champ qu'un autre cultivera demain. Rien donc n'intéresse plus le fermier au bon entretien de la propriété que la longueur du bail ; rien au contraire ne l'en détourne davantage que les locations à courts délais.

« Ainsi j'avance avec certitude, disait Columelle, agriculteur latin qui écrivait sous Néron, qu'une
« fréquente location du fonds de terre est chose mau-
« vaise. La terre la plus florissante, ajoute le même
« auteur, est celle du père de famille qui garde ses
« fermiers nés sur le lieu même, les retenant par
« un long service dès le berceau, comme s'ils culti-
« vaient l'héritage paternel. »

A l'appui de ce principe, nous pouvons citer l'exemple de l'Angleterre où l'usage fréquent des locations continuées de père en fils, a singulièrement atténué les mauvais effets de la division aristocratique du sol et du droit d'aînesse.

On peut du reste, sans engager sa terre pour plusieurs générations, assurer d'une manière presque aussi certaine le bon entretien du sol. N'est-ce pas à la fin du bail que la ferme est en péril de détérioration? Pour s'y soustraire, il ne s'agit donc que de renouveler le bail avant cet instant de crise. Si le bail est de dix-huit ans, par exemple, le fermier doit dans le cours des douze premières années avoir à peu près le même esprit conservateur que le propriétaire. Car s'il épuisait fortement les terres dans cette période, sa culture deviendrait trop peu productive dans la seconde. Si à la douzième année, on recule de trois ans l'expiration du bail, que nous avons supposé de dix-huit ans, on prolonge de trois années l'intérêt du fermier à bien entretenir les terres qui cependant ne sont plus louées alors que pour neuf ans.

Pour que le bail à long terme ait son effet salutaire, il faut que le cultivateur soit intelligent, actif, patriarcal. Avec une famille paresseuse et routinière, de longs baux tiennent la propriété dans un état perpétuel de misère et de pauvreté. Il faut aussi que la ferme ne puisse être sous-louée; les sous-locations devant l'exposer à tous les risques de dégradation qui résultent des baux à courts délais. De plus celui qui loue pour sous-louer fait nécessairement cette spéculation en vue d'un bénéfice que la culture doit payer en sus de la rente naturelle due au propriétaire. Or par une alternative malheureuse, ou ce profit est pris sur le gain du cultivateur, ou il résulte de l'épuisement du domaine. C'est ainsi que les sous-locations ont été la plaie de l'Irlande. En France elles contribuent beaucoup à la misère d'une de nos provinces les plus arriérées, le Berry.

Indépendamment d'une ferme dont il est locataire, un cultivateur fait-il valoir des champs qui lui appartiennent ; il est tenté d'améliorer ceux-ci avec les engrais qui devraient être portés sur les terres de la ferme. Il importe donc, dans les clauses d'un long bail, d'interdire au fermier l'exploitation des champs qu'il pourrait acquérir. Un cultivateur honnête préfère, de son côté, cette disposition qui met sa probité hors de soupçon, comme hors de péril.

Avec les précautions que nous venons d'indiquer, la longueur du bail suffit pour assurer la bonne tenue du domaine, sans qu'il y ait de conventions particulières sur le système de culture à suivre. Ces clauses sont presque toujours mauvaises ; elles gênent le cultivateur, sans l'empêcher d'épuiser la terre, s'il en a la volonté. On peut cependant prévoir et défendre par le bail certains actes de détérioration évidente, tels que vente d'engrais, abatis d'arbres, défrichements de prairies, etc. Il importe aussi d'indiquer exactement l'état dans lequel terres, prés, bâtiments, seront rendus fin de bail, et de préciser l'instant de cette remise. Pour ce moment de crise, il ne peut y avoir trop de réserves en faveur de la propriété.

Il faut enfin que le bail établisse un juste partage de profits entre le propriétaire et le fermier.

Pour saisir les bases morales de ce partage, il faut distinguer la triple source des produits d'une ferme, savoir :

1° Travail du cultivateur et de sa famille ;
2° Emploi du matériel d'exploitation ;
3° Emploi de la propriété foncière.

Le fermier doit avoir pour lui seul ce qui correspond à son travail, au travail des siens, ainsi qu'à l'emploi du matériel ; car nous supposons ici que ce matériel lui appartient. Il doit d'un autre côté partager avec le propriétaire ce qui correspond à l'emploi de la propriété foncière.

Le prix de ferme répond au droit qu'a le propriétaire de prélever sa portion dans ce dernier profit. Supposons que, dépassant de justes limites, le fermage absorbe non-seulement la rente entière du sol, mais encore tout ou portion du profit qu'il est juste d'attribuer au cultivateur ; la location, loin de lui rendre service, tend à le ruiner. Pour se soustraire à un tel péril, il force les récoltes et épuise les terres. Peut-être parvient-il à se soutenir ainsi jusqu'à la fin du bail ; mais il laisse alors la ferme en mauvais état. Le plus souvent le peu de produit le met bientôt dans l'impossibilité de payer. Fin de compte, le propriétaire perd beaucoup plus qu'il n'a gagné par une trop forte élévation de la rente annuelle ; car son domaine est très-déprécié.

Il existe deux genres de conventions pour le paiement du fermage. Le fermier s'acquitte en argent sur la vente de ses produits, ou bien en nature avec les produits eux-mêmes. Ce second mode est défectueux, comme rendant le prix du bail singulièrement aléatoire. Dans une année abondante, le fermier n'abandonne qu'une faible portion de sa récolte; et encore cette portion a peu de valeur, à cause du vil prix des denrées. Le revenu du propriétaire est très-faible; celui du fermier très-élevé. Au contraire, dans une mauvaise année, le fermier peut être forcé de livrer sa récolte entière et d'acheter pour lui-même pain et semence; cas auquel sa perte est énorme, tandis qu'à raison du haut prix des grains, le propriétaire jouit d'un revenu considérable.

Le paiement se fait-il en argent? Le fermier, dans les années peu abondantes, récolte moins; mais les prix étant plus élevés, il acquitte son fermage avec une moins grande quantité de produits; en même temps ce qui lui reste peut équivaloir pour la valeur, à la masse plus considérable qu'il aurait eue en meilleure année. On voit dès lors que ses profits, aussi bien que le revenu du propriétaire, sont dans l'ensemble aussi réguliers que possible.

Indépendamment de la rente annuelle, une bonne culture produit encore sur les terres un profit général d'amélioration. Incompatible avec les fréquents changements de fermiers, ce profit doit résulter des baux prolongés d'après les principes ci-dessus développés.

Il a la même origine que le profit annuel, et provient du travail du cultivateur, de l'emploi de son matériel d'exploitation, des forces productrices de la propriété foncière.

Le propriétaire dont la ferme s'améliore, ne doit pas chercher à jouir seul de cet accroissement de valeur, exigeant aux prolongations de baux des augmentations qui lui seraient rigoureusement relatives. De telles augmentations dégoûtent les fermiers de tout travail progressif. S'ils présument qu'on est disposé à les exiger, ils cherchent à les prévenir en éloignant la concurrence par tous les moyens possibles. Ils laissent à la ferme un air de malpropreté et de misère, surtout aux lieux qui sont le plus en vue. A les entendre, la fertilité des terres est nulle et chaque année leur fait subir de nouvelles pertes. Le fermier trouve-t-il au contraire dans ses rapports avec le propriétaire, la certitude morale de ne pas être rigoureusement augmenté pour les améliorations de sa culture; son propre intérêt le dispose à ces améliorations, jusqu'à lui faire entretenir le bien qu'il exploite avec presque autant de soin que s'il lui appartenait.

L'expérience confirme sans cesse ce que nous établissons ici de l'influence qu'exerce sur le sort des fermes l'avidité ou la modération des propriétaires. L'aristocratie anglaise est modèle pour l'administration de ses domaines d'Angleterre.

« On ne voit nulle part en Europe, excepté en « Angleterre, dit Schmidt, des fermiers bâtir sur la « terre qui leur est louée, et compter que l'honneur « du propriétaire ne lui permettra pas de se préva- « loir d'une telle amélioration. »

En France, au contraire, rien n'est plus fréquent que les augmentations exagérées. Un fermier prospère; le bail touche à sa fin; cette prospérité excite l'envie ; d'officieux voisins demandent la ferme; pour être plus sûrs de l'obtenir, ils offrent un prix de location supérieur à l'ancien, un prix souvent même tellement élevé, qu'il leur sera impossible de se tirer d'affaire; mais ils comptent sur les bonnes années ou sur l'épuisement des terres. D'ailleurs ils sont aveuglés par l'envie, comme le sont souvent à une vente publique deux cultivateurs qui font monter par leurs enchères un champ au double de sa valeur réelle. Le propriétaire habite la ville ; il ne connaît ni ses terres, ni leur force de production. Presque toujours étranger à l'agriculture, il ne sait pas que telle culture améliore, que telle autre appauvrit. Jugeant donc de la valeur locative de sa ferme par les propositions qui lui sont faites, il loue à des conditions qui font du bail un véritable prêt usuraire.

D'autres fois, la propriété est entre les mains d'un cultivateur paresseux et routinier. Une mauvaise culture, une négligence de tous les jours font disparaître la fertilité du sol. Les récoltes sont chétives et le fermier excite plutôt la pitié que l'envie. Personne ne cherche à le déplacer et n'offre de surenchère au prix du bail. C'est ici qu'il faudrait au plus tôt louer la ferme à un autre cultivateur ou du moins faire sortir l'ancien fermier de son apathie par de nouvelles conventions ; mais dans son ignorance agricole, le propriétaire n'aperçoit rien et laisse ses héritages dans un état croissant de pauvreté.

On voit que ceux qui louent des terres sans les connaître, sont presqu'aussi dénués de raison qu'un capitaliste qui prêterait son argent sans le compter.

## CHAPITRE XIII

### MÉTAYAGE

Pauvre agriculteur, pauvre agriculture !

Si la propriété foncière impose des devoirs lorsqu'on la loue à un fermier, ces devoirs deviennent encore plus rigoureux lorsqu'on l'exploite par métayer.

Le métayer est le cultivateur qui loue avec la terre, le matériel du faire-valoir. Le fermier ne loue que la terre, le matériel étant sa propriété, comme on l'a vu dans le chapitre précédent.

Dans le métayage le partage des profits se fait toujours en nature, le propriétaire prélevant une part proportionnelle à la totalité des produits. On comprend sans peine que ce partage des fruits en nature, qui se fait rarement entre le propriétaire et le fermier, ait toujours lieu entre propriétaire et métayer. Le fermier présente dans son mobilier rural un gage de la dette qu'il contracte chaque année par la location. Sûr d'être payé, le propriétaire préfère une redevance fixe aux embarras d'un partage de grains, de bestiaux, etc. Quant au métayer, il ne possède rien sur le bien qu'il fait valoir ; rien donc de son côté ne garantirait le paiement d'une dette annuelle. Ainsi le propriétaire n'est certain de toucher sa part de profit qu'en la prélevant en nature, sur les produits du sol et du bétail. Cette part est presque toujours de la moitié.

Le métayage est encore moins favorable que le fermage à la prospérité de l'agriculture. En effet si le fermier a peu de tendance à améliorer un sol qui ne lui appartient pas, du moins est-il intéressé à perfectionner son bétail et ses instruments, puisque ce matériel est à lui. De la part du métayer, terres, bétail, instruments, rien ne tend au progrès ; car rien ne lui appartient. Ajoutons que loin d'être progressive, la culture de la métairie devient misérable, lorsque le propriétaire toujours absent n'exerce sur elle aucune surveillance. Dans ce cas le métayer, pour augmenter la masse à partager, cherche toujours, sans s'occuper du lendemain, à forcer la production immédiate; par conséquent il épuise les terres et il appauvrit le bétail.

Des friches immenses, des récoltes chétives, un bétail maigre, une population sans force ni courage, voilà donc ce qu'on est souvent affligé de découvrir dans les pays à métayage.

Il n'en serait pas de même, si chacun remplissait ses devoirs de propriétaire, comme quelques personnes en trop petit nombre le font déjà. Veiller soi-même à l'entretien du sol et du mobilier rural; approprier l'importance de ce mobilier à celle de l'exploitation; exécuter tous les travaux d'amélioration utiles au domaine; soutenir le métayer par des secours opportuns, le guider par de sages avis, lui rendre toute infidélité impossible par une surveillance exacte; du reste lui accorder une portion plutôt large que trop faible; étendre cette portion loin de la resserrer, en raison de son zèle et de son intelligence; tels sont les principaux points d'une bonne administration.

Dans de telles conditions, le métayage n'est point incompatible avec une agriculture florissante. Malheureusement la tendance des propriétaires à demeurer dans les villes, au lieu d'habiter les campagnes, leur permet rarement la pratique des préceptes que nous venons de tracer; et dès lors les locations par métayage constituent souvent des prêts usuraires dont les suites funestes sont incalculables.

## CHAPITRE XIV

USAGE DE LA MONNAIE, CONSÉQUENCE DE L'ÉTAT SOCIAL ; CRÉDIT AGRICOLE.

> « Misérable argent ! à quoi peux-tu me servir ? disait Robinson à la vue d'un coffre-fort qui se trouvait dans les débris de son naufrage, tu ne vaux pas la peine que je me baisse pour te ramasser. »

En effet, qu'est-il besoin d'argent dans une île déserte ?

Il n'en est pas ainsi dans l'état social où la diversité des professions nécessite à tout instant l'échange des produits sortis des mains des différents genres de travailleurs. Sans argent comment accomplir ces transactions ? Il faudrait qu'il se rencontrât deux détenteurs d'objets différents et qu'un besoin simultané les fît tomber d'accord pour en opérer l'échange. Supposons trois, quatre individus qui troquent ainsi leurs marchandises. Quel inextricable labyrinthe ! Aussi les hommes réunis en société se sont entendus pour adopter comme intermédiaire des échanges un signe matériel et transmissible qui a reçu le nom de *monnaie*.

L'or et l'argent, qu'une haute valeur intrinsèque rend précieux sous un petit volume, servent à la fois de signe représentatif et de gage ; qualité particulière qui les fit choisir pour monnaie presque dès l'origine. On s'en servait déjà au temps d'Abraham, ainsi que l'attestent les livres saints.

La merveilleuse facilité que l'usage des métaux monnayés apporte dans les échanges, favorise beaucoup l'agriculture, puisque assuré de la vente de ses produits, le cultivateur peut tous les approprier à la nature du climat et du sol. Plus tard, sur le marché, grains, bestiaux, vins, huile, etc., se convertiront en argent.

D'un autre côté, rien ne se prête plus facilement que la monnaie, et ce genre de contrat a sur tout autre certains avantages particuliers. Le prêt d'un objet en nature, présente l'inconvénient déjà observé dans les chapitres du métayage et du fermage, que la chose est plus souvent mal entretenue qu'améliorée. Il n'en est pas ainsi des terres ou du mobilier rural qu'un cultivateur achète avec de l'argent emprunté : il les entretient et les améliore avec tout le soin du cultivateur propriétaire. Ainsi employé, l'argent n'est donc plus un simple moyen d'échange; il devient un véritable agent de travail et d'industrie, puisqu'il procure aux personnes intelligentes et laborieuses ce dont elles manquaient pour utiliser leurs facultés.

Pour que cet avantage soit réel, il faut que le prêt constitue la réciprocité de services sans laquelle il cesserait d'être légitime. A cet effet, l'intérêt de l'argent ne doit pas être assez élevé pour absorber tous les profits de l'emprunteur; de plus, ce dernier ne doit pas être forcé de rendre la somme prêtée, avant qu'elle ait reparu entre ses mains par le produit de ses opérations, nécessité qui l'obligerait à en rompre le cours naturel, au risque d'éprouver des pertes.

Malheureusement l'argent est rarement prêté au cultivateur dans ces conditions, et voici pourquoi :

L'industrie et le commerce, qui toujours existent à côté de l'agriculture, en diffèrent beaucoup comme spéculation. Marchant terre à terre par l'économie et le travail, l'agriculture procure un profit à peu près assuré, mais modeste. On y peut trouver l'aisance, rarement une fortune rapide. Quant aux opérations industrielles et commerciales, elles constituent une sorte de loterie où beaucoup perdent, mais où l'on gagne aussi parfois des sommes considérables. Rien n'est plus propre à tenter l'avidité humaine. De plus, le résultat des opérations agricoles se fait généralement attendre plus longtemps que celui des opérations industrielles et commerciales. L'argent que le marchand dépense en objets de commerce, rentre par la vente à une époque plus ou moins rapprochée; celui qu'emploie le fabricant en matières premières et en main-d'œuvre, se réalise généralement de même en peu de temps, par le débit des objets manufacturés. En agriculture, il en est tout autrement.

Les avances qu'exige une récolte commencent avant que la plante n'occupe le sol; la plante elle-même met du temps à croître; enfin, les produits sont rarement vendus aussitôt après la récolte; et tout ce qui est consommé par le bétail en grains, pailles, fourrages et racines se trouve encore engagé dans la ferme pour un temps plus ou moins long. Que dire des avances faites à la terre pour plantation, marnage, assainissement, irrigation, clôture; avances qui souvent ne sont remboursées par les récoltes qu'au bout de plusieurs années?

La même avidité qui porte l'homme à préférer un bénéfice plus considérable mais chanceux, à un profit modeste mais assuré, cette avidité, *l'infernale soif de l'or*, le dispose beaucoup à se jeter dans les opérations où le bénéfice se réalise le plus tôt possible. Une tendance naturelle dirige donc les spéculations vers le commerce et l'industrie plutôt que vers l'agriculture.

Il suit de là que le commerce et l'industrie empruntent l'argent à des conditions particulièrement tentantes pour le prêteur, savoir : intérêt élevé et remboursement prochain. Dans un pareil état de choses, le cultivateur veut-il recourir à l'emprunt? il ne trouve d'argent qu'aux mêmes conditions. Alors, loin de lui porter secours, le prêt lui est désastreux. L'agriculture n'emprunte donc que rarement; par suite les capitaux se jettent avec excès vers le commerce et l'industrie. Sans doute, lorsque déjà l'agriculture est florissante, la prospérité de l'industrie et du commerce devient pour elle la source de nouveaux progrès à cause des débouchés plus nombreux qui s'ouvrent devant les produits du sol; c'est ainsi qu'en Angleterre le commerce et l'industrie réagissent sur l'agriculture de la manière la plus heureuse. Mais si le progrès industriel devance de très-loin le progrès agricole (et c'est ce qui a lieu lorsque les capitaux s'éloignent sans cesse des champs), la société est en péril; car la famine peut la désoler d'un jour à l'autre et jeter à la suite de nouveaux Catilinas tous les travailleurs de l'industrie.

La loi divine avait prévenu ce mal chez les Hébreux, en défendant entre Israélites le prêt de l'argent à intérêt, sans cependant le condamner d'une manière absolue, comme contraire au droit naturel; car elle l'autorisait à l'égard des nations étrangères. Cette disposition éteignait dans son principe l'ardeur exagérée que nous voyons aujourd'hui pour la spéculation industrielle. Elle empêchait aussi qu'il ne s'établît une sorte de profession consistant à vivre sans rien faire, du revenu de ses capitaux. Le travail était, même pour le riche, une nécessité; et l'agriculture restait, par la force des choses, l'industrie dominante.

Malgré les efforts du christianisme, pour faire

observer dans les sociétés modernes le précepte éminemment agricole du prêt avec remboursement à volonté de la part de l'emprunteur, le prêt à termes, depuis que nos lois ont cessé de l'interdire, s'est partout organisé en France sur une vaste échelle, au profit du commerce et de l'industrie. Dans ce nouvel état de choses tout ce qu'il semble possible de faire, c'est d'organiser en faveur de l'agriculture, puisque les capitaux tendent toujours à s'en écarter, un prêt qui, approprié à la nature de ses opérations, lui porte réellement secours. On peut y parvenir au moyen des institutions de crédit agricole, dont voici le mécanisme le plus ordinaire.

Les notables d'un pays s'associent et s'engagent à prendre comme argent, c'est-à-dire pour signe représentatif des autres valeurs, un papier qu'ils mettent en circulation de la manière qui va être indiquée. Cette association offre au cultivateur le secours du prêt aux conditions suivantes : au lieu d'argent, elle lui donne le papier dont nous venons de parler, exigeant de lui la mise en gage d'une propriété foncière au moins double en valeur de la somme empruntée. Elle exige de plus un intérêt annuel à tant pour cent, intérêt qui doit être payé en monnaie métallique. De cet intérêt, la société ne conserve pour elle que la faible partie nécessaire à couvrir ses frais d'administration; le surplus est divisé en deux parties, dont l'une est remise aux porteurs de ce papier, lequel offre ainsi l'avantage de rapporter quelque chose; circonstance qui le met en faveur et aide à sa circulation. La société conserve l'autre portion et l'accumule chaque année, jusqu'à ce qu'il ait reproduit en espèces métalliques la somme entière prêtée en papier; 2 1/2 pour cent d'intérêt conservés recomposent cette somme en quarante années.

Au fur et à mesure que cette réalisation s'effectue, la société retire de la circulation le papier, et rend en échange de chaque billet la somme d'argent qu'il représente. Lorsque tous les billets sont retirés, la dette qu'avait contractée le cultivateur se trouve éteinte. C'est le simple paiement de l'intérêt annuel qui a produit ce résultat. Le cultivateur n'éprouve aucune gêne pour d'aussi faibles annuités, et reçoit de la sorte un secours vraiment paternel. On crée pour ces opérations une monnaie particulière de papier. Mais cette monnaie a toute la valeur de l'argent; car si le cultivateur paie régulièrement l'intérêt stipulé, l'instant arrive toujours, comme nous venons de l'expliquer, où la société reprend ce papier en échange de la somme équivalente, retrouvée à l'aide de la portion d'intérêt accumulée tous les ans. Si le cultivateur, contre toute probabilité, ne pouvait payer cet intérêt, la société, usant de son droit sur la propriété mise en gage, la ferait vendre et rembourserait le papier avec l'argent qu'elle en retirerait.

Aussi la circulation de ces billets n'a éprouvé nulle entrave dans les contrées d'Allemagne et de Pologne, où le système de crédit agricole dont nous venons de dire un mot s'est établi depuis longtemps, au grand avantage des cultivateurs.

## CHAPITRE XV

### SERVICE SALARIÉ, CONSÉQUENCE DE L'ÉTAT SOCIAL; DIRECTION AGRICOLE

> Si à la vue du maître on redouble d'efforts, si son courage entre au cœur de tous, si chacun travaille à l'envi et veut mériter des éloges, je dis que ce maître a quelque chose de l'âme d'un roi. Voilà, Socrate, à mon avis, le point capital en agriculture. XÉNOPHON, *Écon.*

Dans l'état social le sol, par suite du rapprochement où se trouvent les hommes, est bientôt utilisé partout et devient propriété foncière, jusque dans les parties les moins fertiles. Alors, comme il n'y a plus de terres vacantes, celui qui ne possède que ses bras ne peut vivre qu'en vendant à d'autres l'emploi de son temps. La nécessité de la vie sociale, commandée elle-même par l'agriculture, amène ainsi la nécessité du service salarié suivant une convention libre qui tend à réparer vis-à-vis du pauvre l'effet de ses fautes ou de ses malheurs.

Dans les circonstances ordinaires, non-seulement le serviteur se soutient du fruit de son travail, mais encore il peut réussir, s'il est économe, à jouir à son tour des douceurs de la propriété. Quant au maître, le service salarié lui permet de tirer de ce qu'il possède meilleur parti qu'il ne pourrait le faire sans ce secours. On voit peu d'exploitations agricoles où ce service ne vienne en aide à la famille.

Le serviteur est contraint à un devoir pénible, celui d'obéir; mais il a un avantage évident, qui est de toucher un profit certain, sans aucune des chances de perte auxquelles le maître est exposé. Cette certitude le rend insouciant pour le résultat de ce qu'il est chargé de faire. Aussi le travail salarié exige une direction excellente, sous peine d'être plus désavantageux que profitable.

La direction comprend l'organisation, la surveillance, la rémunération, la réprimande, l'éloge, l'exemple.

Dans l'organisation du travail, le premier point est d'approprier l'homme à l'ouvrage : tous ne sont pas propres à tout. Il faut donc avoir égard à l'âge, au sexe, à l'adresse, à la force, au caractère, à la moralité de ceux dont on dispose, écartant avec d'autant plus de soin qu'ils sont plus empressés à se présenter, les gens tarés pour inconduite, infidélité, ivrognerie. Si nous croyons devoir les occuper par bienfaisance, éloignons-les des autres serviteurs, afin d'éviter la contagion.

On distingue le travail à la tâche du travail au temps. Dans le premier, le salaire est proportionnel à l'ouvrage; dans le second, il est relatif à la durée du travail.

Le travailleur au temps, c'est-à-dire à la journée, au mois, à l'année, n'a pas d'intérêt à la prompte exécution de l'ouvrage. Atteindre avec le moins de fatigue la fin de son engagement, voilà sa tendance. Quant au serviteur à la tâche, afin de gagner plus en faisant plus d'ouvrage, il se met à l'œuvre avant le jour, et travaille avec ardeur sans perdre un moment; mais il cherche à abréger les détails par des négligences, telles un battage de grains imparfait, une extraction de pommes de terre incomplète, etc. Vis-à-vis de cet ouvrier, le maître n'a besoin de s'occuper que de la bonne confection de l'ouvrage; dans le travail au temps, la surveillance doit porter en outre sur l'emploi de chaque instant du jour.

La direction du travail à la tâche étant ainsi la plus facile, appliquons cette combinaison à tous les ouvrages qui peuvent s'y prêter. C'est ce que désirent d'ailleurs les bons ouvriers, afin de pouvoir tirer dans leur intérêt personnel tout le parti possible de leur adresse et de leur force. Mais une foule de choses se font en agriculture à bâtons rompus. Tel serviteur est occupé à dix genres d'ouvrage dans une seule journée, et son travail se mêle sans régularité avec celui de plusieurs autres. Dans ce cas, l'appréciation d'une tâche étant impossible, le travail au temps devient une nécessité. Les engagements auxquels ce travail donne lieu sont d'autant préférables qu'ils sont plus courts; car les habitudes de négligence naturelles au serviteur augmentent à partir du jour de son entrée à la ferme, et s'enracinent d'autant plus que le service doit se prolonger plus longtemps. N'engageons donc à l'année que les serviteurs dont la présence est constamment indispensable, surtout près des animaux. Quant aux journaliers, renvoyons-les souvent travailler à leur compte, afin de retremper leur activité.

Toute bonne organisation du travail doit en faciliter la surveillance. Évitons dès lors d'entreprendre à la fois plusieurs grands travaux sur des points éloignés les uns des autres, et divisons l'ouvrage de telle sorte que chaque négligence puisse retomber sur son auteur.

Plusieurs ouvriers concourent-ils à un travail commun; on ne peut les perdre de vue un instant. Il faut aussi les assortir autant que possible pour la force et l'activité, l'inévitable effet de la communauté d'ouvrage étant de produire égalité de travail et d'amener le bon ouvrier à ne pas faire plus que le mauvais. Il suffit d'un paresseux parmi de nombreux travailleurs pour amollir l'ardeur de tous.

Un maître adroit fait naître chez son serviteur une idée dont il lui confie ensuite l'exécution, sûr d'obtenir un travail que l'amour-propre rendra plus intelligent, plus actif. Les efforts les plus difficiles s'obtiennent ainsi.

Si le serviteur est mis à un ouvrage trop étendu, la comparaison de ce qu'il vient d'exécuter avec ce qui reste à faire, le jette dans une sorte de lassitude et d'ennui. L'ouvrage est-il trop court; il s'imagine qu'on le croit plus long qu'il ne l'est en effet. Dans chacun de ces cas l'intérêt du maître souffre.

Comme les soldats dont la bravoure tient à la confiance que le général sait inspirer, les serviteurs travaillent d'autant mieux que le maître est plus au-dessus d'eux par l'expérience et l'habileté. « Au « contraire le champ se trouve mal, dit Columelle, « lorsque ce n'est pas le maître qui apprend au ser- « viteur ce qu'il faut faire, mais que c'est le serviteur « qui l'apprend au maître. »

Des ordres clairs et directs; un ton de voix doux ou ferme, suivant le caractère du serviteur; des manières franches et ouvertes, qui entretiennent la gaieté : voilà ce qui distingue un bon commandement.

Dans le travail salarié on obtient plus facilement des efforts soutenus que de la vigilance et de l'attention. La surveillance est donc d'une nécessité toute particulière, pour ce qui exige de l'ordre et du soin. Changements d'ouvrage, déplacements, repas, sont des occasions de pertes de temps sur lesquelles on ne peut non plus être trop attentif.

En agriculture la surveillance qu'il faut exercer est de tous les instants. « Un roi, dit à ce sujet Xéno-
« phon, avait acheté un excellent cheval. Voulant
« lui donner au plus tôt de l'embonpoint, il de-
« manda à un habile connaisseur ce qu'il fallait pour
« cela.

« *L'œil du maître*, répondit cet homme.

« Ceci, ajoute Xénophon, s'applique à tout. Avec
« l'œil du maître tout s'embellit, tout prospère. »

La réprimande est la suite de la surveillance. Il faut qu'elle soit proportionnée à la faute, directe, ferme sans emportement, et plus ou moins rude suivant le caractère du serviteur. La négligence a-t-elle été secrète, la meilleure réprimande l'est aussi. Mais si la faute a eu lieu devant d'autres serviteurs, que ces derniers soient témoins de la réprimande. Quelque sévère qu'elle soit, ne la rendons jamais injurieuse. Une humiliation trop forte pourrait provoquer de mauvaises réponses qui nous forceraient de congédier le serviteur; car l'insubordination est incompatible avec le service. D'autres défauts incorrigibles et qui nécessitent le renvoi, sont l'infidélité, le libertinage, l'ivrognerie.

Le directeur habile use à propos de l'éloge comme du blâme, prouvant que s'il aperçoit les fautes, il sait également reconnaître le zèle et l'adresse. De temps en temps il rend l'éloge plus agréable par quelque témoignage sensible de satisfaction. Une bouteille de vin, un coup d'eau-de-vie, une gratification, sont parfois d'un merveilleux effet.

Quant au salaire convenu, on ne peut l'acquitter avec trop d'exactitude. « Celui qui fraude son servi-« teur attire sur lui la vengeance de Dieu », dit l'Écriture. Qu'on se garde cependant de payer d'avance. Ce bienfait est promptement oublié, et le travail que ne stimule plus l'attente du gain s'affaiblit.

Le salaire doit être tel que le serviteur, en dehors de son entretien, puisse avec de l'ordre réaliser quelques économies. Si les usages établis sont d'accord avec ce principe, le cultivateur doit ne pas s'en écarter, surtout ne jamais céder, pour l'augmentation des gages, aux prétentions qui pourraient s'élever dans certains moments difficiles. Une exigence en amène une autre, et le travail salarié finit par devenir plus coûteux que profitable.

D'après les fausses idées philanthropiques de notre époque, on a prétendu que le serviteur avait droit à une part dans les bénéfices nets de l'exploitation.

Est-ce de bonne foi qu'a pu être émise une pareille idée? Ne faudrait-il pas, pour répartir entre les différents travailleurs d'un faire-valoir la portion de profit qui leur reviendrait, traduire en chiffres la force de l'un, la maladresse de l'autre, le soin de celui-ci, l'intelligence de celui-là, choses qui toutes se refusent aux calculs de l'arithmétique? L'éventualité des pertes n'est-elle pas encore une cause évidente d'impossibilité? L'avoir du cultivateur le met presque toujours à même de supporter une perte passagère, comme celle qui résulterait d'une mauvaise année ou d'une maladie de bestiaux. Mais le serviteur a besoin de gagner chaque année, chaque mois, chaque jour. Il ne peut donc être associé aux pertes. Alors comment admettre qu'il puisse avoir quelque droit à partager le produit net?

Un jeune cultivateur épris cependant de ces idées nouvelles voulut s'attacher son serviteur en lui accordant une part dans les bénéfices nets du faire-valoir. Le premier mois d'engagement, c'est-à-dire janvier, où le service se borne au soin des bestiaux, s'écoula à la satisfaction commune. Mais après les gelées notre jeune maître ordonna au serviteur de terminer une plantation de bois commencée en automne; première difficulté soulevée par le domestique, le bois en question ne devant rien produire pendant dix années. Même objection au sujet d'un charroi de matériaux pour le rétablissement d'une maison de ferme que le propriétaire possédait dans le voisinage; le domestique soutint qu'il ne devait pas concourir à ce travail, qui n'offrait aucun bénéfice net pour l'exploitation. Il n'y eut pas jusqu'à un transport de fumier pour des couches à melons, que notre homme n'attaquât aigrement, sous prétexte qu'il ne mangerait point sa part de melons, et que de plus on détournait de l'exploitation des engrais qui en eussent augmenté le produit. Un autre jour que le propriétaire ordonnait d'ensemencer en graine fourragère une pièce de terre, le domestique s'y opposa, alléguant qu'il valait mieux y mettre des betteraves, dont on aurait grand profit en les vendant à une sucrerie voisine. Enfin les contestations de ce genre devinrent tellement fréquentes, que de guerre las, notre jeune maître se vit forcé de congédier le censeur perpétuel attaché à ses pas. Mais il n'était pas encore au bout de ses peines : il lui fallut paraître en justice pour le dénoûment du détestable traité qui était l'œuvre de sa bienfaisance irréfléchie.

L'étendue du faire-valoir ou bien la nécessité de s'absenter souvent, peut amener le cultivateur à déléguer tout ou portion de son autorité à un serviteur particulier chargé, dans ce cas, de diriger les autres. Une telle mission ne doit être confiée qu'à un homme longtemps éprouvé; car les serviteurs capables de la remplir sont des sujets exceptionnels, d'un mérite peu ordinaire ; et c'est justement ce mérite qui, à moins de malheurs particuliers, les fait promptement sortir de leur position inférieure. D'un autre côté, un premier serviteur ne doit être ni trop jeune ni trop âgé :

trop jeune, il manque de l'expérience et de la maturité nécessaires pour bien commander ; trop âgé, il n'a plus la force ni l'activité convenables. Rien au monde n'est donc plus rare qu'un sujet de cette espèce.

Si néanmoins on a réussi à le découvrir et qu'on l'ait investi de l'autorité, il faut la lui conserver pleine et entière ; à cet effet, s'entendre parfaitement avec lui sur chaque opération, puis ne jamais changer les ordres qu'il a donnés, ni surtout lui infliger de blâme en présence de ceux qu'il dirige. Chaque observation doit lui être faite en particulier, sans qu'il paraisse y avoir désaccord entre lui et le père de famille.

A tout ce qui vient d'être indiqué, que le cultivateur joigne l'exemple :

Exemple de travail ; la paresse du maître ne justifie-t-elle pas celle du serviteur ? Le privilége du père de famille est de se lever le premier et de se coucher le dernier.

Exemple d'adresse et d'habileté ; peut-on diriger utilement ce que l'on ne sait faire soi-même ; et le cultivateur inhabile aux ouvrages manuels ne ressemble-t-il pas à un sergent qui commanderait l'exercice sans savoir tenir son fusil ?

Exemple de soins et d'attention ; car la négligence du maître se quadruple chez le serviteur.

Exemple de sobriété ; en effet, plus le maître dépense pour lui, plus il faut qu'il dépense pour ses serviteurs. Ces frais multipliés dévorent tout profit. « *Le train mange le train,* » dit le proverbe. Pline le jeune ne donnait pas à ses serviteurs affranchis un vin différent du sien. « Cela doit vous coûter cher, lui « fit-on observer un jour. Non, dit-il, car ils ne boivent « pas le même vin que moi. C'est moi qui bois le « même vin qu'eux. » — « Caton, dit Plutarque, après « avoir vaqué dans la ville voisine aux affaires pu- « bliques, revenait dans son champ, où jetant sur ses « épaules une méchante tunique, si c'était l'hiver, « et presque nu l'été, il travaillait avec ses domes- « tiques, puis, assis à table auprès d'eux, mangeait « du même pain et buvait du même vin. »

Exemple de moralité et de bonne conduite. Le libertinage est tout à fait contraire au succès du travail agricole. Il enlève les forces; il détruit l'attention; il obscurcit l'intelligence. Devoir, intérêt, santé, tout est sacrifié. En cela plus qu'en tout le reste, on se règle sur l'exemple du chef. *La terre se trouble,* dit Salomon, *des désordres du cultivateur!*

Les exemples précédents doivent s'appuyer sur un exemple qui les motive et les comprend tous : l'exemple du service de Dieu.

Le service salarié est, comme nous l'avons établi, une conséquence nécessaire de l'état social, qui lui-même est indispensable au soutien de l'agriculture. Ce service n'en est pas moins une nécessité fâcheuse pour ceux qui sont forcés de l'accepter; ce qui peut seul affaiblir leur peine, la changer même en une douce joie, ce sont les ineffables consolations de l'Évangile. Mais si, lui faisant oublier Dieu par des exemples irréligieux, le cultivateur a la barbarie de lui enlever ces consolations, le serviteur ne peut voir dans sa position qu'un injuste caprice du sort ; il devient l'ennemi de son maître, et, en temps de révolution, celui de la société. Insolent, paresseux, dépravé, on s'en plaint comme de la plaie du faire-valoir ! Ce mal ne serait pas à déplorer d'une manière aussi générale, si le père de famille, adoptant les principes de l'Évangile comme ceux d'une bonne agriculture, établissait chaque jour par la prière commune la seule égalité possible entre ses serviteurs et lui, s'il les instruisait de leurs devoirs, s'il les soignait dans leurs maladies, s'il prenait intérêt à leurs familles ; en un mot, s'il suivait fidèlement le précepte :

« Aimez votre prochain comme vous-même pour
« l'amour de Dieu. »

## CHAPITRE XVI

### MŒURS AGRICOLES

> Elle couvrait d'un surtout grossier sa robe brodée d'or ; elle haïssait la pompe et le faste des ornements.
> MENG-TSEU, *Philosophie chinoise.*

Arrivé à ce point de notre ouvrage, nous croyons avoir établi clairement que, sans la vie de famille, sans la propriété foncière et mobilière, sans une société bien réglée et sans une autorité revêtue de la force indispensable, il ne peut y avoir d'agriculture. Nous avons vu en outre qu'à ces conditions premières se rattachent d'une manière intime la division des professions, la location d'une partie des terres, l'usage de la monnaie, le service salarié. Mais il ne suffit pas de *pouvoir* exercer l'agriculture, il faut encore, comme l'a dit Columelle, qu'on *veuille* l'exercer et qu'on *sache* l'exercer. Quelles sont les mœurs qui font naître le *vouloir* agricole, et comment se forme-t-on à ces mœurs? Quelle est la nature du *savoir* agricole, et comment peut-on l'acquérir? Tel sera le double objet des développements auxquels nous allons nous livrer.

En principe, notre volonté est indépendante; cependant lorsque, par un acte réitéré de cette liberté, nous avons plusieurs fois exécuté la même chose, nous ressentons une nouvelle tendance à la reproduire. Comme on dit vulgairement, l'habitude crée en nous une seconde nature.

De l'application de cette vérité à l'agriculture, il résulte que le *vouloir* agricole ne sera qu'une vocation stérile, s'il ne se fonde sur des habitudes qui enchaînent le cultivateur à sa terre, comme l'abeille s'attache à sa ruche, le lapin à son terrier, l'hirondelle à son toit. Ces habitudes constituent les mœurs agricoles, dont nous allons rechercher la nature et l'origine.

« Que celui qui achète une ferme, disait Magon,
« général carthaginois, vende sa maison de ville, de
« peur qu'il ne préfère les pénates urbains aux pé-
« nates rustiques ; autrement il ne doit pas se mêler
« de culture. »

Quelque velléité qu'on puisse avoir de cultiver,
sans renoncer aux commodités de la ville, ce précepte
antique n'a rien perdu de sa valeur. Il faut au train
rural une surveillance de tous les instants. Comment
y suffire si l'on n'est pas invariablement fixé à la
campagne, et cela, non-seulement en été, mais encore en hiver ? Cette dernière saison n'est-elle pas le
temps de plusieurs opérations importantes : battages,
ventes, consommations, etc. ?

Les habitudes de la vie de campagne entrent donc
avant tout dans les mœurs agricoles. La première de
ces habitudes est celle de la simplicité.

Le contact perpétuel qui existe entre les habitants
des villes surexcite sans cesse leur vanité. Ceux d'entre
eux qui ne peuvent se distinguer dans les choses sérieuses aspirent encore à se faire remarquer. Les
habits, l'ameublement, la cuisine, jusqu'à la forme
d'un chapeau ou la couleur d'une paire de gants,
tout devient ainsi le sujet d'une sorte de lutte dans laquelle chacun s'efforce de briller ; d'où résultent une
foule de besoins imaginaires qui nous tourmentent
et nous tyrannisent à la ville plus que la faim. Telle
personne ne se condamne-t-elle pas des mois entiers

à l'ordinaire le plus pauvre, pour étaler à un jour donné un grand luxe de table aux yeux de convives qui à l'écart se moquent de l'amphitryon? Chez combien de femmes habitant la ville le désir d'en surpasser d'autres en ameublement et en parure, domine le besoin de boire, de manger, de dormir! Ne va-t-il pas souvent jusqu'à leur faire compromettre santé, fortune, honneur?

A la campagne, aucun de ces besoins de la vanité ne peut être satisfait : nous voyons peu de monde, peu de monde nous voit; et par l'effet de cet isolement, la valeur que dans la vie urbaine l'opinion donne à mille frivolités, disparaît de nos esprits. A la ferme pas d'échasses pour se grandir, pas de masque pour se déguiser, pas de fard contre la pâleur; tout est positif, l'apparence et la réalité ne font qu'un. Il en résulte que nos besoins ne peuvent guère dépasser leur simplicité naturelle, et comme les produits mêmes de la ferme fournissent généralement ce qui doit y subvenir, on y jouit de la véritable aisance, laquelle ne consiste pas à avoir beaucoup d'une manière absolue, mais beaucoup relativement à ses besoins. Le riche est pauvre, si ses désirs surpassent ses revenus. Le pauvre est riche, si son travail lui procure quelque chose en sus des vêtements modestes dont il se contente et du frugal repas qui lui suffit.

La vie des champs nous enrichit donc, en simplifiant nos besoins. Mais comment apprécierions-nous un tel bienfait si, avant d'habiter au village, nous avons contracté le goût des frivoles nécessités de la ville? Bien loin de nous plaire, la campagne ne nous apparaîtrait plus que comme un théâtre vide de spectateurs, et nous ressentirions pour elle un profond dégoût.

Le roi Gygès fit jadis demander à l'oracle d'Apollon quel était l'homme le plus heureux de l'univers. Le dieu répondit que c'était Aglaüs, connu des dieux et inconnu des hommes. Après de longues recherches, on trouva cet Aglaüs occupé à cultiver avec sa famille le champ paternel, dans un lieu reculé de l'Arcadie.

Aujourd'hui comme alors le principal bonheur de la vie des champs consiste à être *connu des dieux et inconnu des hommes.*

Aux habitudes de simplicité qui font apprécier ce bonheur, il faut joindre, en agriculture, l'habitude de l'occupation. La campagne a ses plaisirs et ses fêtes; mais elle ne présente pas, comme la ville, ces distractions quotidiennes qui jusqu'à un certain point suffisent à remplir le temps de l'homme désœuvré. Celui-ci en trouve dès lors le séjour très-fastidieux ; séjour inappréciable au contraire pour l'homme laborieux! Champs, jardins, prairies, plantations, lui présentent mille sujets d'occupations, à travers lesquelles ses années s'écoulent avec une rapidité inconnue ailleurs.

A la ville, le savant prend mille mesures pour se

soustraire aux importuns; soins superflus à la campagne, car on n'est visité que par ses amis. Le chant des oiseaux, le son lointain de la cloche matinale, le murmure du ruisseau, le silence de la forêt, tout dans le spectacle harmonieux de la nature donne à l'âme un élan qu'on ne peut sentir ailleurs. Aussi la plupart des poëtes et des écrivains illustres affectionnaient les champs et leur solitude : Virgile, son champ de Mantoue ; Horace, sa retraite de Tibur ; Cicéron, sa campagne de Tusculum ; Pétrarque, la fontaine de Vaucluse ; Boileau, son jardin d'Auteuil. Hésiode, Homère, Xénophon, le Tasse, La Fontaine, Delille et tant d'autres, nous prouvent en mille passages combien la campagne leur était chère.

Ce séjour n'est pas moins favorable aux études scientifiques qu'aux travaux littéraires. La nature est le livre sur lequel est toujours fixé l'œil attentif du véritable savant. Que de feuillets restent encore à déchiffrer, et quelle joie lorsqu'on parvient à surprendre le secret de la plante, de l'animal ou de la pierre ! C'est avec transport que l'homme des champs trouve une fleur étrangère à son herbier, un insecte inconnu, un fossile nouveau ; mais ces jouissances sont encore plus vives si, appliquant ses recherches à la chose la plus utile du monde, l'agriculture, il pénètre dans les secrets des assolements, de l'économie du bétail, de l'action des engrais, de l'influence du climat et des saisons sur les productions de la terre.

En résumé, si la ville est le séjour de la vanité et de la distraction, la campagne est par excellence celui de la simplicité et du travail.

Que celui qui a des habitudes de plaisir reste à la ville. Une force magnétique l'y rappellerait si, par impossible, il cherchait à s'en éloigner.

Ajoutons qu'une bonne conscience prédispose à affectionner la vie rustique et son humble solitude.

> Qui sait aimer les champs sait aimer la vertu,

dit Delille. L'homme vicieux recherche au contraire les bruits tumultueux capables de couvrir ce cri intérieur et terrible qui lui reproche le mal. La solitude dans laquelle il se trouve en face de lui-même lui fait horreur.

## CHAPITRE XVII

### MŒURS AGRICOLES (SUITE)

> Quand tu es hors de chez toi, tu ne fais rien, tu dépenses ton argent, et l'ouvrage va mal à la maison. C'est pis que de brûler la chandelle par les deux bouts.
> JACQUES BUJAULT.

Malheur à celui qui, se flattant d'unir le commerce à l'agriculture, s'absente à tout propos pour ses trafics; peu satisfait de l'agréable délassement d'une chasse modérée autour de son exploitation, cet autre se laisse entraîner souvent et au loin à la poursuite du gibier : sans aucun doute ses cultures en souffriront. Soit surtout maudit l'homme qu'un déplorable esprit de chicane déchaîne contre tous ses voisins : que de temps et d'argent il perd lui-même et fait perdre aux autres !

Avec l'amour du logis il faut que le cultivateur ait l'habitude du travail manuel. C'est ce travail qui lui donne la constitution robuste sans laquelle il ne pourrait supporter le froid, la chaleur, la pluie; c'est au travail qu'il gagne l'appétit et le doux sommeil, éléments du véritable bien-être, de ce bien-être que la médecine et tous les raffinements du luxe ne peuvent procurer.

*Tout vient à qui sait attendre*, dit le proverbe. Que la patience du bœuf serve d'exemple au cultivateur; l'inconstance lui ferait commettre de nombreuses folies. On flotte incertain entre des assolements différents; on se passionne pour des instruments nouveaux qu'on achète à grands frais, et dont on ne sait point tirer parti. Aujourd'hui on a des bœufs et des vaches, demain des chevaux et des moutons. A la fin, mécontent de tout ce qu'on a essayé sans persévérance, on se dégoûte d'un faire-valoir malheureux et on s'éloigne en le maudissant. L'agriculteur sérieux se garde de repousser d'une manière absolue les innovations; au lieu de les appliquer à la légère sur une grande échelle, il les expérimente en petit; puis, il les rejette ou les adopte en toute sécurité, se préservant ainsi tout à la fois d'un dangereux esprit de changement et du triste aveuglement de la routine.

Patients à attendre le résultat de nos opérations, soyons impatients d'agir lorsque le moment propice est arrivé. En agriculture l'état du sol et celui du ciel commandent tous nos travaux. Si nous n'obéissons pas à la nature aussitôt que l'ordre est donné, rarement entendons-nous un autre appel, et les circonstances favorables ne se présentent plus.

Le bon ordre entre essentiellement aussi dans les mœurs agricoles. Ischomaque traitant avec Socrate ce point important, prend pour modèle de l'ordre qui doit exister à la ferme celui qu'il remarquait dans un grand navire carthaginois : « Machines,
« cordages, armes, marchandises, objets à l'usage
« de chaque matelot, tout est réuni dans l'es-
« pace le plus étroit, disait-il; et cependant rien
« ne se gêne; tout est facile à surveiller, à trouver,
« à détacher.

« Ne serait-ce pas une honte que, lorsqu'on peut
« ranger tant d'objets dans aussi peu d'espace, on ne
« mît pas d'ordre entre les différentes parties du mo-
« bilier rural, au risque de perdre en recherches un
« temps précieux? »

I.   5

D'ailleurs l'ordre ne donne-t-il pas à tout une grâce singulière, et l'œil ne se repose-t-il pas avec plaisir sur une exploitation où chaque chose est à sa place? Rien au contraire n'inspire plus de dégoût qu'une cour de ferme où tout est dispersé çà et là comme au hasard.

Une mesure de la plus haute importance, quoique peu de personnes s'y attachent, c'est l'inscription journalière de tout ce qui a lieu dans l'exploitation : travaux, productions, transport d'engrais, semailles, consommations, ventes, achats. Elle fait apprécier avec une exactitude rigoureuse le résultat des opérations ; d'ailleurs c'est un souvenir historique qu'on aimera plus tard à retrouver. Cinq minutes chaque soir y suffisent.

La propreté est la conséquence de l'ordre. Voyez-vous ces plantations bien alignées, ces semailles égales, ces rigoles et ces fossés corrects, ces prairies sans taupinières ni buissons, ces rideaux de verdure le long des chemins et des rivières, ces bouquets épars çà et là pour l'agrément du coup d'œil. L'orme, le sapin, le mélèze sont entremêlés jusque dans la cour avec les hangars et les étables ; la vigne décore les murs et les rend productifs ; les fumiers sont disposés avec régularité, au lieu d'être jetés comme dans un cloaque ; la pierre ou le gazon consolide les abords des bâtiments ; les pavés sont nettoyés aux jours de pluie ; pas de dégradations aux murs, pas de toiles d'araignées dans les étables ; le bétail est luisant de propreté ; le jardin présente de gracieux circuits ; il abonde en légumes bien sarclés, et l'œil s'arrête délicieusement sur de jolies fleurs ; le verger est purgé de mousse, de gui et de bois mort ; les clôtures sont régulières et épaisses ; à l'intérieur du logis l'attirail du ménage est éblouissant par sa bonne tenue. Voilà la propreté agricole : s'appliquant à des choses utiles, elle augmente le produit de la ferme, loin de devenir dispendieuse comme l'entretien des objets de luxe. Autre résultat plus important encore : cette propreté nous attache à l'agriculture et au séjour de la campagne. Voyez les cottages de Flandre et d'Angleterre, n'ont-ils pas le riant aspect que nous venons de décrire ? Aussi l'habitant de ces fermes ornées aime et estime sa profession. Transportez-vous dans les exploitations fangeuses du Berry et de tant d'autres lieux ; le cultivateur ne montre pour sa condition qu'un profond dégoût.

Afin d'éviter une décadence si funeste, laissons à la compagne que nous avons choisie toute l'influence que la nature elle-même lui assigne dans le ménage rustique. N'est-il pas dans la destinée de la femme d'embellir la vie de ceux qui l'approchent ? Elle désire donc instinctivement qu'autour d'elle tout prenne un extérieur agréable. A la ville, ce désir conduit au luxe, et le luxe corrompt et appauvrit ; c'est pourquoi la trop grande influence des femmes y devient pernicieuse. La simplicité, au contraire, entre tellement dans les habitudes de la campagne que la femme ne saurait s'y soustraire. Là son influence reste dans les limites convenables, tout en procurant au train rustique cette propreté qui en fait le charme.

A d'autres égards, combien est précieuse l'action d'une mère de famille sérieusement pénétrée de ses devoirs! Quel secours pour le cultivateur qui a le bonheur de la posséder! Sa surveillance rend le toit qu'elle habite inaccessible au moindre désordre. Par son exemple et ses leçons chacun devient habile et vigilant; elle soigne les serviteurs dans leurs maladies; elle tend la main au pauvre; elle accueille le voyageur. Distraits par mille soins, son mari, ses enfants oublieraient de penser à Dieu; mais elle a décoré sa maison de pieuses images dont la vue entretient les sentiments religieux. Le dimanche elle montre le chemin de l'église. Son enfant ne parle pas encore, qu'agenouillé sur elle il joint déjà ses petites mains, et dirigeant son regard vers le ciel y fait monter sa pensée d'ange comme un doux parfum.

Pour que la femme du cultivateur soit ce que nous venons de la dépeindre, il est indispensable qu'elle ait dès sa jeunesse subi le joug des mœurs agricoles; autrement elle éprouverait des dégoûts continuels, affecterait l'indifférence pour tout ce qui doit l'intéresser, s'abstiendrait des soins les plus essentiels, chercherait sans cesse à se déplacer et à se distraire. Que peut alors le cultivateur, si ce n'est de quitter au plus tôt un faire-valoir malheureux ?

## CHAPITRE XVIII

### MŒURS AGRICOLES (SUITE)

> Que le père de famille soit vendeur et non acheteur.
> Cherche ce que l'on peut faire dans la ferme par la pluie. Tant qu'elle ne cesse pas, fais tout nettoyer. Retiens que, si on ne travaille pas, la dépense reste la même.
> CATON.

> A peu de chose ajoute un peu ; fais cela souvent, et ce peu deviendra beaucoup.
> HÉSIODE.

C'est par de tels préceptes que les anciens caractérisaient l'esprit d'économie indispensable aux mœurs agricoles. Cette économie doit s'appliquer au brin de paille comme à l'argent, au temps du serviteur comme à celui des animaux. Tout ce qui est dépensé à faux, perdu ou gaspillé diminue d'autant le produit net ; et comme les mêmes causes se reproduisent sans cesse, le profit peut disparaître entièrement par une succession de pertes qui, prises chacune à part, semblent insignifiantes.

Que ce précepte si sage n'empêche pas d'appliquer à chaque branche de l'exploitation tout ce dont elle a besoin pour rester ou devenir prospère : la plus fausse épargne est celle qui consiste à nourrir à demi le bétail, à ne pas donner au sol l'engrais et les façons nécessaires, à excéder de travail les animaux, à employer une semence imparfaite. Toutefois il existe encore sur chacun de ces points certaines règles d'économie qu'il faut savoir comprendre et suivre.

« Retiens, dit Caton, qu'il en est du champ comme
« de l'homme; quand il gagnerait beaucoup, s'il dé-
« pense trop, il ne reste rien. »

C'est surtout dans les constructions qu'une sage économie jointe à une prudente lenteur est indispensable. En agriculture, nulle passion n'est plus désastreuse que celle de bâtir.

« Il faut d'abord mettre la terre en valeur, dit
« Pline, ne bâtir que lorsqu'elle rapporte, ne le faire
« même alors qu'avec circonspection. Le mieux sur
« ce point, dit-on, c'est de mettre à profit les folies
« des autres. »

Bien que l'agriculture ait son économie journalière, qui doit entrer dans les mœurs du père de famille et lui faire éviter tout gaspillage, elle admet cependant certaines habitudes d'une vie très-confortable.

Le cultivateur ne connaît pas, ainsi que nous l'avons établi, les besoins imaginaires du désœuvrement et de la vanité. En revanche, ses besoins naturels sont fort exigeants : l'exercice aiguise en lui l'appétit; la fatigue et les intempéries auxquelles il est exposé lui font rechercher la chaleur d'un bon feu. Que sa table soit donc substantielle; et qu'en rentrant au logis il trouve à son foyer une flamme vive et bienfaisante.

En général les formalités et les visites de pure étiquette sont peu fréquentes à la campagne; on n'en reçoit ses amis qu'avec plus de cordialité. Pour ces réunions il est des occasions préférées, telles que le baptême d'un enfant, la fête patronale, ou quelque autre solennité religieuse. C'est alors que la ménagère déploie tout son savoir : le troupeau, la basse-cour, la laiterie, les garennes lui fournissent, presque sans dépense, les éléments variés d'un festin auquel les convives font largement honneur. On se quitte satisfaits les uns des autres, après avoir resserré dans des entretiens intimes les liens de la parenté et de l'amitié. Ces fêtes procurent aux populations rurales le plus utile délassement; elles sont essentiellement nécessaires au maintien des mœurs agricoles.

Le vêtement du cultivateur doit préserver le mieux

possible du froid et des injures de l'air; qu'il soit tel qu'on n'ait pas à craindre de le salir. Sous ce double rapport, la blouse est parfaite. Estimons-la donc; portons-la volontiers, et pour le travail préférons-la à tout autre habit.

Pour circuler autour du logis les sabots sont la meilleure chaussure, parce qu'ils tiennent toujours le pied sec en dépit de la boue et de l'humidité; mais ils fatiguent s'il faut marcher vite ou aller loin; dans ce cas les gros souliers avec semelles de bois sont d'un bon usage.

A la ville où tant de personnes sont embarrassées de l'emploi de leur temps, on a pris l'habitude de se coucher et de se lever tard. Le cultivateur fait tout le contraire : après une journée fatigante il se hâte de prendre du repos, mais il est sur pied de bonne heure. Partout, et principalement à la ferme, la matinée est le meilleur temps pour le travail.

Dans les longs jours d'été, qu'un peu de sommeil à midi vienne réparer nos forces. Quant aux heures des repas, combinons-les suivant la saison avec la distribution du service. — En été le principal repas divise la journée en deux parties égales, formant un repos naturel et nécessaire qui se lie au sommeil du midi; le souper termine la journée, et l'on sort de table pour gagner le lit. Le matin on déjeune entre le lever et le dîner; et l'après-midi un repas analogue, le goûter, fait attendre avec patience le souper. — En hiver, les deux repas principaux se font, l'un le matin avant le travail, l'autre au retour des champs : ainsi l'on profite autant que possible de journées trop courtes. — En été, quand la chaleur est accablante, travaillons le soir, le matin et la nuit; et qu'une partie du jour soit donnée au sommeil.

Observons toujours fidèlement le repos du dimanche. Non-seulement d'après, les vues de la sagesse divine, ce septième jour doit être consacré au service de Dieu, mais encore il procure une journée de relâche non moins indispensable aux animaux qu'à nous-mêmes. Le bœuf, si docile toute la semaine à se placer sous le joug, bondit de plaisir le matin du dimanche et court au pâturage dès qu'il est délié.

Si le cultivateur, sans motif puissant, comme il en survient quelquefois, mais par trop d'avidité ou par une inquiétude exagérée, viole cette loi sainte, il indispose tout son monde, dont le concours languissant justifie le vieux proverbe : « *Le travail impie appauvrit.* »

## CHAPITRE XIX

TENDANCE DE L'HOMME A DÉLAISSER L'AGRICULTURE;
ACTION DE PLUSIEURS RELIGIONS PAÏENNES CONTRE
CETTE TENDANCE

> Je m'esmerveille d'un tas de fols laboureurs, que soudain qu'ils ont un peu de bien qu'ils auront gagné avec grand labeur en leur jeunesse, ils auront après honte de faire leurs enfants de leur estat de labourage, ains les feront du premier jour plus grands qu'eux-mêmes, les faisant communément de la practique, et ce que le pauvre homme aura gagné à grand peine, il en dépensera une grande partie à faire son fils monsieur, lequel monsieur aura enfin honte de se trouver en compagnie de son père et sera déplaisant qu'on dira qu'il est fils de laboureur; et si de cas fortuit le bon homme a certains autres enfants, ce sera ce monsieur là qui mangera les autres et aura la meilleure part, sans avoir égard qu'il a beaucoup cousté aux escholes, pendant que ses autres frères cultivaient la terre avec leur père, et cependant voilà qui cause que la terre est le plus souvent avortée et mal cultivée, parce que le malheur est tel qu'un chacun ne demande que vivre de son revenu et faire cultiver la terre par les plus ignorants. Chose malheureuse!
>
> BERNARD PALISSY.

Résumons, d'après ce qui précède, les avantages de la profession agricole. Elle satisfait avec abondance à tous nos besoins réels, et s'oppose à l'invasion de ces besoins factices qui loin des champs appauvrissent souvent l'opulence; elle détourne l'ennui par la variété des occupations; elle amortit les passions par la fatigue corporelle; elle nourrit le sentiment religieux par le spectacle continuel des œuvres de la création.

Dépendant de Dieu et de ses bras plus que des hommes, l'agriculteur jouit de la plus grande liberté possible. Rarement les pertes accidentelles qu'il éprouve compromettent-elles sa fortune; et comme il y reconnaît l'effet direct de causes supérieures avec lesquelles il ne pourrait lutter, elles ne font pas naître dans son âme ces chagrins amers auxquels il serait exposé dans d'autres carrières par suite de l'injustice ou de l'ingratitude des hommes.

A la ferme l'exercice, l'air pur, un travail régulier, rendent la vie plus longue qu'elle n'est partout ailleurs.

Le cultivateur connaît mieux que personne les joies du foyer domestique, et ce qui à la ville semble une charge si lourde, c'est-à-dire la famille nombreuse, assure son bonheur.

A lui aussi plus qu'à tout autre les douceurs de la propriété: jouissant du passé par le souvenir de ses travaux, du présent par la vue des progrès qu'il a obtenus, de l'avenir par l'espérance, tout l'intéresse, tout le charme dans son empire; et comme le dit Olivier de Serres, il en vient à trouver *son logis plus agréable, son pain meilleur et sa femme plus belle que ceux de l'autrui.*

« Les cultivateurs seraient trop heureux, s'écrie
« Virgile, s'ils connaissaient l'étendue de leurs
« biens ! »

Oui sans doute, nous serions trop heureux si nous savions apprécier de tels avantages; mais déchus par la faute de notre premier père, nous éprouvons une funeste tendance non-seulement à les méconnaître, mais encore à les répudier avec mépris. Combien d'immenses déserts d'où l'agriculture semble exclue depuis les temps de la création ! Combien de pays cultivés ne produisent, faute de soins, qu'une faible partie de ce qu'on pourrait en obtenir !

Dans l'antiquité le vainqueur chargeait des fers de l'esclavage ses ennemis vaincus, pour leur faire cultiver ses champs; d'autres fois il s'établissait sur les terres conquises, et réduisait le paysan à l'état de serf de la glèbe. Ailleurs, ainsi que Tacite le dit des Germains, c'étaient les femmes, les vieillards, les infirmes, qu'on obligeait à labourer la terre. Chez les peuplades sauvages de l'Amérique l'aversion pour l'agriculture est si profonde, qu'ils préfèrent une destruction lente et douloureuse aux travaux dont les Européens leur donnent l'exemple.

Conserver à l'agriculture la juste prééminence due à son indispensable nécessité et à ses bienfaits, tel sera toujours le premier problème social.

Ce problème, la religion contribue à le résoudre; aussi voit-on de grands efforts faits dans ce sens chez les peuples les plus célèbres par leur sagesse. En Égypte les deux principales divinités, Osiris et Isis, étaient adorées sous la figure du bœuf et de la vache, comme ayant enseigné aux hommes le travail de la terre et la culture du blé; presque toutes les autres divinités se rapportaient à cet art sous un point de vue ou sous un autre : ainsi, Hermès avait inventé l'arpentage; le Nil était adoré comme fertilisant les campagnes. Toutes les grandes fêtes religieuses étaient des fêtes agricoles, notamment celle de *Bubaste*, celle de *Saïs*, et surtout celle du Nil, qu'on célébrait à l'instant où les inondations atteignaient le point le plus favorable à une abondante récolte. Au sacre des rois d'Égypte les prêtres leur mettaient sur les épaules le joug du bœuf Apis, afin de leur rappeler la protection due à l'agriculture. Lorsqu'ils remplissaient fidèlement cette obligation sacrée, les prêtres les honoraient après leur mort par des peintures, où nous voyons ces princes bienfaiteurs des campagnes présidant eux-mêmes au labour, aux semailles, aux moissons.

En Éthiopie, mêmes traditions. Les prêtres éthiopiens avaient adopté le soc de la charrue pour insigne de leur dignité.

L'ancienne religion des Perses faisait du travail manuel un devoir, et présentait la culture d'un champ, la plantation d'un arbre, comme les actes les plus agréables à Dieu.

Dans l'Inde où la religion partage les hommes en plusieurs castes, les cultivateurs sont de ceux qu'on honore du titre de régénérés; les lois sacrées de Manou, les préceptes de Brahma, ceux de Bouddha punissent tout attentat contre l'agriculture, et revêtent d'un caractère religieux les actes qui peuvent le plus contribuer à sa prospérité. L'animal du labour, le bœuf, y est consacré comme il le fut en Égypte.

En Chine les livres sacrés rappellent au prince ce qu'il doit aux campagnes et les exemples donnés à cet égard par ses devanciers. A chaque page sont recommandés la simplicité, l'amour du travail, le respect de la propriété, l'humanité envers les animaux de labour, et surtout l'esprit de famille, ce premier fondement moral de l'agriculture. Chinnong, l'inventeur de la charrue, est honoré comme un personnage divin; et son nom signifie *laboureur céleste*. Chez ce peuple, dont la civilisation remonte à des temps inconnus de nous, des sacrifices sont adressés aux génies protecteurs de la terre; et la religion préside à la fête solennelle où, chaque année, l'empereur laboure et sème un champ de ses propres mains.

La mythologie grecque est remplie de souvenirs agricoles : Cérès avait porté de Sicile à Athènes la culture du blé, et l'avait enseignée à Triptolème, fils du roi Céléus; Triptolème avait trouvé l'art de le battre dans une aire, et l'invention de la charrue lui était due; Minerve apprit aux hommes à cultiver l'olivier et à filer la laine, Mercure à tondre les moutons, Bacchus à planter la vigne. Vulcain forgea la faucille de Cérès, Neptune assainit la Thessalie; Vénus présidait aux jardins, Priape à l'abornement des terres, Apollon aux troupeaux, Aristée, si honoré en Sicile, à la confection des fromages et à l'éducation des abeilles.

La Terre fécondée par le laboureur recevait un culte particulier sous le nom de Vesta, mère des Dieux. Les tours dont la déesse était couronnée, la clef qu'elle tenait à la main, les lions dociles qui traînaient son char, ces divers attributs rappelaient au peuple que l'agriculture est le fondement des villes, qu'elle produit tous les trésors, qu'elle adoucit les mœurs les plus sauvages. Tous les sacrifices commençaient et finissaient par une invocation à Vesta la sainte, l'éternelle, la bienheureuse.

Vesta, suivant Diodore de Sicile, passait pour avoir inventé l'agriculture; Saturne l'avait enseignée aux peuples d'Italie, et Prométhée à ceux du Caucase.

Tenté d'abord par la volupté, Hercule encore enfant, dit Xénophon, suit les conseils de la vertu qui le presse de cultiver la terre avec courage. A seize ans il garde les troupeaux, et les préserve de la dent meurtrière du lion de Némée. Il assainit le marais de Lerne, le défriche, et détruit avec la faux une multitude de mauvaises plantes toujours prêtes à repousser : les tiges nombreuses de ces plantes sont figurées par les cent têtes de l'hydre si célèbre dans la Fable. Hercule tue une multitude d'oiseaux nuisibles qui infestaient les bords du lac Stymphale; il nettoie les étables d'Augias, régularise le cours de l'Achéloüs et livre à la culture un des bras du fleuve: c'est cette corne du monstre qui, toujours suivant la Fable, devient une corne d'abondance. Hercule répare les digues qui protégeaient la campagne de Troie contre les inondations de la mer, représentées à leur tour comme un monstre marin. Lorsque les bestiaux utiles à l'agriculture étaient encore peu répandus, rien n'était plus précieux que ces animaux: ce genre de conquête occupe le héros : il va chercher en Italie les bœufs de Géryon et punit deux voleurs, Cacus et Charybde, qui lui en avaient adroitement soustrait plusieurs; il tire de l'Hespérie des brebis aux riches toisons (*méla*, pommes ou brebis), que les poëtes ont appelées pommes d'or; il prend vivant le sanglier d'Érymanthe; il apprivoise Cerbère, allégorie qui se rapporte peut-être à la domestication du porc et du chien. Et ce taureau de l'île de Crète, dompté avec tant d'efforts, ne peut-on pas y reconnaître un des premiers bœufs attelés à la charrue? C'est ainsi que les honneurs divins rendus aux bienfaiteurs de l'agriculture ennoblissaient en Grèce le travail des champs.

A Rome, où pendant plus de cinq cents ans l'agriculture fut en si grand honneur, toutes les parties du culte se rapportaient à elle.

« Les douze grandes divinités (*duodecim Dei con-*
« *sentes*) étaient, dit Varron (Varr., *de Re rust.*),
« Jupiter et Tellus, c'est-à-dire l'air et la terre, ces
« vastes réservoirs de tout ce qui alimente et sou-
« tient les produits de l'agriculture; le soleil et la
« lune dont les révolutions nous guident pour les
« semailles et les récoltes; Cérès et Bacchus, protec-
« teurs des végétaux les plus précieux, le blé et la
« vigne; Robigus et Flora qui préservent, Robigus,
« de la rouille du froment, Flora, d'une mauvaise
« floraison; Minerve, protectrice de l'olivier, et Vé-
« nus, déesse des jardins; Lympha et Bonus-Even-
« tus, c'est-à-dire l'eau et la réussite; car sans fraî-
« cheur les champs sont improductifs, et sans bonne
« chance l'agriculture n'est que déception. » Pour le culte de ces douze divinités Romulus avait institué douze prêtres nommés *arvales* (de *arva*, champs). A la mort de l'un d'entre eux, il prit la place vacante et créa le souverain pontificat, qui fut depuis l'une des plus grandes dignités de la République.

A ces douze divinités de premier ordre se joignaient le dieu Terme, protecteur des bornes, consacré par Numa pour le rendre inébranlable, en l'appuyant sur la religion, le principe de la propriété foncière; Palès, patronne de Rome et protectrice des bergers; Vertumne et Pomone, les divinités de l'automne et des fruits; Séja et Séjesta, qu'on invoquait, l'une au temps des semailles, et l'autre pendant les moissons; les dieux laboureurs, *Vervactor, Conditor, Convector, Imporcitor, Insitor, Messor, Obarator, Occator, Promitor, Reparator, Sarritor, Subruncinator,* dont les noms se traduisent chacun par un terme se rapportant à un travail agricole. Le flamine de Cérès les invoquait tous dans les sacrifices.

Moins honorés en Italie et en Grèce que dans l'Égypte et dans l'Inde, le bœuf et la vache avaient cependant aussi chez les Latins un caractère sacré; et le sillon que ces animaux traçaient autour d'une ville nouvellement fondée, était un hommage rendu au travail des champs qui doit satisfaire aux besoins toujours renaissants de la cité. Pour cette cérémonie, on mettait sous le même joug un bœuf et une vache, plaçant celle-ci du côté de la ville et celui-là en dehors, pour rappeler la nécessité agricole de la vie de famille et faire bien sentir que les soins intérieurs y sont le partage de la femme, et le travail des champs celui de l'homme.

## CHAPITRE XX

### RAPPORTS INTIMES QUI EXISTENT ENTRE LA RELIGION VÉRITABLE ET L'AGRICULTURE

> Dieu dit à Adam : Parce que tu as écouté la voix de la femme et que tu as mangé du fruit défendu, la terre te sera maudite et tu en tireras ta subsistance avec fatigue tous les jours de ta vie.
> Elle ne produira pour toi que ronces et épines. Tu apaiseras ta faim avec l'herbe des champs.
> Quant au pain, tu le mangeras à la sueur de ton visage, jusqu'à ce que tu retournes dans la terre dont tu es sorti; car tu es poussière et tu retourneras en poussière.
> Puis Dieu chassa l'homme du paradis de plaisir, afin qu'il cultivât la terre dont il était sorti.
> GENÈSE.

Notre sort dépend tellement de l'agriculture, qu'un des principaux caractères de la vraie religion est de nous porter beaucoup mieux qu'aucune autre à la vie des champs.

En effet la religion chrétienne explique d'abord pourquoi, par exception à l'instinct général de tous les êtres vivants, nous désirons nous soustraire à l'occupation qui nous fait vivre. Cette explication, la voici : dans l'Éden, le soin de la terre était plein de charmes; état primitif et normal qui cesse aussitôt après la désobéissance du premier homme. Alors la culture fatigante d'un sol maudit devient un châtiment infligé en expiation de cette faute.

Mais à l'explication du mal nos livres saints joignent aussitôt le précepte qui doit y porter remède.

Dieu institue lui-même l'agriculture et il prescrit le travail manuel, qui en est inséparable : « Tu mangeras ton pain à la sueur de ton front », dit-il à Adam. Combien de fois, dans le cours des saintes Écritures, ce précepte se trouve confirmé !

« Aime les travaux pénibles, » dit l'Esprit-Saint par la bouche de Salomon, « et l'agriculture créée par le « Très-Haut.

« Je suis passé », ajoute-t-il ailleurs, « auprès du « champ d'un paresseux et de la vigne d'un homme « sans courage ; et voilà que tout était couvert d'é-« pines et d'orties, et la clôture de pierres était dé-« truite. A cette vue rentrant en moi-même, je reçus « cette leçon :

« Dors un peu, sommeille un peu, replie encore « un peu les bras pour te reposer; et la pauvreté « marche comme un voyageur, et la misère s'ap-« proche comme un soldat couvert de son bouclier.

« Lorsque tu te nourriras du travail de tes propres « mains, s'écrie David, tu seras heureux et bien te « sera.

« Donnez-lui (à la femme forte), dit Salomon, le « fruit du travail de ses mains; et que le mérite de « ses actions soit sa louange. »

Le Verbe lui-même se soumet à la loi du travail des mains. Ses apôtres suivent cet exemple.

« Nous n'avons mangé gratuitement, dit saint Paul,
« le pain de personne. Mais c'est par un travail pé-
« nible de la nuit et du jour que nous l'avons gagné,
« pour n'être à charge à nul de vous. Ce n'est pas
« que nous n'eussions pu faire autrement ; mais nous
« avons voulu nous donner pour exemple, afin que vous
« nous imitiez ; aussi dans notre séjour parmi vous nous
« établissions cette règle : que si quelqu'un refuse
« le travail, la nourriture doit lui être refusée. »

*Soyez doux et humble de cœur*, dit l'Évangile ; divine parole qui doit merveilleusement nous disposer à aimer la simplicité agricole. L'adage du cultivateur : *Ne pas voir et ne pas être vu*, se trouve à la fois celui du chrétien ; et ce qui nous éloigne le plus de l'agriculture, ambition, orgueil, vanité, voilà justement ce que l'Évangile condamne avec le plus de force.

Le mariage, base de la vie agricole, est institué dès les premières pages de la Genèse. *L'homme et la femme seront deux dans la même chair*. Cette union est rendue plus sacrée par l'Évangile, qui la déclare indissoluble.

Si nous passons de l'union des époux à celle de la famille entière, condition de prospérité si nécessaire à la maison rustique, nous lisons dans le Décalogue : *Honore ton père et ta mère*. Cham est maudit pour avoir ri de son père ; et chez les Israélites, suivant la loi divine, le fils irrespectueux était puni de mort, si son père le demandait.

6.

L'agriculture se fonde sur la propriété non moins que sur la famille :

*Tu ne désireras*, est-il dit dans le Décalogue, *ni le bœuf, ni l'âne de ton frère, ni rien de ce qui lui appartient.*

Si la terre ne constitue une propriété inattaquable, l'agriculture ne peut s'établir; et une grande division des héritages fonciers est très-favorable à ses progrès.

Or voilà que Dieu ordonne le partage à perpétuité de la terre promise entre toutes les familles israélites; une malédiction terrible est prononcée contre quiconque violera la borne du voisin.

Pas d'agriculture possible sans société.

Quel lien social conçu par la sagesse humaine égalera ces mots de l'Évangile ? *Aimez-vous les uns les autres; faites à autrui ce que vous voudriez qui vous fût fait; aimez vos ennemis; faites du bien à ceux qui vous haïssent.*

Pas de société ni d'agriculture possibles, si l'autorité n'est respectée.

*Rendez à César ce qui est à César*, dit Jésus-Christ, *et à Dieu ce qui est à Dieu.* Fidèles à ce précepte, les apôtres recommandaient aux chrétiens d'obéir aux puissances de la terre, « parce que toute puissance, a dit saint Paul, émane de Dieu. »

L'état social amène nécessairement la diversité des professions, de sorte qu'auprès de l'agriculture s'établissent l'industrie, le commerce, les fonctions publiques. Mais, ainsi que nous l'avons démontré, la prééminence doit appartenir à l'agriculture; sinon la société est ébranlée jusque dans ses fondements.

Quelle religion mieux que la nôtre a consacré ce grand principe? Suivant la loi divine, tous les Israélites étaient attachés à la terre par une portion d'héritage foncier; et comme, suivant cette même loi, le prêt à intérêt n'était permis qu'à l'égard des nations étrangères, le commerce et l'industrie ne pouvaient prendre dans leur propre pays cette extension dangereuse et attrayante qui résulte, comme nous le voyons aujourd'hui en Europe, du prêt et de l'emprunt de capitaux toujours prêts à favoriser, à faire naître même ces opérations, au préjudice de l'agriculture.

Lorsque, dans l'Écriture sainte, Dieu promet ou accorde des biens temporels, c'est *la rosée du ciel*, c'est *la pluie bienfaisante, l'abondance de l'huile, la prospérité des troupeaux, la graisse du froment*.

Des trois grandes solennités annuelles instituées par l'ancienne loi, deux concernaient l'agriculture. On les célébrait pour remercier le Seigneur des fruits de la terre, l'une à l'époque de la moisson, et l'autre, la fête joyeuse des tabernacles, au moment des dernières récoltes. Aujourd'hui l'Église a de nombreuses prières pour attirer la bénédiction du ciel sur les trésors des champs; elle y ajoute le jeûne des

Quatre-Temps aux solstices et aux équinoxes, époques généralement si critiques pour les biens de la terre. L'office de ces jours solennels nous rappelle à chaque page que la prière est le complément indispensable du travail agricole, exposé à devenir stérile si la Providence ne le bénit.

Combien la foi chrétienne dans cette Providence aide à nous faire jouir pleinement du bonheur champêtre! A force de voir les merveilles de la nature, nous y devenons pour l'ordinaire trop insensibles; n'accordant notre admiration qu'au fruit relativement si imparfait de l'industrie humaine. Mais cette indifférence n'existe plus, si, éclairés par la foi, nous apercevons le doigt de Dieu jusque dans les moindres parties de l'univers; alors nous ressentons au sein de la nature une joie ineffable qui, se rapportant à la grandeur du souverain maître, est une image de la félicité du paradis. Plus on la goûte, plus elle pénètre l'âme d'une douceur divine. Loin de troubler les sens, une pareille joie les éclaire; et la juste comparaison qu'on fait des ouvrages des hommes avec ceux de Dieu, attache de plus en plus à la vie des champs.

« Lorsque j'eus aperçu et contemplé toutes ces « choses, disait Palissy, je ne trouvai rien de meilleur « que de s'employer en l'art d'agriculture et de glo- « rifier Dieu et de le reconnaître en ses merveilles. »

## CHAPITRE XXI

### FAITS TIRÉS DE L'HISTOIRE SAINTE A L'APPUI DU CHAPITRE PRÉCÉDENT

> Noé, agriculteur, commença à planter la vigne.
> Abraham était très-riche en troupeaux, en argent et en or.
> Isaac ensemença dans la terre des Philistins, et Dieu le bénit.
> Genèse.
>
> Job avait quatorze mille brebis, six mille chameaux, mille jougs ou paires de bœufs et mille ânes.
> Livre de Job.

L'histoire justifie ce que nous venons d'exposer touchant les rapports de la religion véritable avec la profession par excellence. Les premières villes sont bâties par les races impies des descendants de Caïn et de Cham ; et les premières découvertes industrielles appartiennent à ces mêmes hommes, tandis que les patriarches, conservateurs de la foi, s'occupent exclusivement de la terre et des troupeaux.

Au milieu d'une grande opulence ces patriarches avaient, suivant la remarque de Fleury, les habitudes simples et laborieuses de la vie des champs. Ils gardaient eux-mêmes leurs troupeaux et vaquaient à toute espèce de soins. Leurs serviteurs les aidaient, mais ne les dispensaient pas du travail.

Si nous passons aux Hébreux, chaque page de leur histoire montre à quel point les mœurs agricoles étaient en honneur chez le peuple de Dieu.

« Entre les Israélites, dit Fleury, je ne vois point
« de professions distinguées. Depuis le chef de la
« tribu de Juda jusqu'au dernier de Benjamin, tous
étaient laboureurs et pâtres menant eux-mêmes
« leurs troupeaux. Le vieillard de Gabaa qui logea le
« lévite dont la femme fut violée, revenait le soir de
« son travail, quand il l'invita à se retirer chez lui.
« Ruth gagna les bonnes grâces de Booz en glanant à
« sa moisson. Quand Saül reçut la nouvelle du péril
« où était la ville de Jabès en Galaad, il conduisait
« une paire de bœufs, tout roi qu'il était. David gar-
« dait les troupeaux, quand Samuel l'alla chercher
« pour le sacrer, et il y retourna encore après avoir
« joué de la harpe devant Saül. Depuis qu'il fut roi,
« ses enfants faisaient une grande fête à la tonte des
« moutons. Élisée fut appelé à la prophétie, lorsqu'il
« menait une des douze charrues de son père. L'en-
« fant qu'il ressuscita était avec son père à la mois-
« son, quand il tomba malade. Le mari de Judith,
« quoique fort riche, gagna en pareille occasion le
« mal dont il mourut.

« De la manière dont vivaient les Israélites, le ma-
« riage n'était pas un embarras pour eux, mais plu-
« tôt un soulagement suivant son institution. Les
« femmes étaient laborieuses comme les hommes et

« travaillaient dans les maisons, tandis que leurs ma-
« ris étaient occupés aux champs.

« Petits, leurs enfants leur coûtaient peu à nourrir
« et à vêtir à cause de leurs habitudes frugales;
« grands, ils les aidaient au travail et leur épar-
« gnaient des esclaves et des serviteurs gagés. Aussi
« c'était un honneur d'en avoir un grand nombre, et
« la stérilité était une honte. »

La loi rendant la liberté aux esclaves à la fin de chaque année sabbatique, les Israélites en avaient fort peu : c'était la famille qui effectuait presque tout le travail de l'exploitation.

Dans ces conditions de culture, la terre devait parvenir à une admirable fertilité et nourrir un peuple innombrable. Cette fertilité dont il ne reste nulle trace aujourd'hui, était célèbre dans l'antiquité. Sans parler des saintes Écritures, elle est attestée par Strabon, Pline, Josèphe. A la fin du dernier siècle quatre mémoires de l'abbé Guénée ont établi le fait d'une manière irrécusable, lorsqu'il fut mis en doute par l'incrédulité. Le dénombrement qui attira sur David la colère de Dieu, constate dix-huit cent mille hommes en état de porter les armes. Josaphat, roi de Juda, dont le royaume avait en étendue le tiers seulement de celui de David, comptait onze cent soixante mille combattants, sans parler des garnisons des places.

Cette population prodigieuse, relativement à la mesure du territoire, ne consommait pas tous les produits du sol, puisqu'on voit par Ézéchiel que les *Israélites exportaient à Tyr de grandes quantités de pur froment.*

Lorsque les Israélites abandonnaient le culte du vrai Dieu, ils s'éloignaient en même temps de l'agriculture. Depuis Moïse jusqu'aux rois, ces fautes eurent peu de durée; aussi n'est-il question alors dans leur histoire d'aucune autre profession que du labourage, du sacerdoce et des fonctions publiques. Dans la seconde période historique, celle des rois, on remarque plus de tendance aux infidélités envers Dieu, et aussi une disposition croissante à s'éloigner des mœurs agricoles. Sous David naissent les professions industrielles; et à sa mort il existait en Judée, dit l'Écriture, un grand nombre d'artisans de toutes sortes, des maçons, des charpentiers, des forgerons, des orfévres. Salomon employa à la construction du Temple trente mille ouvriers israélites; cependant les arts n'étaient pas encore tellement perfectionnés que le puissant monarque ne dût appeler le secours des étrangers. Ce fut Sidon qui lui envoya les artistes les plus habiles.

Sous le règne de ce prince, le commerce extérieur s'étend au loin; les flottes israélites vont par la Mer-Rouge trafiquer dans le mystérieux pays d'Ophyr.

Après la division de la terre sainte en deux royaumes, les professions industrielles se multiplient, et le luxe, incompatible avec les mœurs agricoles, s'infiltre dans cette nation autrefois si simple. La généalogie de la tribu de Juda fait mention d'un lieu appelé la *vallée des artisans*. Alors les prophètes expriment la colère de Dieu : Isaïe reproche aux filles de Sion leurs parures et leur vanité, menace Jérusalem, et prédit que Dieu lui ôtera les gens savants dans les arts. En effet, un impitoyable ennemi transporte bientôt Juda en terre étrangère ; et l'Écriture répète plusieurs fois qu'on enleva à Jérusalem les artisans qui faisaient sa gloire.

La période des rois ne fut cependant pas dans toute sa durée contraire à l'agriculture ; quelques-uns restèrent fidèles à Dieu : ce sont précisément ceux-là même que l'Écriture signale comme ayant protégé l'art de cultiver la terre. David était de ce nombre. Nous trouvons au Livre des Rois le nom des officiers préposés par lui à la surveillance des champs et des troupeaux.

Il est dit du règne de Salomon que Juda et Israël *habitaient en paix sous leur vigne et sous leur figuier, depuis Dan jusqu'à Bersabée.*

Salomon était pénétré de respect pour l'agriculture, comme le prouve chaque page des livres de la Sagesse et des Proverbes ; livres qui contiennent d'admirables préceptes en faveur du travail et de la vie agricole.

« Le pieux Osias, dit l'Écriture, construisit des

« tours au désert et creusa beaucoup de citernes. Il
« avait d'immenses troupeaux dans les lieux ouverts
« et dans les plaines, des vignes et de vastes cultures
« dans les montagnes et sur le Carmel; car il affec-
« tionnait la terre. »

Le saint roi Ézéchias établit des magasins de fruits, de froment, de vin, d'huile, et, pour chaque espèce de bétail, des étables où il mit un ordre admirable; il construisit des métairies, et réunit dans ses domaines du grand et du petit bétail, car Dieu l'avait comblé de biens.

Au retour de la captivité, les Israélites reprennent leurs terres et leurs antiques travaux. Depuis cette époque jusqu'à la venue du Messie ils sont fidèles à la loi de Dieu, et l'agriculture redevient chez eux plus florissante que jamais. Pendant trois cents ans, de Néhémie aux Machabées, l'histoire de la nation hébraïque semble nulle, ce qui résulte, comme le remarque judicieusement Fleury, d'une paix profonde et de cette prospérité remarquable décrite dans le Livre des Machabées à propos du gouvernement de Simon :

« Chacun cultivait son champ paisiblement. La
« terre de Juda était fertile ; et les arbres de la cam-
« pagne portaient leurs fruits. Les vieillards assis
« dans les places consultaient pour le bien du pays.
« Les jeunes gens se paraient avec des habits de
« guerre. La paix régnait partout; Israël était en

« grande joie. Chacun était assis sous sa vigne et
« sous son figuier, et personne ne l'inquiétait. »

Sur quelques médailles juives de ces temps reculés on voit des épis de blé et des mesures, signes positifs de la fertilité du pays et de l'honneur dans lequel y était tenue l'agriculture.

Le Sauveur vient au monde, et c'est à l'humble toit du travailleur qu'il demande un abri; de ses mains divines il façonne des instruments d'agriculture. En effet, une tradition précieuse nous apprend qu'il faisait des charrues et des jougs. « Il ouvre la
« bouche pour instruire; *jamais homme n'a parlé*
« *comme lui*, et ses plus riantes, ses plus saisis-
« santes comparaisons, il les emprunte à la vie cham-
« pêtre, montrant ainsi toute l'estime qu'il a pour
« elle. Le lis des champs, les moissons de la plaine,
« la vigne des coteaux, telles sont les similitudes qu'il
« emploie à chaque instant; il va dans ce langage
« figuré, jusqu'à qualifier son père céleste d'agricul-
« teur. *Pater meus agricola est* [1]. »

Méconnaissant le Messie, Israël abandonne la vérité religieuse dont il avait été si longtemps dépositaire. Bientôt il s'éloigne aussi de l'agriculture. Désormais c'est à l'industrie, au commerce, aux affaires d'argent qu'il se livre de préférence dans tous les pays. Cependant sa dispersion n'a lieu qu'a-

---

[1] Extrait d'un discours prononcé à Compiègne en 1854, par Mgr Gignoux, évêque de Beauvais.

près une lutte formidable avec le peuple le plus puissant de la terre, tant la vie rustique lui avait donné de vitalité, tant la population que nourrissait la Terre-Sainte était immense.

## CHAPITRE XXII

SUITE DU SUJET DES CHAPITRES PRÉCÉDENTS; INFLUENCE DU CHRISTIANISME SUR L'AGRICULTURE MODERNE

*Cruce et aratro.*
Par la croix et par la charrue.
*Devise des missionnaires chrétiens.*

Reportons-nous encore à l'époque de l'avènement du Sauveur, et embrassons d'un regard ce vieux monde, alors presque tout entier païen, qui aujourd'hui se trouve partagé entre le christianisme et la religion de Mahomet. L'agriculture, jadis prospère, y était en pleine décadence. On voyait les canaux du Nil à moitié remplis; et parfois la disette affligeait l'Égypte, autrefois si féconde. Les irrigations qui, sous les règnes de Ninus et de Sémiramis fertilisaient l'Assyrie, n'existaient plus. La Grèce, énervée par de vains amusements, avait perdu cette simplicité naïve que dépeignent si bien les chants d'Homère, ses campagnes se dépeuplaient chaque jour; l'Asie Mineure et la Sicile, qui fut le berceau de Cérès, se trouvaient dans une situation aussi déplorable.

L'Italie s'était enrichie des dépouilles du monde; mais cette terre des dieux, ce sol que tant de héros avaient fertilisé de leurs sueurs, devenait également stérile et ne pouvait plus subvenir aux besoins de ses habitants. Dans les Gaules que déchiraient des dissensions intestines, l'agriculture était laissée aux mains de malheureux dont le sort différait peu de celui des esclaves. Au delà du Rhin et du Danube la Germanie, sauvage encore, ignorait les bienfaits dus à la charrue.

Tel était l'état agricole du monde lors de la venue de Jésus-Christ.

Quelques siècles après, nous voyons le cimeterre de Mahomet propager la misère dans les pays les plus riches de l'antiquité : la Grèce, l'Asie Mineure, la Mésopotamie, la Perse, l'Égypte, la Numidie, se changer peu à peu en véritables déserts. La croix, au contraire, améliore l'agriculture là où elle était appauvrie, comme en Italie et en Gaule; elle l'établit là où elle était ignorée : la Germanie, les îles Britanniques, la Russie, la Scandinavie, se défrichent; et toujours le travail de la charrue est précédé par l'érection de ce signe révéré.

En Orient, malgré l'oppression la plus violente, la croix reste debout sur quelques points dans les montagnes du Liban par exemple, et c'est là que le voyageur trouve encore une population exercée à l'agriculture, des principes de vie qui n'existent pas ailleurs.

Ce simple aperçu prouve l'influence du dogme religieux sur l'agriculture des temps modernes. Étudions maintenant les faits principaux qui ont produit cette réhabilitation.

Les travaux agricoles avaient été successivement abandonnés aux esclaves par les peuples divers dont se composait l'empire romain. C'était là une plaie des plus profondes; car si l'esclave connaît l'amertume des sueurs, il est étranger à la consolation que Dieu y attache. La douceur de la propriété lui étant ravie, son travail, quelque bien dirigé qu'il soit, reste languissant; et si la surveillance se ralentit, il devient nul. De plus, l'agriculture se trouvant le partage exclusif d'une classe avilie, le travail de la terre n'en paraît-il pas lui-même comme avili ?

L'esclavage, nous le savons tous, ne put résister à ce précepte de l'Évangile : *Aimez-vous les uns les autres;* il disparut donc du monde romain en raison directe des progrès du christianisme. L'affranchissement se fit dans les campagnes comme dans les villes, et l'esclave cultivateur devint, sous le titre de colon, le fermier ou le métayer héréditaire de son ancien maître; libre, du reste, quant à sa personne, et possesseur du fruit de son travail. Des lois impériales réglèrent ce nouvel état de choses, dont le résultat immédiat paraît avoir été considérable sur plusieurs points de l'empire, notamment, comme le remarque Jaubert de Passa, dans les provinces d'Afrique, contrée où le christianisme était alors très-florissant.

Ce commencement de régénération agricole fut arrêté par l'envahissement des Barbares. Ceux-ci conservèrent le colonat; mais par suite de leurs mœurs sauvages, ils le rendirent très-dur, enlevant au colon devenu *vilain* la protection que lui accordaient les lois impériales. Le sort des hommes attachés à la terre se retrouva presque aussi rigoureux que celui des anciens esclaves romains. Aussi voyons-nous dans les campagnes, au moyen âge, d'immenses révoltes, les *cotereaux*, les *routiers*, les *pastoureaux*, la *jacquerie*.

Ces soulèvements étaient condamnés par l'Église, au nom de la charité, qui ne cessait pourtant de recommander aux seigneurs et aux princes la douceur et la mansuétude vis-à-vis des serfs. Grâce à son action puissante, ceux-ci commencent bientôt à jouir de la liberté. « C'est, dit M. Guizot, au nom des idées « religieuses, des espérances de l'avenir, de l'égalité « religieuse des hommes, que l'affranchissement est « toujours prononcé. »

Mais il ne suffisait pas pour réhabiliter l'agriculture, de rendre libre l'homme chargé de labourer la terre ; il fallait encore lui prouver par l'exemple que le travail manuel, son occupation journalière, est un devoir dont on n'est réellement exempté dans l'ordre providentiel que si d'autres occupations ou des circonstances exceptionnelles ne permettent pas de le remplir. C'est ce que fit avec un courage héroïque le clergé des premiers siècles, comme on peut s'en assurer par la lecture attentive de tous les Pères.

« La plupart des prêtres et des évêques », dit saint Épiphanes et d'après lui l'abbé Fleury, « joignaient
« le travail des mains à la prédication de l'Évangile,
« non qu'ils ignorassent le droit qu'ils avaient de re-
« cevoir du peuple leur subsistance, mais pour n'être
« à charge à personne et pour donner plus abondam-
« ment aux pauvres. »

Saint Basile s'excuse près de saint Eusèbe sur son travail et sur celui de ses clercs, de n'avoir pu lui écrire plus longuement.

Grégoire de Tours dit entre autres choses à l'éloge de saint Nicet, évêque de Lyon, « qu'il était coura-
« geux au travail, s'appliquant avec ardeur à élever
« des églises, à bâtir des maisons, à semer des
« champs, à planter des vignes. »

Plusieurs traits racontés par le prélat historien prouvent que cet exemple n'était nullement exceptionnel, et que les anciens évêques de France s'occupaient activement de l'agriculture.

Quant à la vie des anachorètes et des moines, elle

fut pendant fort longtemps, à peu d'exceptions près, entièrement partagée entre la prière et le travail manuel agricole.

« Dès les premiers temps de l'Église, dit saint Atha-
« nase, les chrétiens les plus fervents fuyaient la con-
« tagion des villes, et poussés par l'humilité évan-
« gélique, ils se retiraient dans la campagne. » Ainsi commença la vie monastique que régularisèrent, au IIIe siècle, saint Antoine et saint Pacôme.

Le trouble des passions poursuivait incessamment saint Antoine, qui s'était retiré dans les solitudes d'Égypte. Un de ces jours de combat, comme il se plaignait à Dieu du trouble qui l'empêchait de faire son salut, il crut se voir lui-même travaillant d'abord, quittant ensuite la prière pour le travail, puis le travail pour la prière. En même temps il entendit une voix qui lui disait : « Fais ainsi, et tu seras
« sauvé. »

Voilà la célèbre vision de saint Antoine. Ses journées ne cessèrent plus d'être une suite constante de prière et de travail, et, d'après le jugement unanime des Pères de l'Église, il devint le plus parfait modèle de la vie chrétienne.

Il s'occupait à faire des nattes de feuilles de palmier et à cultiver le terrain nécessaire à sa subsistance. Recevait-il la visite d'un solitaire, son travail n'en était pas interrompu, et son hôte y prenait part. Un jour, saint Macaire l'étant venu voir, ils se mirent à faire des nattes ensemble ; saint Antoine, remarquant l'assiduité de son ami, s'écria : *Combien il y a de vertu dans de telles mains!* et en même temps il les lui baisait. Saint Hilarion arrivait pour embrasser Antoine, lorsqu'il eut la douleur d'apprendre sa mort. Voici, lui dit-on, où il travaillait ; et voici où il reposait, quand il était las. Lui-même a planté cette vigne et ces arbrisseaux ; lui-même cultivait ce potager ; lui-même, à force de sueurs et de travail, a creusé ce réservoir pour arroser son petit jardin. Voilà la bêche qui lui a servi tant d'années à labourer la terre, où il semait du blé pour lui, et des herbes pour ceux qui venaient le visiter.

Au même temps et dans le même pays, saint Pacôme réglait d'une manière plus puissante encore cette vie de labeur et de prière. Il fonda à Tabenne et aux environs, dans la Haute-Thébaïde, plusieurs monastères où ses disciples ne vivaient que du travail des mains. Chacun de ces établissements religieux était divisé en plusieurs sections, dont trois ou quatre réunies formaient une tribu. Les moines du même métier étaient de la même section et allaient ensemble au travail : aux uns revenait le labour des terres, le jardinage ; aux autres, la serrurerie, le charronnage, la foulerie, la vannerie, la tannerie, la confection des nattes. Le saint donnait l'exemple du labeur le plus assidu. La plupart des cultures de son monastère étaient dans une île formée par deux bras du Nil; Pacôme y passait des journées entières, labourant les champs, curant les canaux d'arrosage, comme l'attestent différents passages de sa vie. Les austérités prescrites par la règle n'étaient pas de nature à affaiblir ces infatigables ouvriers : il n'y avait de jeûne que le mercredi et le vendredi; les autres jours, les tables étaient servies dès neuf heures du matin. Ceux qui mangeaient le plus supportaient les travaux les plus rudes.

D'Égypte ce genre de vie exemplaire fut porté en Syrie par saint Hilarion, et bientôt il devint celui des Basile, des Jean Chrysostôme, des Jérôme, des Grégoire de Nazianze.

« Pourrai-je revoir, » dit ce dernier père de l'Église à saint Basile (Épître 9,) « le temps si doux que nous « passions à travailler de nos mains, à porter du « bois, à tailler des pierres, à planter des arbres, à « irriguer notre petit champ? » Dans une autre lettre, il parle du fumier qu'ils portaient ensemble et du chariot pesant avec lequel ils traînaient de la terre, au point qu'ils en avaient longtemps conservé la marque au cou et aux mains.

Le même saint Grégoire se qualifie de vigneron.

Saint Jean Chrysostôme exerça longtemps ces mêmes travaux.

Bientôt la Syrie fut couverte de monastères.

« Après la prière du matin, qui durait jusqu'après « le lever du soleil, les religieux s'en allaient, dit

« saint Chrysostôme, à leur travail, lequel consistait à
« labourer, à semer, à irriguer ou à porter de l'eau,
« à faire des paniers, des cilices et autres ouvrages
« semblables les plus bas et les plus propres à entre-
« tenir l'humilité. Exceptionnellement, quand leur
« faiblesse ne leur permettait pas d'autre travail, ils
« s'occupaient à copier des livres. »

Ces contrées déchues de leur antique prospérité agricole, reprirent alors une nouvelle vie.

« De tous côtés autour de nous, dit saint Jérôme,
« le laboureur la main sur la charrue, fait entendre
« *alleluia;* le moissonneur fatigué se délasse par des
« psaumes; et le vigneron en piochant la vigne
« chante aussi quelques passages de David. »

Ainsi s'accomplissait la parole du prophète : « Ils
« rempliront d'édifices les lieux déserts depuis plu-
« sieurs siècles; la solitude fleurira comme les lis. A
« eux la gloire du Liban, à eux la beauté du Carmel
« et du Saron. »

Cette régénération des campagnes par l'exemple de la vie monastique pénètre en Occident. Cassien l'introduit en Provence, saint Athanase en Italie, saint Augustin dans l'ancienne Numidie. Bientôt sous une règle célèbre, celle de saint Benoît, nommée par saint Grégoire pape, la règle par excellence, les moines deviennent dans l'Europe, aux trois quarts sauvage, les apôtres de l'agriculture et de la religion.

Cette règle prescrivait par jour sept heures de travail manuel; travail qui, lors de la fondation d'un monastère, consistait presque toujours à défricher une terre inculte. Des hommes pieux voulaient-ils adopter ce genre de vie; ils se retiraient au milieu des bois, des marais, des montagnes, construisaient eux-mêmes leurs cellules, puis, la hache et la pioche à la main, défrichaient la terre en chantant les louanges de Dieu. Leur nourriture grossière prélevée, ils distribuaient autour d'eux le surplus de leurs produits. Pénétrées d'admiration et d'amour pour de tels hôtes, les peuplades errantes de ces solitudes ne tardaient pas à devenir chrétiennes; souvent même elles se fixaient à côté du monastère, travaillant sur les terres des religieux ou aux environs. Fulde, Ordoff et tant d'autres villes d'Allemagne, doivent leur origine aux pauvres huttes des disciples de saint Benoît.

Le plus puissant moyen d'encourager l'agriculture, consistait à favoriser ces fondations, et à conserver dans les monastères déjà créés la pureté des règles primitives. C'est ce que firent plusieurs de nos rois. Protégé par Clotaire Ier et par Théodebert fils de Thierry, Saint Maur, premier disciple de saint Benoît, fonde une abbaye près de la Loire. Ces mêmes princes favorisent saint Colomban pour la création de Luxeuil, qui fut suivie d'une foule d'autres. Le monastère de Corbie est établi par sainte Bathilde que seconde son fils Clotaire III. Charles

Martel, Pepin, Charlemagne, Louis le Germanique encouragent de tout leur pouvoir les établissements religieux dans les parties désertes de l'empire. Sous la protection des deux premiers de ces princes, saint Boniface devient l'apôtre de l'Allemagne, le fondateur de Fulde et de plusieurs autres monastères. Archevêque de Mayence, il se retirait fréquemment à la célèbre abbaye que nous venons de nommer, et là, tout en expliquant les saintes Écritures, il donnait aux religieux l'exemple du travail agricole.

Charlemagne va chercher lui-même au mont Cassin la copie textuelle de la règle de saint Benoît; et, afin de la mettre en vigueur parmi tous les religieux de France, il convoque un congrès à Aix-la-Chapelle en 802. Alors saint Benoît d'Aniane entreprend de faire revivre cette règle dans tous les monastères de l'empire; lui-même, quoique supérieur, donne l'exemple du travail le plus assidu. « Il « transcrivait les livres, dit son historien, préparait « les aliments, portait du bois, tenait la charrue et « coupait les blés avec d'autres religieux. »

Nous l'avons dit plus haut, les peuples germains avaient pour le travail des champs un profond mépris. Au VIIe siècle, sous l'action puissante de l'Évangile, nous voyons ces fiers guerriers quitter la lance pour la pioche, remplacer la cotte de mailles par l'habit religieux et défricher la terre avec ardeur. Saint Cloud fils de Clodomir, Adalar, Vala et Bernard, petits-fils de Charles Martel, ainsi que plusieurs autres princes, prouvent au peuple que le travail, et la simplicité agricole ont plus de prix pour le chrétien que les grandeurs du trône.

Carloman, roi de France et frère aîné de Pepin le Bref se retira au mont Cassin et montra, dit la chronique de ce monastère, autant de soumission aux ordres de ses chefs spirituels qu'il avait déployé de courage à la tête des armées. Un jour qu'il gardait le troupeau, il fut maltraité et dépouillé dans une lutte contre les voleurs. L'abbé, pour l'éprouver, le reprit comme un homme faible et sans conduite. Carloman ne s'excusa point et avoua qu'il était un pécheur capable de bien des fautes. On lui donna d'autres vêtements, et il continua à faire paître le troupeau. Un jour ramenant ses brebis au monastère, il en vit une qui clochait et ne pouvait suivre les autres; il la prit sur ses épaules, et revint comme on représente le bon Pasteur. L'abbé, admirant l'humilité et la douceur de Carloman, changea son emploi pour le soulager, et lui confia le soin du jardin.

Au mont Cassin une vigne porte encore le nom de Rachis, roi des Lombards, qui la cultivait de ses propres mains.

Sous les successeurs de Charlemagne, les réformes introduites pour conserver aux monastères leur ancien esprit disparaissent; les mœurs des religieux s'amollissent; en même temps la société semble se dissoudre. Une affreuse désolation règne dans les campagnes que ravagent sans cesse les guerres intestines des seigneurs et les invasions des Normands. Les produits du sol ne suffisent plus aux laboureurs, qui se soulèvent en bandes immenses. Tel est l'état de la France au $IX^e$ siècle et pendant une grande partie du $X^e$. Enfin saint Robert, saint Bruno, saint Bernard et plusieurs abbés de Cluny font revivre l'esprit primitif de l'état monastique; les cénobites s'établissent comme autrefois dans les lieux déserts, cultivent les terrains en friche et rendent une vie nouvelle aux campagnes désolées.

Saint Bernard, malgré la délicatesse de sa complexion, se livre avec amour aux ouvrages les plus durs; il coupe du bois dans les forêts, laboure et s'humilie si la force vient à lui manquer. Les médecins ne pouvaient comprendre qu'il pût résister à tant de fatigues, et disaient que c'était *un agneau à la charrue*. Un jour de moisson, comme il ne savait pas manier la faucille, on l'engage à s'asseoir et à demeurer en repos; fondant en larmes, il demande à Dieu la grâce de mieux faire, et dès ce moment il s'en acquitte plus habilement qu'aucun autre.

« Le travail, rapporte la chronique, ne lui causait
« point de distraction; il disait que c'était surtout dans
« les champs et dans les bois qu'il avait appris le sens

«spirituel de l'Écriture, que ses maîtres avaient été
« les hêtres et les chênes. »

Que de services rendus à l'agriculture par les successeurs de saint Bernard! L'Italie leur doit l'exemple de ses merveilleuses irrigations; l'Espagne, la fertilisation des sables du royaume de Valence; la France, une multitude d'assainissements, entre autres l'écoulement des eaux stagnantes qui couvraient la Flandre, cette province aujourd'hui si féconde. Souvent ils échangeaient des fonds améliorés contre d'autres incultes mais plus vastes.

Suivant la remarque de l'abbé Fleury, le travail manuel, considéré jadis comme inséparable de la vie des moines, tomba peu à peu en désuétude dans la plupart des communautés. De là un déplorable relâchement qui fut une des principales causes du progrès des hérésies et de l'indifférence religieuse. Cependant, comme Dieu l'avait révélé à saint Pacôme et à saint Antoine, un certain nombre de solitaires ont toujours conservé la pureté primitive de leurs institutions.

Sous Louis XIV le vénérable Rancé se retire à l'abbaye de la Trappe dépendant de Cîteaux, et y rétablit les anciennes règles, avec plus de rigueur peut-être pour le jeûne et un peu moins de sévérité quant au travail manuel. Depuis lors ces bernardins réformés, sous le nom de trappistes, vivifient par la plus belle agriculture les lieux où ils vont se fixer. A l'époque de 1830, c'est-à-dire après onze ou douze ans d'existence, l'établissement de La Meilleraie, situé près de Nort (Loire-Inférieure), comptait deux cents religieux appliqués à l'exploitation d'une terre considérable et de plusieurs usines. Tout récemment quatre cents hectares ont été défrichés en Algérie par ces nouveaux pères du désert.

Si nous retournons en Orient, nous trouvons encore au Liban l'exemple du travail agricole donné par une multitude de solitaires. « Les couvents au nom-
« bre de deux cents, dit Michaut, possèdent tous des
« terres. Les moines se chargent des travaux de la
« culture; et la même main qui porte l'encensoir
« manie aussi la truelle, le pic, la faucille, la char-
« rue, la pioche, et fait toutes les récoltes. La sobriété
« est la règle perpétuelle du couvent, en même temps
« que le travail est un devoir auquel ne peut se sous-
« traire aucun moine valide. »

« Ces mêmes moines, dit M. de Lamartine, ont
« taillé le roc et formé des terrasses sur tous les re-
« vers. C'est par de rudes travaux qu'ils ont étendu
« la culture de la vigne et du mûrier. »

Aujourd'hui encore, les plus courageux exemples du labeur agricole nous viennent donc de ceux qui aux yeux de l'Église sont les plus parfaits modèles de la vie chrétienne.

Encore quelques mots sur d'autres bienfaits du christianisme.

Après Charlemagne, toute sécurité étant enlevée aux cultivateurs par les guerres intestines des seigneurs, la terre restait inculte; la famine et d'affreuses maladies emportaient les populations. La désolation fut tellement grande, qu'on se croyait à la fin du monde. Les évêques s'assemblent et défendent, sous de sévères peines canoniques, de commettre aucune hostilité depuis le mercredi soir jusqu'au lundi suivant. On fait jurer aux gens de guerre, aux bourgeois et aux paysans, de l'âge de quatorze ans et au-dessus, l'observation de ces trêves, que l'on appelle *trêves de Dieu*.

Cette demi-sécurité ne suffisait pas encore ; l'agriculture en exige une pleine et entière. Elle va résulter d'un autre fait chrétien, les *croisades*. A la voix de l'Église, l'Europe longtemps attaquée par l'Asie s'ébranle pour de justes représailles, et précipite sur l'Orient tout ce qu'elle avait d'hommes ardents, avides d'aventures et de périls. Tant que dure la croisade toute hostilité est défendue au nom de Dieu. Des habitudes de paix, de calme et de sécurité s'établissent; l'agriculture renaît, et avec elle tout s'organise et s'affermit. Ces entreprises lointaines une fois terminées, les guerres de château ne sont plus qu'un fait exceptionnel, au lieu de constituer l'état ordinaire de l'Europe.

En résumé, l'affranchissement des classes agricoles, l'exemple du travail, le défrichement des terres incultes, la sécurité rendue aux campagnes ; voilà les immenses services dont l'agriculture moderne est redevable au christianisme.

Nous pourrions ajouter une longue énumération de bienfaits locaux ; renfermé dans certaines bornes, rappelons seulement ici un des plus saillants. Sous le beau ciel de l'Italie l'arrosage est l'âme de l'agriculture ; par suite du fractionnement de ce pays, au moyen âge, en une infinité de petites souverainetés, comment pouvait-on s'accorder pour établir suivant une même pensée et un plan commun, les grands canaux dont un seul devait souvent traverser plusieurs territoires ? Ce fut le clergé, très-influent alors, qui obtint cet accord, unique peut-être dans les annales agricoles. De plus il encourageait par des fondations pieuses ceux qui contribuaient à la construction d'un canal. Il existe encore aujourd'hui dans beaucoup de paroisses, des services et des prières publiques à la mémoire de ces bienfaiteurs du pays. C'est ainsi que la Lombardie tout entière et partie de la Toscane sont devenues un vaste jardin arrosé, comparable à l'ancienne Égypte.

Le clergé compte plusieurs auteurs agronomiques très-distingués, entre autres au $vi^e$ siècle, saint Isidore de Séville, père de l'Église ; au temps de saint Louis, Vincent de Beauvais, dominicain et précepteur des fils de ce grand roi ; sous Louis XIV, le père Vannière, jésuite, surnommé de son temps le Virgile moderne, tant son poëme sur l'agriculture, intitulé *Prædium rusticum*, fit de sensation ; l'abbé Rozier, auteur du premier cours d'agriculture en forme de dictionnaire.

Avec quel empressement la pensée d'enseignement classique agricole a-t-elle été saisie par le vénérable évêque de Beauvais, par les principaux membres de son clergé et par les frères des écoles chrétiennes ! Ils ont compris que le retour à la foi doit se lier intimement à un retour sincère vers l'agriculture et ses mœurs, qu'un de ces deux progrès ne peut s'accomplir sans l'autre. C'est aussi cette conviction qui nous soutient dans l'œuvre difficile en vue de laquelle ce livre est écrit ; œuvre supérieure à nos forces sans doute, mais que Dieu bénira, nous en avons la confiance, parce qu'il s'agit de sa gloire.

## CHAPITRE XXIII

PROTECTION DUE PAR LE GOUVERNEMENT A L'AGRICULTURE ; EXEMPLES TIRÉS DE L'ANTIQUITÉ.

> *Rex agro servit.*
> Le roi est le serviteur du champ.
> *Proverbes.*

Aux vérités religieuses contenues dans les précédents chapitres, ne craignons pas d'ajouter cette vérité politique, la seule incontestable et d'une application peut-être universelle : un gouvernement ne saurait trop encourager, trop honorer le travail de la terre.

Lorsqu'on approfondit l'étude de l'histoire, on découvre que ce principe a été compris par les plus grands princes, par les plus sages législateurs.

Dans les pays chauds, où la sécheresse détruit toute végétation, un arrosage bien dirigé rend la terre inépuisable ; élever l'eau des fleuves et la répandre dans les campagnes, voilà donc sous un ciel d'airain, le plus sûr moyen de favoriser l'agriculture. Des travaux de géants furent accomplis dans ce but par les fondateurs de ces empires d'Orient qui, peu de siècles après le déluge, étaient déjà parvenus à un étonnant degré de civilisation.

Ninus, au moyen de nombreux barrages, dérive les eaux du Tigre et féconde les terres d'Assyrie. La fondatrice de Babylone, Sémiramis, exécute les mêmes travaux sur l'Euphrate. « J'ai fait couler, disait-elle, « les fleuves où je voulais, et je ne l'ai voulu que là « où ils étaient utiles. J'ai rendu la terre féconde « en l'arrosant de nos fleuves. » Cette inscription qu'elle avait gravée sur le bronze se lisait encore du temps d'Alexandre. Parlerons-nous du lac creusé à quelque distance de Babylone par Nitocris, lac destiné à recevoir le trop-plein du fleuve au temps des inondations et à en rendre les eaux à l'agriculture dans les moments de sécheresse? Les princes assyriens avaient établi dans les vallées du Tigre et de l'Euphrate d'autres bassins semblables dont la trace existe encore.

En Égypte plusieurs barrages dans le lit du Nil du côté de l'Éthiopie; tout le pays sillonné de canaux de dérivation; de distance en distance des digues s'élevant en travers de la vallée, afin d'étendre le plus loin possible les eaux du fleuve au temps de ses bienfaisantes inondations : la contrée présentait alors une suite de lacs de niveau différent se déversant l'un dans l'autre; le fleuve endigué le long de ses bords, dans le Delta, à partir de Memphis; le lac Mœris creusé de main d'homme pour prendre les eaux du fleuve ou pour les répandre sur les campagnes suivant le besoin; ce lac entouré de digues et pouvant faire écouler dans le désert une grande quantité d'eau, si la crue devenait excessive; plusieurs réservoirs analogues, mais d'une moindre étendue, établis sur d'autres points : voilà les travaux d'une immensité fabuleuse que firent en faveur de l'agriculture Ménès, Sésostris, Mœris, plusieurs pharaons. Cette œuvre était consolidée par d'excellentes lois. En Égypte il n'était permis à personne d'être inutile; chacun inscrivait son nom, sa demeure, sa profession, sur un registre public. Il était également défendu de changer de profession et d'en exercer deux à la fois. Les cultivateurs étaient très-honorés et occupaient un des premiers rangs dans les cérémonies publiques.

Les rois égyptiens étaient tenus de donner l'exemple de cette simplicité qui fait le fondement des mœurs agricoles. La loi leur avait réglé le boire et le manger, et des imprécations furent gravées sur une colonne d'un temple de Thèbes contre le premier roi qui introduisit le luxe.

En Éthiopie même principes de gouvernement « L'usage », dit M. Caillaud, d'après ses études sur ce pays, « prescrivait au roi de cultiver et de « semer un champ au moins une fois durant son « règne, ce qui faisait donner au prince le surnom « vénéré de l'homme des champs. »

L'Inde et la Chine que l'Europe surpasse aujourd'hui à tant d'égards, ces pays si remarquables cependant par une civilisation très-ancienne, doivent principalement leur antique puissance aux ouvrages que les souverains ont établis sur les fleuves en vue de favoriser l'agriculture, travaux plus prodigieux encore que ceux de l'Égypte.

Cette œuvre est entreprise en Chine peu de temps après le déluge, par les premiers empereurs historiques, Yao et Chun aidé de son ministre Yu. Le cours des plus grands fleuves du monde est régularisé; des provinces entières sortent du sein des eaux; d'innombrables canaux portent partout la fécondité et la fraîcheur. La description agricole de la Chine, description qui fut faite alors par qualités de terres et par nature de productions rurales, existe encore et forme le premier chapitre de la deuxième partie du *Chou-King*, livre sacré de Confucius. Depuis cette époque reculée la nécessité de protéger et d'honorer l'agriculture n'a cessé d'être considérée en Chine comme la vérité politique par excellence. Les princes chinois qui l'ont méconnue ont régné peu de temps, et leurs dynasties ont été renversées; au contraire, les princes protecteurs des campagnes ont tous eu, comme le remarque Confucius, un règne florissant. Leurs noms sont encore bénis par le peuple. Tel de ces princes destiné à monter sur le trône vivait d'abord inconnu parmi les gens de la campagne, supportant leurs travaux et leurs privations; puis devenu roi, il encourageait d'autant plus l'agriculture, qu'il en connaissait mieux les occupations et les besoins.

C'est une ancienne loi de l'empire que le souverain doit, au printemps et à l'automne, s'assurer par lui-même de l'état des campagnes dans les différentes provinces, récompensant ou punissant les gouverneurs selon leur zèle ou leur négligence au sujet de l'agriculture.

« Ces hommes que vous voyez courbés sur la terre « travaillent, sèment et récoltent pour nous », disait à son fils dans une de ces visites Hong-Von, vainqueur des Tartares en 1368 : « comme eux

« j'ai été laboureur ; ayez donc pitié du peuple. »

Il est de règle que l'empereur et l'impératrice doivent donner eux-mêmes l'exemple du travail agricole. Aussitôt après son couronnement, l'empereur revêt l'habit du cultivateur, prend la conduite de deux bœufs et laboure une pièce de terre renfermée dans l'enceinte du temple le plus considérable de Pékin. Pendant ce temps la reine lui prépare, dans un appartement voisin, un dîner qu'elle apporte et mange avec lui. Cette cérémonie, qui se renouvelle chaque année, est une des plus grandes fêtes de ce vaste empire.

En Chine, c'est encore un principe reçu, que le prince doit employer une grande partie de ses revenus particuliers pour le bien général de l'agriculture, exécutant des travaux publics utiles aux campagnes, réparant les désastres qui résultent de la crue excessive des fleuves, accordant des encouragements et des secours aux laboureurs. Ceux d'entre ces derniers qui se distinguent le plus peuvent recevoir l'habit et le titre de mandarin de huitième ordre. Suivant les lois anciennes, les cultivateurs qui déployaient le plus de génie pouvaient parvenir aux fonctions d'intendant général des terres et d'intendant général des eaux. L'institution de ces hautes dignités avait pour but de seconder les efforts du souverain en faveur de l'agriculture et de la bonne distribution des arrosages. Confucius exerça très-jeune l'intendance générale des terres; et plusieurs laboureurs se sont élevés jusqu'à l'empire en passant par ces fonctions.

Ainsi protégée, l'agriculture est arrivée en Chine, depuis plusieurs siècles, au plus haut degré de perfection. C'est à peine si l'on peut croire ce que disent nos pieux missionnaires, du réseau de canaux et de rigoles d'irrigation dont ce vaste pays est couvert, de fleuves entièrement détournés de leur cours naturel, de lacs très-étendus creusés pour servir de réservoirs, enfin de la fertilité des campagnes et de la perfection de toutes les cultures.

Des principes et des mœurs analogues existèrent parmi les Perses au temps de leur prospérité. Chez ce peuple, au huitième jour du mois nommé *chorremruz*, les rois mangeaient avec les cultivateurs. De plus, ils donnaient l'exemple du travail manuel. Ainsi il est dit dans l'Écriture, au sujet du fameux festin d'Assuérus, que ce prince le fit préparer dans un jardin qu'il cultivait de ses propres mains. D'après Xénophon, Socrate signalait à ses disciples, comme digne d'admiration, la sollicitude du roi de Perse pour les intérêts de la terre, les inspections agricoles qu'il faisait lui-même, celles qu'il confiait à des officiers sûrs, la manière dont les gouverneurs étaient punis ou récompensés suivant l'état de culture de leurs provinces; enfin le soin avec lequel, sur divers points de l'empire, les plus rares productions de la terre étaient réunies dans de vastes jardins appelés paradis.

L'exemple avait été donné par le grand Cyrus, qui plein de sollicitude pour l'agriculture, même dans ses conquêtes, tenait à ce que les cultivateurs, respectés des soldats, pussent pendant la guerre vaquer librement à leurs travaux. Xénophon rapporte les conventions que Cyrus fit sur ce point avec le roi de Babylone.

La haute intendance des irrigations était, sous le nom de *Mir-ab*, l'une des premières dignités de l'empire persan. Daniel l'exerça durant la captivité de Babylone ; et elle s'est perpétuée jusqu'à nos jours dans plusieurs États de l'Asie, notamment en Perse et dans le Jarkand en Tartarie.

Strabon atteste que les anciens rois de Phrygie, de Lydie et de Cappadoce honoraient singulièrement l'agriculture. L'un des plus curieux vestiges de cette protection est le lac Coloé qui fut creusé par Gygès, et dont parle Homère. Il recevait les eaux débordées de l'Hermus et du Pactole, et les rendait aux terres dans les temps de sécheresse.

Déjotare, roi de Bithynie, voulut que Diophanes lui dédiât son livre d'agriculture. Attale, roi de Pergame, en composa lui-même un sur ce sujet.

L'agriculture était honorée au plus haut point par les rois de la Grèce primitive, puisque ces princes, d'après les récits d'Homère, donnaient, eux et leur famille, l'exemple du travail de la terre, du soin des troupeaux et de la simplicité rurale. Cette simplicité s'accordait d'ailleurs parmi eux, comme chez les patriarches, avec une grande opulence.

Plus tard ces principes sont moins observés ; aussi les mœurs des Grecs s'éloignent de l'agriculture dans cette partie de leur histoire qui est le mieux connue ; d'où résulta bientôt leur décadence.

Cependant la gloire qu'acquit Aristide en faisant revivre les lois de Solon, protectrices de l'agriculture ; la prééminence accordée dans toutes les républiques à la profession de cultivateur sur celle d'artisan ; la nécessité de cette prééminence proclamée par les plus célèbres philosophes, Socrate, Platon, Aristote, Xénophon ; l'exemple assidu du travail agricole donné par de grands hommes, notamment par Philopœmen, le héros de la ligue achéenne ; plus de soixante auteurs d'agriculture grecs dont les noms nous sont parvenus, et parmi lesquels se trouve Hiéron, roi de Sicile : voilà bien des preuves que les anciennes traditions, sur l'honneur et la protection que le gouvernement doit à l'agriculture, étaient loin encore d'être éteintes dans cette période où la Grèce a jeté tant d'éclat.

Si nous passons à Rome, la ville éternelle, voici ce que nous apprend Plutarque des encouragements accordés à l'agriculture par son second roi.

« Numa, dit Amyot dans sa traduction, voulant

« donner à ses subjects le labourage de la terre,
« comme un breuvage qui leur fist aimer la paix,
« et désirant les faire adonner à ce métier pour
« addoucir leurs mœurs, il départit tout le territoire
« en certaines portions qu'il appela *Pagos,* en chacune
« desquelles il ordonna des contre-rolleurs et visiteurs
« qui allassent partout ; et lui-même quelquefois y
« alloit en personne, conjecturoit par le labeur, les
« mœurs et la nature de chacun ; et ceux qu'il con-
« noissoit diligents, il les avançoit aux honneurs, il
« leur donnoit autorité et crédit ; et ceux qu'il trou-
« voit lâches et paresseux, en les tensant et les repre-
« nant les émendoit. »

« Ancus Marcius, le quatrième roi de Rome, » dit Denys d'Halicarnasse, « ne recommandait rien tant à
« ses sujets après le culte des dieux, que le labour
« de la terre et le soin des troupeaux. »

L'agriculture étant ainsi honorée à Rome dès le principe, les mœurs rustiques devinrent au plus haut point celles du peuple-roi, et la protection due à l'agriculture fut la base de sa constitution républicaine.

« La distinction et les rangs des citoyens, dit Pline,
« se tiraient de l'agriculture. Les tribus les plus ho-
« norables étaient les tribus rurales, composées des
« citoyens possesseurs de terres. Les tribus urbaines,
« dans lesquelles il était infamant d'être transféré,
« étaient méprisées. »

Les patriciens (*patres*) étaient, nous apprend Cicéron, les pères de famille cultivateurs ; ceux qui formaient le sénat (*senes*) étaient les plus âgés de ces laboureurs. Les affaires publiques se traitaient tous les neuf jours (*nundini*), et le reste du temps était consacré aux travaux de la campagne. Survenait-il des affaires pressées, on faisait convoquer les sénateurs par des messagers appelés *viatores*.

Une mauvaise culture, dit Pline, attirait la réprimande des censeurs, et le plus grand éloge qu'ils crussent pouvoir faire d'un citoyen, c'était de le déclarer bon cultivateur. Les récompenses publiques consistaient en pièces de terre. Pendant longtemps on n'accorda pas au delà de ce que le général ou le consul victorieux pouvait labourer lui-même en un jour ; puis on porta jusqu'à sept arpents l'étendue de ces récompenses. Curius Dentatus, vainqueur de Pyrrhus et des Samnites, sept fois triomphateur, refuse un don plus considérable, qui lui est offert pour d'immenses services publics. « Celui qui ne sait pas « se contenter de sept arpents, dit-il, est un mauvais « citoyen. » Combien pourrions-nous rappeler ici de traits de magnanimité, de grandeur d'âme, de désintéressement modeste, que l'histoire transmet à la postérité comme autant d'exemples à suivre !

Cincinnatus labourait au Vatican ses quatre arpents de terre. Son corps était nu et couvert de poussière, lorsqu'un viator lui apporte les honneurs de la dictature. « Couvre-toi, lui dit le viator, pour que je « t'annonce l'ordre du peuple romain. » Cincinnatus obéit, reçoit les insignes de la dignité suprême, et dit tristement en s'éloignant de sa charrue : « Mon « champ ne sera donc pas labouré cette année. »

Lorsque Régulus commandait les armées romaines contre les Carthaginois, le sénat résolut de prolonger son consulat, afin qu'il pût terminer la guerre. Le grand citoyen fait remarquer que ses terres souffriront beaucoup de son absence, et demande qu'il lui soit permis de retourner chez lui; le sénat refuse, et décide que le champ du Consul sera cultivé aux frais de l'État.

Les noms patronymiques des plus nobles familles étaient tirés du vocabulaire de l'agriculture, et montraient à la postérité dans quelle partie de cet art avaient excellé les auteurs de ces races illustres. Tels sont Lentulus (*lens*, lentille), Fabius (*faba*, fève), Pison (*pisum*, pois), Cicéron (*cicer*, pois chiche), Bubulcus (bouvier), Porcius (porcher), Caprarius (chévrier). Licinius, auteur de la fameuse loi licinienne, avait été surnommé *Stolo* parce qu'il cultivait ses arbres avec tant de soin, qu'il était impossible de trouver au pied un seul rejeton (*stolo*).

Les monnaies étaient frappées à l'effigie du bétail (*pecus*), d'où est resté aux métaux monnayés le nom de *pecunia*.

Faire pâturer, ou couper la nuit furtivement la récolte d'un champ cultivé, était, suivant la loi des douze tables, un crime puni par le gibet. De même le meurtre d'un bœuf de labour était assimilé à l'homicide. Des jeux publics étaient célébrés en honneur de cet animal utile, et s'appelaient *Bubétiens*.

Avec une telle protection, l'agriculture romaine parvint au plus haut degré de prospérité.

« C'est ainsi, s'écrie Virgile, que la forte Étrurie a
« pris croissance; c'est ainsi que Rome est devenue
« la reine des cités, embrassant les sept collines dans
« son enceinte immense. »

« Mais peu à peu les pères de famille, dit Varron,
« abandonnant la charrue, se glissèrent à la ville,
« et aimèrent mieux agiter leurs bras au théâtre ou
« au cirque que dans les champs et dans les vignes. »
Bientôt après, les guerres civiles s'allumèrent, la liberté s'éteignit; et la campagne de Rome commença à devenir ce qu'elle est encore de nos jours, un triste et morne désert.

Ce changement frappait tous les esprits sous les premiers empereurs. On croyait à une lassitude du sol, à une inclémence particulière des saisons.

« D'où provenait, s'écrie Pline, l'antique fertilité
« de nos champs? C'est que les généraux les culti-
« vaient alors de leurs propres mains. La terre était
« heureuse de voir la charrue couverte de lauriers,
« et conduite par des triomphateurs; ceux-ci ap-
« portaient à leurs cultures le même génie qu'au

« champ de bataille et dans les camps. C'est ainsi
« que le travail manuel de l'homme distingué réussit
« mieux à cause de l'intelligence qui le dirige.

« Cette même terre, qui la cultive aujourd'hui?
« Des hommes condamnés, chargés de chaînes, au
« front marqué d'infamie! Serait-elle devenue sourde,
« elle que nous appelons notre mère et qui réclame
« nos soins? Non, mais elle reçoit malgré elle et avec
« indignation, le travail d'esclaves déshonorés. Et
« nous, nous nous étonnons que ce travail ne soit
« pas productif comme l'était celui des anciens héros
« de la république! »

## CHAPITRE XXIV

SUITE DU CHAPITRE PRÉCÉDENT; EXEMPLES TIRÉS DE L'HISTOIRE MODERNE.

> Tout fleurit dans un Etat où fleurit l'agriculture. SULLY.
>
> Pauvres paysans, pauvre royaume.
> Pauvre royaume, pauvres paysans.
> (*Mots que Quesnay décida un jour Louis XV à écrire de sa propre main.*)

Dans les temps modernes comme dans l'antiquité, ce sont les gouvernements les plus célèbres par une véritable grandeur qui ont le mieux honoré et encouragé l'agriculture. Il suffisait d'abord de seconder en ce sens la puissante action du christianisme. Nous avons déjà parlé des exemples que donnèrent à cet égard plusieurs princes, notamment Charlemagne le plus illustre de tous. On voit par le capitulaire *de Villis*, que ce grand homme, maître de tout l'Occident, ne dédaignait pas de s'occuper lui-même de la culture de ses domaines.

Saint Louis montrait pour les pauvres laboureurs une grande sollicitude. Il leur distribuait des secours et disait souvent : « Les serfs appartiennent à Jésus-« Christ comme nous; et dans un royaume chrétien « nous ne devons pas oublier qu'ils sont nos frères. »

Sous son règne il se fit de vastes défrichements, et c'est aussi sous ce règne glorieux qu'a paru le premier traité d'agriculture écrit en France. L'auteur que nous avons eu déjà occasion de nommer, est Vincent de Beauvais, précepteur des enfants du roi et célèbre par sa science.

Louis XII si chéri du peuple s'efforçait surtout d'alléger les impôts qui pesaient sur le cultivateur. « Ce bon roi, » disaient les populations rurales accourant de trois et quatre lieues pour le voir, « main-« tient la justice et nous fait vivre en paix. Il a ôté « la pillerie des gens d'armes et gouverne mieux « qu'aucun roi ne fit. Prions Dieu qu'il lui donne « bonne vie et longue. »

Les efforts d'Henri IV pour honorer et encourager l'agriculture étaient de tous les instants. Son ministre Sully le secondait avec ardeur, convaincu, disait-il, *que pâturage et labourage sont les mamelles de la France, les vraies mines et trésors du Pérou.*

Alors la liberté fut donnée au commerce des grains, et cela au grand avantage de l'agriculture, dont les produits trouvèrent les débouchés étendus qui leur avaient manqué jusqu'alors. Les tailles, cet impôt qui pesait presque exclusivement sur les laboureurs, furent fortement diminuées; on encouragea partout les plantations, les défrichements, le dessèchement des marais.

Un Anglais contemporain, Hartlib, parle des récompenses données par le roi pour la culture des prairies artificielles. C'est également à Henri IV que la France doit l'extension de la culture du mûrier, qui enrichit aujourd'hui plusieurs de nos départements du Midi. Il se mit en rapport à ce sujet avec Olivier de Serres, qui planta par son ordre vingt mille pieds de mûriers dans le jardin des Tuileries. C'était dans le livre écrit par cet agronome célèbre sous le titre *Théâtre d'Agriculture* que le roi puisait ses connaissances agricoles. « Quatre mois durant, dit « Scaliger, il se le faisait apporter après dîner; il est « fort impatient, et si il lisait une demi-heure. »

Henri IV affectionnait les laboureurs; dès sa jeunesse il prenait plaisir à les visiter et à les entretenir amicalement; ce plaisir, il ne s'en abstint ni dans ses plus rudes traverses, ni dans ses prospérités. A une époque où l'on essaya souvent de l'assassiner, quelqu'un lui parlait du danger d'entrer seul chez des paysans. « Je n'ai jamais entendu dire, « reprit-il, qu'un roi ait été tué dans une chau- « mière. »

Le grand Frédéric, d'après ses propres *Mémoires,* s'occupait lui-même du partage des biens communaux, de leur défrichement, de la mise en ordre des champs morcelés, de l'assainissement du sol. Grâce à ses efforts deux mille familles purent habiter, près de l'Oder, un terrain qui jusqu'alors se trouvait toujours submergé. Après la guerre de Sept-Ans les campagnes qui avaient le plus souffert du passage et du séjour des armées sont exemptées de l'impôt; les grains approvisionnés pour les troupes sont distribués aux cultivateurs, afin qu'ils puissent ensemencer les champs dévastés. Les chevaux de l'artillerie sont attelés aux charrues. A ces premiers secours succèdent bientôt de nouveaux bienfaits. Deux cents millions sont dépensés en améliorations de tout genre. Six cents villages sont établis dans des lieux déserts; d'immenses friches sont rendues à la culture, et la population prussienne s'accroît rapidement d'un tiers, fait merveilleux après tant de guerres et de dévastations.

Les successeurs de Frédéric restent fidèles pour la plupart aux traditions du grand roi. L'un d'eux, pénétré de l'importance de l'enseignement agricole, retient près de lui le célèbre agronome Thaër, originaire du Hanovre et médecin du roi d'Angleterre. Il lui fait présent d'un magnifique domaine, à la condition de fonder en Prusse une école d'agriculture. Telle a été l'origine du célèbre institut de Mœgelin.

Marie-Thérèse a de même protégé l'agriculture. Elle s'occupait surtout de l'amélioration des troupeaux. Par ses soins des écoles de bergers ont été créées en Autriche, et les laines de Hongrie ont été singulièrement perfectionnées. Les paysans, touchés de sa tendre sollicitude, disaient aux étrangers en montrant leurs champs : *Voilà les terres de la reine.*

Initié aux véritables intérêts du peuple par les leçons de cette grande princesse, son fils Léopold Ier, qui fut d'abord duc de Toscane, régénéra l'agriculture de ce beau pays. A son avénement les terres n'étaient cultivées avec succès que sur les points les plus fertiles. Léopold abolit les abus contraires aux progrès, fit d'excellentes lois rurales, honora les cultivateurs, s'occupa lui-même de la multiplication du bétail et de l'amélioration des races. Aussi, sous son règne de vingt-sept années, les champs cultivés doublèrent en étendue, la valeur des terres s'accrut d'un tiers, la population d'un quart, et les revenus de l'État d'un sixième.

L'Allemagne tout entière a suivi, au sujet des encouragements à donner à l'agriculture, l'exemple de l'Autriche et de la Prusse; partout aujourd'hui l'enseignement agricole y est organisé. En Wurtemberg, c'est dans son château d'Hohenheim que le roi a fait établir par le célèbre Schwertz un institut agricole; en outre, il cultive lui-même sept de ses domaines, y fait entretenir avec soin les plus précieuses races d'animaux, et visite presque tous les jours l'une ou l'autre des quatre fermes modèles qui avoisinent le palais de Stuttgard. Dans toute l'Allemagne, des titres honorifiques sont accordés aux cultivateurs distingués. En Prusse et en Wurtemberg le premier de ces titres est celui de conseiller intime de Sa Majesté, avec qualification d'Excellence et de ministre d'État. Ceux qui le portent travaillent avec le souverain, dont ils sont les conseillers réels. Dans le Wurtemberg, plusieurs sont revêtus de cette haute dignité; l'agronome prussien Pabst l'a reçue de son souverain.

L'Espagne et le Portugal, ces pays qui, après avoir été florissants, sont tombés en décadence et semblent aujourd'hui rentrer dans la voie du progrès, ont eu, à l'époque de leur splendeur ancienne, des souverains amis de l'agriculture. Tels ont été, en Portugal, Denis Ier, honoré du titre de roi-laboureur, et sainte Élisabeth, qui élevait et mariait les filles de cultivateurs pauvres. L'Alsace se souvient qu'elle doit à Charles-Quint l'introduction de la culture de la garance; preuve de la sollicitude qu'inspirait à ce grand prince l'agriculture de sa vaste monarchie. Philippe III anoblissait les personnes d'un certain rang qui quittaient la ville pour embrasser la vie agricole.

Conformément à d'antiques traditions, le roi actuel de Suède présidait lui-même, il y a peu d'années, une assemblée d'agriculteurs. Dans ce pays si avancé dans la bonne voie, malgré l'âpreté de son climat, les laboureurs étaient représentés dès le moyen âge par un ordre particulier, appelé à soutenir leurs intérêts.

Tout ce qui précède a été surpassé en Angleterre.

« Voyez, disait Élisabeth aux lords qui affluaient à
« sa cour, ces nombreux vaisseaux entassés dans le
« port de Londres : ils y sont les flancs vides, les
« voiles abattues, sans majesté, sans utilité ; suppo-
« sez que leurs voiles se gonflent pour gagner l'im-
« mensité des mers, ils deviennent à l'instant grands,
« majestueux et superbes. » (Léonce de Lavergne.)

Comprenant ces hautes leçons, l'aristocratie anglaise, au lieu d'affluer à la cour, s'est attachée à la terre. La ville n'est pour le lord anglais qu'une résidence passagère ; c'est à la campagne qu'il demeure, c'est là qu'il se plaît, c'est là qu'il donne ses fêtes. Entouré de ses fermiers et vivant surtout des revenus que leurs travaux lui procurent, il s'intéresse à eux, dépense en améliorations utiles une partie de sa fortune, tient à honneur d'avoir son domaine couvert de riches moissons, et s'occupe souvent lui-même des détails pratiques de l'agriculture. Ainsi c'est un duc d'Argyle qui a amélioré en Écosse l'espèce bovine West-Highland; lord Townsend a propagé et perfectionné la culture des turneps. Le duc de Bedford, dont la statue se voit sur un des squares de Londres, a livré à l'agriculture d'immenses marais. Citerai-je les ducs de Leicester, lord Brougham et tant d'autres, que le pays reconnaissant range parmi ses meilleurs praticiens? Le prince Albert tient à honneur d'être compté lui-même au nombre des cultivateurs et de participer aux progrès de l'art. Il dirige la ferme du palais de Windsor et plusieurs domaines dans l'île de Wight, améliore le bétail, envoie ses animaux aux concours publics. L'Angleterre lui sait gré d'avoir créé une race des plus précieuses de l'espèce porcine. Dans ses loisirs, la reine Victoria elle-même s'occupe de la basse-cour de son palais; on lui doit aussi divers progrès notables.

Grâce à de tels exemples, quels prodiges n'a pas accomplis l'agriculture anglaise! Peu favorisés pour la production céréale, sous le rapport du climat et du sol, les Anglais avaient longtemps tiré de France une partie des grains nécessaires à leur nourriture; mais dans le cours du xviii$^e$ siècle la culture fait chez eux de tels progrès, qu'à leur tour ils peuvent vendre à d'autres pays, notamment à la France elle-même, de grandes quantités de blé. Bientôt par suite de cette prospérité, les habitants du Royaume-Uni deviennent si nombreux, que tous les produits du sol se trouvent absorbés; alors il est posé en principe que, quelle que soit la population, l'agriculture nationale doit la nourrir, et pour sauvegarder l'exécution de cette règle, on frappe de droits prohibitifs les importations de denrées alimentaires.

Tel était l'état des choses, lorsqu'en 1845 une sorte de lèpre attaque la pomme de terre, dont il se faisait alors une immense consommation dans les îles Britanniques. L'Irlande meurt de faim; l'Angleterre et l'Écosse sont sur le point d'être décimées par la famine. Pour sauver le pays sir Robert Peel fait supprimer les droits qui frappaient les grains tirés de l'étranger; aussitôt les produits de l'agriculture subissent une baisse énorme, et les bénéfices du cultivateur sont momentanément anéantis.

Loin de se décourager, l'agriculture anglaise redouble d'énergie; elle déclare plus haut que jamais que c'est à elle qu'il appartient de nourrir le pays et qu'elle saura bien y parvenir malgré la concurrence de l'univers entier. Bientôt le drainage transforme d'immenses espaces que l'excès d'humidité rendait infertiles, et il semble qu'une seconde fois l'Angleterre sorte des eaux. La vapeur y est mise au service de la ferme comme force motrice, et elle accomplit une multitude de travaux avec une admirable économie. Une habileté nouvelle préside à la construction de la charrue et de toute espèce d'instruments aratoires; la terre est ameublie et fouillée à des profondeurs inusitées; les champs sont nettoyés et sarclés comme les planches d'un jardin, puis moissonnés avec le secours de ces mêmes chevaux qui y ont traîné la charrue. Plusieurs races de bestiaux déjà merveilleusement améliorées, reçoivent de nouveaux perfectionnements. Les déjections du bétail sont recueillies à l'état liquide et lancées par des pompes dans des tuyaux qui se ramifient sur toutes les parties du domaine. L'engrais, ce sang de la ferme, circule comme le sang dans les veines des animaux. Ainsi s'accomplissent sous un ciel brumeux les merveilles de la végétation intertropicale. Une prairie donne jusqu'à six coupes abondantes.

Revenant à la France, nous constatons avec douleur que sous les règnes de Louis XIII, de Louis XIV, de Louis XV, la noblesse française s'est éloignée de la terre pour se presser à la cour, et que loin de s'opposer à ce mouvement, les trois souverains que nous venons de nommer l'ont favorisé. A l'exemple des sommités du pays, chacun alors a délaissé la campagne, méprisé l'agriculture et pressuré le cultivateur; une décadence générale s'en est suivie, notre belle terre de France a été désolée, et l'abîme des révolutions s'est ouvert.

Bien que dès 1776 d'heureuses réformes se soient accomplies, ce n'est réellement qu'à partir de l'époque glorieuse du Consulat que l'agriculture française a commencé à renaître. Depuis cet instant jusqu'à nos jours elle a fait de notables progrès. D'après les savantes recherches de M. de Lavergne, le produit du bétail a doublé et celui des champs a quadruplé.

Aujourd'hui la France compte bon nombre de personnes riches et éclairées qui s'occupent de leurs domaines, à la manière des lords anglais. Quant au souverain actuel, ne lui devons-nous pas cette justice, qu'il honore et favorise l'agriculture avec plus d'intelligence et sollicitude que ne l'a fait aucun des princes qui se sont succédé depuis Louis XVI? Combien cependant l'agriculture anglaise est encore supérieure à la nôtre! A étendue égale, les produits agricoles des îles britaniques seraient presque doubles de ceux de notre patrie, si l'on s'en rapporte aux statistiques. Quant aux mœurs envisagées sous le rapport de la vie de campagne et de la profession rurale, elles sont totalement différentes entre les deux pays; en France la ville est le séjour préféré; les professions urbaines sont les plus estimées; les capitaux affluent plutôt de l'agriculture à l'industrie que de l'industrie à l'agriculture.

Le mal est venu d'en haut, c'est d'en haut que le remède doit venir. Nous avons trop de confiance dans la sagesse de nos concitoyens pour ne pas croire que ce remède sera complet, et que dans un temps rapproché il se produira en France un retour sérieux et général des classes éclairées vers la vie des champs.

## CHAPITRE XXV

SAVOIR AGRICOLE; SAVOIR PRATIQUE, SAVOIR PHILOSOPHIQUE OU THÉORIQUE.

> La science de l'agriculture est l'âme de l'expérience.
> OLIVIER DE SERRES.

Pour s'occuper efficacement des intérêts de l'agriculture, à plus forte raison pour cultiver avec succès, il ne suffit pas d'une volonté bien assise; il faut posséder des connaissances solides et variées. En d'autres termes, le *savoir agricole* est le complément nécessaire du *vouloir agricole.*

L'habileté aux divers travaux de la ferme constitue le premier degré de ce savoir; partie *primaire* indispensable à tout cultivateur, même à celui qui opère sur une trop grande échelle pour pouvoir habituellement s'occuper d'autre chose que de la direction.

En effet, comme nous l'avons établi au sujet du travail salarié, loin de faire exception à l'axiome *qui ne sait agir ne sait diriger*, l'agriculture exige tout particulièrement, par suite de l'extrême variété de ses travaux, le coup d'œil rapide de l'homme du métier. De plus, en bien des cas rien ne peut remplacer l'intervention du chef, laquelle s'appliquant à l'instant même du besoin, prévient les négligences et les pertes, comme la pincée d'étoupe introduite dans la carène du navire ferme la voie d'eau qui peu à peu le ferait couler à fond.

Sur la fin d'une moisson, par exemple, au moment où tous les signes d'un prochain orage se manifestent, la chaleur devenant insupportable, le travail devient languissant; eh bien, que les gerbes, enlevées par le bras puissant du maître, volent sur le char; alors chacun se ranime; les voitures, qui arrivent à fond de train, sont chargées avec une merveilleuse promptitude. Surviennent les premières gouttes de pluie; mais déjà le dernier char orné du bouquet triomphal rentre dans la grange, au milieu des chants joyeux des moissonneurs.

Ce n'est pas tout. Le cultivateur doit savoir bien vendre et bien acheter, combiner les travaux entre eux, juger rapidement du temps et des distances. Il existe sur ces points, comme pour le travail manuel, une suite d'habitudes que l'exercice et l'expérience peuvent seuls donner. L'habitude n'est-elle pas nécessaire en tout et partout? Un notaire, par exemple, ne doit-il pas joindre aux connaissances théoriques de son état ce savoir d'habitude qu'on nomme la pratique des affaires? De même, sans le savoir d'habitude agricole, en d'autres termes, sans la *pratique agricole*, il ne saurait y avoir de culture judicieusement exécutée dans son ensemble.

C'est sur les champs paternels qu'on se forme

le mieux à la pratique. L'enfant y travaille de lui-même avec une certaine satisfaction, en même temps que ses parents, pleins d'une sollicitude toute naturelle, proportionnent sa tâche à ses forces. Par là nous n'entendons pas dire qu'il soit rigoureusement indispensable de recevoir ces premières notions sur une ferme où l'on serait né; nous établissons seulement qu'il importe de se façonner de bonne heure à l'agriculture par un exercice analogue à celui qui occupe les fils de cultivateurs.

L'art agricole se bornerait-il à ce savoir pratique ou d'habitude?

« Je sçay, dit à ce sujet Bernard Palissy, que toute
« folie accoustumée est prinse comme par une loy et
« vertu : mais à ce ie ne m'arreste, et ne veux aucu-
« nement estre imitateur de mes prédécesseurs, sinon
« en ce qu'ils auront bien fait selon l'ordonnance de
« Dieu. Ie voy de si grands abus et ignorances en
« tous les arts, qu'il semble que tout ordre soit la
« plus grand part perverti, et qu'un chacun laboure
« la terre sans aucune philosophie, et vont toujours
« le trost accoustumé, en ensuivant la trace de leurs
« prédécesseurs, sans considérer les natures, ny
« causes principales de l'agriculture.

« *Demande.* Tu me fais à ce coup plus esbahir
« de tes propos, que ie ne fus oncques. Il semble à
« t'ouïr parler qu'il est requis quelque philosophie
« aux laboureurs, chose que je trouve estrange.

« *Réponse.* Ie te dis qu'il n'est nul art au monde,
« auquel soit requis une plus grande philosophie qu'à
« l'agriculture, et te dis, que, si l'agriculture est
« conduite sans philosophie, que c'est autant que
« iournellement violer la terre, et les choses qu'elle
« produit, et m'esmerveille que la terre et natures
« produites en icelle, ne crient vengeance contre cer-
« tains meurtrisseurs, ignorans et ingrats qui iour-
« nellement ne font que gaster et dissiper les arbres
« et plantes, sans aucune considération. Ie t'ose aussi
« bien dire, que si la terre estoit cultivée à son devoir,
« qu'un journaut produiroit plus de fruit que non pas
« deux, en la sorte qu'elle est cultivée iournellement.

Voilà donc auprès du *savoir pratique*, un *savoir philosophique* qui doit éclairer l'autre et l'empêcher de devenir pure routine. Pour l'acquérir il suffit de porter un regard intelligent sur tout ce qui tient à la terre.

« Celle-ci, dit Xénophon, ne trompe jamais : elle
« dit franchement ce qu'elle peut ou ne peut point. »

Faciles pour quiconque sait raisonner, ces observations sont cependant en général au-dessus de la portée de l'homme dont l'intelligence est demeurée inculte; car nous l'avons remarqué tout à l'heure, il est pour l'esprit comme pour le corps, une habitude d'agir, une véritable pratique qu'on n'acquiert qu'à la suite d'un long exercice.

Former par l'instruction l'esprit de l'enfant destiné

à devenir agriculteur, c'est donc le mettre à même de montrer un jour une grande aptitude pour sa profession.

A l'appui de cette vérité combien de faits se révèlent à nous! En Angleterre le pays par excellence du progrès cultural, est-il une classe plus éclairée que la classe agricole? A Rome, si les patriciens exerçaient l'agriculture avec tant d'honneur, n'était-ce pas que dès la jeunesse leur intelligence était merveilleusement exercée par le soin des affaires publiques? En Palestine, cette autre contrée dont nous avons admiré l'antique splendeur rurale, mêmes rapports entre l'agriculture et l'instruction libérale, puisque tous les Israélites, citadins ou paysans, devaient dès l'enfance étudier les écritures sacrées et les copier au moins une fois? En France n'est-ce pas sur les points où l'école primaire est le moins suivie que l'agriculture est encore aujourd'hui le plus arriérée? Dans chaque village, les jeunes gens disposés au progrès ne sont-ils pas ceux auxquels le service militaire a ouvert l'esprit? Enfin, à part quelques exceptions, les améliorations rapides ne viennent-elles pas d'hommes qui ont joui du bienfait d'une instruction largement développée? Malheureusement on ne parle pas d'agriculture à la jeunesse dans le cours des études libérales, de sorte que ces études, d'après leur direction actuelle, disposent à toute autre carrière plutôt qu'à celle qu'on dit être la plus libérale. D'où il résulte que, « un chacun, » comme disait Palissy, « tasche à s'agrandir et cherche des « moyens pour sucer la substance de la terre sans « y travailler; et cependant on laisse les pauvres « ignares pour le cultivement de la terre, et ce qu'elle « produit est souvent adultéré. »

Le savoir philosophique agricole n'est pas seulement nécessaire au cultivateur, il devrait être encore répandu dans toutes les classes éclairées. Ainsi que nous l'avons déjà fait remarquer, sans connaissances agricoles le propriétaire ne peut assurer par une bonne administration la prospérité de ses terres. Privés de ces mêmes notions, le législateur, le juge, l'homme de loi, tous ceux enfin qui s'occupent des affaires publiques, se trouvent au-dessous de leur mandat. En effet, les intérêts du sol ne touchent-ils pas à tous les autres?

De ce que ceux même qui ne sont pas cultivateurs devraient être initiés aux principes de la culture, n'induisons pas que la seule connaissance de ces principes suffise à celui qui veut cultiver. Loin de là, — nous l'avons plusieurs fois reconnu, — la pratique du travail et de la direction est pour lui complétement indispensable; et même, les faits ont prouvé que dans le faire-valoir le théoricien sans pratique se trouve inférieur au praticien ignorant de toute philosophie agricole, science sans laquelle cependant il n'est pas possible d'atteindre à la perfection.

Cette philosophie peut du reste être acquise à deux degrés, ainsi que nous l'expliquerons dans le chapitre suivant.

## CHAPITRE XXVI

SCIENCE AGRICOLE LOCALE; SCIENCE AGRICOLE GÉNÉRALE.

> L'agriculture est tout à la fois métier, art, science.
> THAER.

Les conditions dans lesquelles se trouve le cultivateur, varient suivant une foule de circonstances qui nécessitent une multiplicité non moins grande de calculs et d'opérations. Ainsi, tel agriculteur peut comprendre parfaitement ce qui se rapporte à son exploitation, sans connaître les combinaisons appropriées à d'autres lieux. Voilà le premier degré de la science agricole : nous l'appellerons *philosophie ou science locale de l'agriculture*.

Étudions maintenant l'agriculture dans plusieurs pays ; puis, remontant aux causes naturelles, posons des principes généraux qui expliquent un grand nombre de faits connus ; voilà notre second degré : *philosophie ou science générale de l'agriculture*.

Cette science générale de l'agriculture appelle à son aide plusieurs autres sciences : la chimie, pour l'étude des principes constituants du sol, des engrais et de l'air ; la physique, pour la connaissance des forces sous l'influence desquelles la matière subit ces merveilleuses transformations que le cultivateur dirige à son profit ; la mécanique, pour découvrir les meilleurs moyens d'utiliser toute espèce de force ; l'hydraulique, pour parvenir à l'art raisonné des assainissements et de l'arrosage ; la géologie, pour la recherche des marnes et autres richesses cachées sous le sol ; la physiologie végétale et animale, pour comprendre jusqu'à un certain point l'organisation et les besoins des plantes et des animaux utiles ; l'entomologie, pour la recherche des moyens à employer contre les insectes nuisibles, ennemis cachés, si redoutables au cultivateur ; la médecine vétérinaire, pour parvenir à la guérison du bétail. Enfin, à l'aide de la législation, de l'histoire et de l'économie politique, la science générale agricole étudie les rapports de l'agriculture avec le commerce, l'industrie, les lois et les institutions politiques des peuples.

Du reste, cette science se fonde avant tout sur une observation consciencieuse des faits agricoles. Aussi loin de mépriser l'instinct pratique du laboureur, approfondit-elle avec scrupule tout procédé qui a pour lui la sanction du temps et de l'expérience, n'admettant rien que n'ait confirmé une longue série d'observations faites sur des cultures d'une certaine étendue. Le creuset du chimiste, le pot du fleuriste ne remplacent jamais pour elle le vaste laboratoire des champs. Ennemie du merveilleux, du transcendant, de l'exclusif, elle repousse toute espèce de préjugés ; ceux qu'une théorie présomptueuse a pu faire admettre, comme ceux qui tiennent à la routine.

Dans des circonstances ordinaires, l'agriculture peut atteindre toute perfection par la pratique aidée de la seule philosophie locale ; mais cette dernière ne suffit plus si des circonstances inusitées viennent à se produire, et l'on a vu d'excellents cultivateurs de Flandre perdre leur réputation d'habileté dans la Sologne, la Bretagne ou le Berry. La science générale de l'agriculture est une boussole très-propre à prévenir de tels naufrages ; elle est donc utile à la pratique. De ce principe incontestable si nous passons à un ordre de considérations plus élevées, la science générale de l'agriculture ne répond-elle pas au besoin d'aliments que l'intelligence, développée par l'instruction libérale, éprouve plus encore dans le calme des champs qu'au milieu du bruit des cités ?

En résumé, nous découvrons deux genres de connaissances agricoles : *savoir pratique* et *savoir philosophique ou scientifique*.

Le savoir pratique est de deux sortes : l'une concerne les *travaux manuels*, l'autre la *direction*. Le savoir scientifique est également de deux sortes : *local* et *général*.

Cette division explique plusieurs idées qu'au premier aperçu on jugerait contradictoires.

*On en sait toujours assez pour conduire un train de culture*, répète souvent le vieux laboureur imbu du savoir pratique. C'est que ce savoir n'est en effet, comme nous l'avons vu, qu'un fruit de l'habitude. On l'acquiert par l'exercice du corps et des sens, et non par l'étude. Il est vrai qu'il s'éclaire ensuite du savoir scientifique; mais c'est là précisément ce que ne veut pas se dire et encore moins s'entendre dire le cultivateur étranger à ce second savoir. L'amour-propre lui persuade que, s'il est ignorant en toute autre chose, il est très-habile dans sa profession; et il ferme les yeux pour ne pas voir.

Xénophon établit, d'après Socrate, que les préceptes d'agriculture sont de la plus grande simplicité, qu'on les découvre soi-même par une observation intelligente; dans sa pensée il ne s'agit que du savoir philosophique local, si facile en effet à acquérir pour tout homme doué d'une certaine dose d'intelligence.

Enfin, dans la préface de son livre *de Re rustica*, Columelle déplore que les premiers personnages de la république romaine aient abandonné l'agriculture, si dignement exercée par leurs aïeux, et que le Latium, cette terre de Saturne où les dieux avaient eux-mêmes enseigné l'agriculture, en soit venu à demander sa subsistance au delà des mers.

« Peut-on s'en étonner, ajoute l'auteur, puis-
« qu'il entre aujourd'hui dans le sentiment public
« que l'agriculture est une occupation vile, et qui
« n'exige nulle instruction? Mais moi, si je l'envisage
« dans son ensemble, si je compte le nombre de
« ses branches, le corps entier me semble tellement
« vaste, les détails m'apparaissent si nombreux, que
« je crains d'arriver à mon dernier jour avant de
« connaître toute la discipline agricole. »

L'agronome latin établit ensuite que l'agriculture touche à toutes les sciences : évidemment il désignait ce que nous venons de nommer *science générale*.

Cette nature variée du savoir agricole tient à ce que l'agriculture, étant la *profession par excellence du genre humain*, doit se trouver à portée de tous, de l'ignorant comme du savant. A l'aide du seul savoir pratique elle peut être exercée par l'homme le moins éclairé. Dans de telles conditions la terre est sans doute *adultérée*, comme le disait Palissy; mais enfin l'art le plus nécessaire se soutient et nous fait vivre, lorsque tout autre genre de savoir s'éteint. D'un autre côté, puisque l'homme possède un rayon de l'intelligence divine, l'agriculture devait offrir à cette précieuse faculté tous les moyens possibles de s'étendre et d'agir. Et en effet non-seulement elle exerce comme science locale le raisonnement de l'homme éclairé, mais encore elle présente comme science générale le plus vaste sujet d'étude. Ainsi chacun peut lui consacrer ses aptitudes innées.

Ce sont les principes de la science générale de l'agriculture dans leur application à la France qui font le sujet de cet ouvrage. Après avoir effleuré les questions morales, sociales et religieuses, il nous reste à étudier le côté pratique.

Ce sujet, qui forme la seconde partie de notre travail, se divise lui-même en cinq sections.

Dans la première, par un coup d'œil sur la marche et sur les besoins de la végétation, sur la nature des terres, enfin sur nos différentes régions climatériques, nous chercherons à déterminer les circonstances naturelles qui influent sur notre agriculture.

Dans la seconde nous passerons en revue les principales opérations agricoles, travaux de culture, apport de substances fertilisantes, assainissements, irrigations, etc.

Dans la troisième nous examinerons toutes les plantes cultivées en grand sur le territoire national.

La quatrième aura pour objet l'économie du bétail et la description des races d'animaux qui intéressent le plus l'agriculture française.

La cinquième traitera de l'exploitation dans son ensemble et des divers systèmes agricoles.

# DEUXIÈME PARTIE

### L'AGRICULTURE CONSIDÉRÉE AU POINT DE VUE PRATIQUE

## PREMIÈRE SECTION

### Végétation, Terres, Climats

### CHAPITRE PREMIER

GERMINATION, FLORAISON, FRUCTIFICATION, PERFECTIONNEMENT DES ESPÈCES, DÉGÉNÉRESCENCE, DIVERS MOYENS DE MULTIPLIER LES PLANTES.

L'agriculture est, comme le mot l'indique (*agri cultura*), l'art de cultiver les champs en vue d'une abondante production de végétaux utiles. Celui qui veut élever un animal, cherche d'abord à en connaître les mœurs, les besoins, les goûts; de même ce qu'il faut étudier d'abord dans l'art de l'éducation des plantes, c'est la plante dans son essence même.

Que de merveilles cette étude nous fait découvrir!
La moindre graine renferme le principe du végétal

entier ; ce principe attend pour sortir de son inertie l'action simultanée de l'humidité, de l'air, et d'un degré de chaleur variable suivant l'espèce. Sous l'influence de ces trois causes, dont une seule sans les deux autres, ou même deux sans la troisième ne suffiraient pas, la semence se gonfle, s'ouvre, laisse échapper la jeune plante et l'alimente de substances choisies, qui sont pour elle ce que le lait de la mère est pour l'enfant.

Un mouvement en sens contraire divise alors le végétal en deux parties, tige et racine. Celle-ci s'enfonce dans le sol, elle est comme le fondement de la plante; puis à l'aide d'innombrables suçoirs, elle tire de terre les substances qui doivent lui servir d'aliment.

Quant à la tige, elle s'élève, s'étend, et se couvre de feuilles. Ces dernières servent à la respiration des plantes comme les poumons à celle des animaux. La séve monte aux feuilles, subit dans leur tissu, sous l'action de l'air, certains changements, se répand ensuite dans tous les organes, et redescend en partie jusqu'aux racines pour leur nutrition.

Cependant la plante se développe, passe de l'enfance à la jeunesse. La fleur, ce lit nuptial des végétaux, apparaît alors. Au centre on remarque le *pistil* ou organe femelle qui renferme le rudiment du fruit, embryon prêt à recevoir la fécondation sans laquelle il se dessécherait promptement. Celle-ci a lieu par le contact d'une poussière qui s'échappe de poches, appelées *étamines*, de couleurs et de formes diverses, tenant d'ordinaire à la fleur par des filets déliés.

Tantôt les étamines et le pistil étant réunis dans la même fleur, caractérisent les espèces de plantes appelées *hermaphrodites*, telles que le blé, l'avoine, l'orge, le seigle, les choux, le panais, la carotte, la betterave, le pois, la fève, la lentille, la vesce, la luzerne, le trèfle, le sainfoin, la pomme de terre, le pavot, le tabac, le lin. Tantôt ces deux organes se trouvent sur le même sujet, mais dans des fleurs de sexe différent, les fleurs *mâles* contenant la poussière fécondante, les fleurs *femelles* l'embryon du fruit. A ce genre de plantes qu'on appelle *monoïques* appartient le maïs, dont la fleur mâle forme panache au sommet de la tige, tandis que la fleur femelle qui produira la graine, présente près de terre un épi serré. Enfin d'autres espèces, qu'on nomme *dioïques*, telles que le chanvre, le houblon, présentent fleur mâle et fleur femelle sur des sujets différents; dans ce cas, le vent et les insectes se chargent de la fécondation en dispersant au loin les poussières génératrices.

L'embryon une fois fécondé, grossit et se perfectionne aux dépens des sucs de la plante qui, dans beaucoup d'espèces, meurt après ce travail, sans pouvoir porter graine plus d'une seule fois. Tels sont le blé et les autres céréales, le pois, la fève, la lentille, le chanvre, le lin, le choux, le navet, la carotte, la betterave, la lupuline, le trèfle incarnat.

D'autres espèces peuvent fleurir et fructifier à plusieurs reprises. De ce nombre, celles-ci n'ont de vivace que la racine ; elles perdent et renouvellent leur tige après chaque fructification : tels sont la luzerne, le sainfoin, le trèfle commun ; celles-là conservent en vie tiges et racines après chaque fructification : ce sont les arbres et les arbustes, en un mot les végétaux ligneux.

Toutes les espèces vivaces, qu'elles soient herbacées ou ligneuses, peuvent persister plusieurs années. Quant à la vie des espèces aptes à une seule fructification, elle commence ordinairement à l'automne ou au printemps par la germination de la graine, et finit l'été suivant par la maturité du fruit. Il en est cependant plusieurs qui nées au printemps se développent tout l'été, sans monter en tige ; ce n'est que l'année suivante qu'elles fleurissent et fructifient après une année entière de végétation préparatoire. Elles se nomment *bisannuelles*, par opposition avec les autres qu'on dit *annuelles* : la carotte, le panais, la betterave sont rangés parmi les premières.

Du reste, les plantes d'une même espèce vivent plus ou moins, suivant diverses circonstances. Coupez plusieurs fois du seigle ou du colza sans leur permettre de fleurir, vous prolongerez leur existence au delà d'une année. Au contraire, un état maladif, la gêne qui résulte d'une plantation serrée ou d'un semis très-dru, sont autant de causes qui accélèrent la végétation aux dépens de sa durée. C'est ainsi que souvent des plantes bisannuelles deviennent annuelles. On a vu dernièrement ce fait curieux se produire sur une grande échelle dans les champs de betteraves à sucre, par suite de l'invasion d'une maladie particulière. Dans le premier cas la plante se refuse à mourir avant d'avoir accompli le grand acte de la reproduction; dans le second elle s'empresse d'y satisfaire par le sentiment de sa faiblesse.

Le blé, l'avoine, le seigle, l'orge, le lin, le colza, la navette, le pois, la vesce, la lentille, la fève, et autres plantes annuelles semées à la fin de l'été ou au commencement de l'automne, suspendent leur végétation pendant l'hiver, la reprennent au printemps et fructifient après avoir passé en terre un peu moins d'un an. Si on les sème au sortir de l'hiver, elles fructifient l'année même, ne vivant ainsi que peu de mois.

La plupart prennent à cet égard des habitudes qu'elles transmettent aux générations subséquentes, et ces habitudes, le cultivateur ne peut en général les contrarier impunément. Ainsi le blé qu'on a semé plusieurs fois de suite à l'automne, forme presque toujours une variété qui végète et fructifie mal si on la dessaisonne; et le blé qu'on aura plusieurs années de suite semé au printemps, périra souvent par les gelées d'hiver, s'il est confié à la terre dans le cours de la saison d'automne. Il en est de même des autres plantes que nous venons d'énumérer, de sorte qu'elles ont chacune des variétés automnales et des variétés printanières. Ces dernières, suivant l'époque plus ou moins avancée à laquelle on les sème, prennent l'habitude de végéter plus ou moins vite; ce qui forme encore entre elles des variétés plus ou moins hâtives.

Chaque espèce possède des caractères fixes qu'elle transmet par la semence, et tout à la fois elle présente une élasticité de nature qui lui permet de se modifier suivant les circonstances dans lesquelles elle se trouve. Ainsi, placez une plante sauvage en terrain choisi, sarclez-la soigneusement; vous en obtiendrez probablement des racines et des fruits plus charnus, des graines plus grosses, des tiges plus solides, des feuilles plus épaisses que si elle eût végété sans culture. Elle finira même, après plusieurs générations traitées avec le même soin, par donner des semences qui la feront se reproduire avec les améliorations qu'apporta dans ses organes l'art de la culture. Plus tard nous la verrons se perfectionner davantage encore pour se plier à nos goûts ou à nos caprices : le maigre filet de la carotte des prés deviendra cette racine que nous cueillons dans les jardins potagers; l'âpre poirette des bois s'adoucira pour prendre la délicieuse saveur du doyenné ou de la bergamotte. C'est la civilisation qui s'empare du règne végétal.

Afin d'augmenter nos richesses, joignons aux soins de la culture l'ingénieux moyen du mariage des fleurs. Choisissons à cet effet, pour porter graine, un sujet appartenant à celle des variétés dont nous désirons voir prédominer les caractères dans la variété future; réduisons à un petit nombre les fleurs de ce sujet; entourons ces fleurs de canevas pour que les mouches ne puissent en approcher et y porter la poussière fécondante d'autres fleurs. Dès que la floraison commence, détruisons les étamines; lorsqu'elle est complète, et que le *style* ou filet qui surmonte l'embryon du fruit laisse suinter par son extrémité supérieure une liqueur visqueuse, portons sur cette extrémité un peu de poussière fécondante prise avec un pinceau sur les étamines de la variété que nous désirons croiser avec la première; poussière qu'on peut recueillir plusieurs jours d'avance, et même conserver pendant un an dans un flacon très-sec couvert d'une feuille d'étain. De la sorte il s'opère sur le végétal un véritable croisement analogue à celui qui se fait dans nos étables par l'union de deux animaux de race différente.

De tels essais sont à la portée de tous; ils procurent à l'esprit de grandes jouissances, et offrent un immense intérêt au point de vue de l'utilité générale.

Quel service n'ont point rendu ceux qui ont découvert les meilleures variétés de pommes de terre, de vigne, de blé!

Il ne suffit pas de nous être enrichis de belles céréales, de racines charnues, de légumes savoureux, de fruits admirables; il faut encore à force de persévérance conserver ces précieuses conquêtes; et dans ce but placer chaque variété dans le sol et sous le climat qui lui conviennent, l'entourer de circonstances identiques à celles qui ont aidé à la former, en ayant soin, pendant la fécondation, de l'isoler de celles de ses congénères dont le contact altérerait ses qualités.

Cette dernière condition, sans laquelle on ne récolterait pas de semences entièrement pures, il serait impossible de l'obtenir pour certaines espèces, à cause de l'abondance de poussières séminales qu'elles répandent au loin dans l'atmosphère, si nous n'entourions nos porte-graines en fleur d'un canevas qui empêche tout contact extérieur. Ce moyen n'est même pas toujours praticable. Heureusement la nature, féconde en œuvres magnifiques, a réparti dans presque toutes les parties des végétaux, des embryons propres à les reproduire sans le secours des graines. Ce sont les *yeux* ou *jemmas* qui se trouvent depuis le tubercule souterrain jusque sur le bourgeon terminal du plus grand arbre, présentant une force reproductrice très-vigoureuse dans certains organes particuliers : *tubercules*, *oignons*, *œilletons*, *drageons*, *rejetons*.

On appelle *tubercules* certains renflements charnus des racines ou des parties basses de la tige : tels sont ceux que produisent la pomme de terre, la patate, le topinambour. Les *oignons* sont des renflements d'un autre genre, composés d'écailles superposées autour de l'embryon du futur végétal. Ils se forment sous terre; quelquefois aussi sur le sommet des tiges, à la place des graines, ainsi qu'on le remarque dans l'ail sauvage. Les *œilletons*, les *rejetons* et les *drageons* sont des pousses qui partent des racines ou du bas des tiges de certaines espèces telles que l'artichaut, le houblon, l'olivier.

Pour reproduire la plante, il suffit de mettre en terre, soit en totalité, soit en partie, l'un ou l'autre de ces organes multiplicateurs ; moyen très-usité dans la culture.

On peut enfin, pour les espèces qui n'en possèdent point de semblables, utiliser par la *greffe*, par la *bouture* ou par la *marcotte* les innombrables germes qui tantôt invisibles, tantôt apparaissant sous forme de boutons, se trouvent répandus dans presque toutes les parties des végétaux, germes sans doute moins puissants que les premiers, mais qui sont encore doués d'une grande force d'expansion.

Pour effectuer la bouture, on détache une portion du sujet-mère, et on la dépose en terre dans les conditions les plus favorables au développement des racines qui lui manquent et sans lesquelles on ne verrait pas naître de nouveaux bourgeons. — Par le marcottage, on provoque le développement des racines avant de séparer du sujet-mère la partie destinée à former le jeune sujet. — Par la greffe on soude à un végétal enraciné une pousse ou un bouton enlevés à un autre végétal. Cette portion soudée se développe suivant la variété du sujet dont elle a été détachée, fût-elle fixée sur un sujet d'une autre variété, et même en certains cas sur un sujet d'espèce voisine, de sorte que celui-ci, comme disait Virgile, *s'étonne de porter des fruits qui ne sont pas les siens.*

Tels sont les moyens de conserver les variétés qui se perdraient si l'on n'avait pas d'autre mode de multiplication que le semis des graines.

Hâtons-nous d'ajouter que ces moyens n'ont pas une efficacité absolue. Ils n'empêchent pas la plupart des variétés de dégénérer par changement de terrain ou de climat; ils ne peuvent non plus les empêcher de s'affaiblir toutes à la longue et d'arriver à une inévitable vétusté. Que font en effet la bouture, la greffe, la marcotte, si ce n'est de prolonger la vie du sujet primitif? Ainsi les meilleures variétés de poires et de pommes que préconisait Laquintinye en 1670, ont sensiblement perdu aujourd'hui de leur ancienne valeur.

Pour remplacer les variétés que le temps a fini par affaiblir, il faut en reformer d'autres par le semis, s'aidant au besoin de la fécondation artificielle, et prenant pour semence les graines les mieux formées sur les pieds les plus vigoureux des variétés qui sont reconnues pour les plus parfaites.

« J'ai vu dégénérer, dit Virgile (Géorg., l. I), des
« semences longtemps choisies et semées avec beau-
« coup de travail, si chaque année on n'avait soin de
« démêler à la main les pieds les plus élevés pour
« en tirer graine. Ainsi par une singulière fatalité tout
« tend sur terre à s'altérer et à s'amoindrir! Tel,
« si nous remontons un fleuve à force de rames,
« nos bras viennent-ils à défaillir; le courant nous
« entraîne et nous fait perdre rapidement l'espace
« déjà parcouru. »

## CHAPITRE II

### INFLUENCE DE LA CHALEUR ET DE LA LUMIÈRE SUR LA VÉGÉTATION.

Dès que la chaude haleine du printemps se fait sentir, une tendre verdure réjouit le cultivateur et fait bondir de joie ses troupeaux. La chaleur, voilà donc un des agents les plus indispensables à la végétation.

Sans chaleur, point de germination, point de croissance, point de fructification possibles. Ce dernier travail, qui s'opère par une sorte de coction des sucs accumulés dans la plante, exige pour chaque espèce une température plus élevée que celle qui détermine la formation des tiges, des feuilles et des fleurs. La nature l'indique : le printemps à température douce est la saison de la verdure et des fleurs ; l'été aux feux brûlants est celle des fruits.

Pour amener ceux-ci à maturité, les végétaux exigent, suivant les espèces, un plus ou moins haut degré de chaleur ; l'olivier en veut plus que la vigne, la vigne plus que le froment, le froment plus que le sarrasin. Du reste, les effets de la chaleur dépendent de la quantité d'humidité qui l'accompagne : très-sèche, elle suspend le travail végétatif et arrête l'accroissement des plantes, comme on le remarque souvent en été ; très-humide, elle favorise au contraire le développement des tiges et des feuilles, et donne souvent naissance à une longue succession de fleurs stériles.

L'hiver est pour les végétaux un temps de repos. Si le froid devient excessif, plusieurs n'y résistent pas ; mais c'est encore à des degrés divers que les espèces dont s'occupe spécialement l'agriculture en ressentent les rigueurs. L'oranger les redoute plus que l'olivier, l'olivier plus que l'avoine, l'avoine plus que la vesce, la lentille, le colza ; ces trois plantes plus que le froment, et le froment plus que le seigle. Plusieurs, telles que le haricot, le chanvre, le sarrasin, le maïs, trop sensibles pour supporter la moindre atteinte de gelée, ne peuvent être cultivées dans nos climats qu'à la condition d'être semées au printemps quand les derniers froids sont passés. Toute plante dont la végétation est en pleine activité souffre d'un fort abaissement de température. Aussi les gelées printanières font la désolation des campagnes. Ajoutons que le froid est d'autant plus nuisible que l'air ou la terre étant plus humides, une séve plus aqueuse a engendré des tissus plus mous. C'est ce qui explique ce fait fréquemment observé, que le bois et les fleurs des arbres sont plus souvent atteints de gelée dans les bas-fonds que sur les coteaux, et que, par exemple, sur les montagnes du centre et du midi de la France en lieux froids mais secs, le châtaignier résiste à des gelées qui le feraient périr dans les plaines plus humides de la Lorraine et de la Champagne.

Au moyen de couches, de paillassons, de vitraux et de cloches, le jardinier procure aux végétaux sur des espaces restreints, une température artificielle. Quant au cultivateur, il opère sur un terrain trop étendu pour qu'il lui soit permis de faire autrement que d'approprier au climat et à la saison le choix des plantes qu'il cultive et l'époque de leur ensemencement; s'il dévie de cette règle, invinciblement la nécessité l'y ramène.

Ajoutons cependant que grâce à ce qu'on nommera leur élasticité de nature, beaucoup de plantes peuvent être amenées à réussir sous un climat différent de leur climat natal.

Pour parvenir à ce résultat, on fait dans des conditions d'abri applicables suivant l'espèce plusieurs semis successifs de la plante dont on veut modifier les habitudes, et en diminuant la puissance de cet abri à chaque génération, on rapproche graduellement cette plante des lois sous lesquelles on veut la faire vivre.

Souvent même, sans qu'on cherche à les obtenir, de semblables modifications se produisent naturellement : c'est ainsi que la plupart des variétés de blé du nord de l'Europe résistent mieux aux froids de l'hiver que celles du midi, et que plusieurs vignes de la Provence ne peuvent amener leurs raisins à maturité en Champagne; contrée si riche cependant en variétés qui y donnent d'excellents produits.

La lumière est aussi nécessaire à la végétation que la chaleur. Les arbres en massif serré qui s'élancent à l'envi pour que leur cime jouisse des bienfaits du jour; le légume rentré à la cave et dont les jets s'allongent vers le soupirail, la couleur blanche et maladive d'une plante privée de lumière; mille phénomènes du même genre, prouvent l'importance capitale de l'action de ce fluide sur les végétaux. Sans lui les fonctions respiratoires des feuilles ne s'accomplissent pas, la plante cessant d'absorber certains principes que nous ferons connaître dans le chapitre suivant.

Pendant la germination de la semence, la lumière n'est cependant pas encore nécessaire au végétal; il peut également s'en passer l'hiver s'il se trouve dépouillé de feuilles. Mais à l'époque de la floraison et de la fructification il faut qu'il en soit comme inondé. Une foule d'espèces manifestent ce besoin par la direction de leurs fleurs vers le midi; toutes fructifient plus abondamment sur les parties exposées au soleil que sur les parties situées dans l'ombre. Voyez les incomparables tapis de fleurs qui couvrent en été les hauteurs des Alpes. Quelle est la cause de cette richesse si ce n'est la pureté d'un air raréfié à travers lequel l'astre du jour brille de tout son éclat? Dans les contrées basses à atmosphère épaisse et brumeuse, on n'aperçoit rien de semblable.

Que le cultivateur choisisse donc, autant que possible, les expositions lumineuses pour les végétaux qui doivent lui procurer graines ou fruits; que sauf le cas où il voudrait accélérer la végétation par la gêne qui résulte du rapprochement des sujets, qu'à part cette circonstance, il les espace de sorte qu'ils jouissent en tous sens des bienfaits du jour.

S'il n'avait en vue qu'une production ligneuse ou herbacée, il ferait au contraire des plantations serrées, des semis très-drus; les sujets pousseront en fuseau, pour jouir de la lumière, et par la hauteur des tiges donneront en total un produit plus abondant que si, trouvant plus d'espace, ils se fussent étendus en branches. La culture du lin, du chauvre, des plantes fourragères et de la plupart des arbres forestiers présentent des applications de ce principe.

Du reste, sous le rapport de la lumière comme sous celui de la chaleur, les différentes espèces n'ont pas les mêmes exigences : ainsi, la vigne demande une lumière solaire très-vive, tandis que le sarrasin peut donner d'excellents produits sous un ciel habituellement couvert.

Le choix des plantes à cultiver est, à cet égard, subordonné au climat, puisque la lumière dont les végétaux cultivés en grand doivent jouir pour venir à bien, dépend de la position de chaque contrée relativement au soleil et de l'état plus ou moins brumeux de l'atmosphère, circonstances auxquelles l'agriculture doit se soumettre, Dieu seul ayant le pouvoir de les modifier.

## CHAPITRE III

COMPOSITION ET NUTRITION DES PLANTES.

« Toutes ces choses, disait Palissy, m'ont rendu
« si amateur de l'agriculture qu'il me semble qu'il
« n'y a trésor au monde si précieux, ni qui deust
« être en si grande estime que les petites gittes des
« arbres et plantes, voire même les plus méprisées ;
« je les ai en plus grande estime que non les minières
« d'or et d'argent. »

Ce que nous avons vu jusqu'ici explique parfaitement l'admiration du philosophe. Si nous recherchons maintenant, au moyen de l'analyse chimique, la composition de ces végétaux si variés, ne ressentons-nous pas encore plus d'étonnement en découvrant qu'ils se composent d'un petit nombre de corps simples dont la plupart existent dans toutes les espèces, mais en proportions différentes ; qu'ainsi le végétal le plus vénéneux contient à peu près les mêmes principes que le meilleur légume, ce qui explique comment ils peuvent être produits l'un et l'autre par la même terre ?

Tous, sans exception, renferment *oxygène*, *hydrogène*, *carbone*, *azote* et *phosphore*.

L'*oxygène* est un gaz inodore et incolore qui, sans

jamais se trouver naturellement à l'état de corps simple, entre dans la composition de l'air, de l'eau et de la plupart des minéraux. C'est l'oxygène que nous tirons de l'air par la respiration qui vivifie notre sang et qui, en se combinant avec la substance des matières inflammables, produit la lumière et la chaleur du feu. Aussi sans air le feu s'éteint et nous sommes étouffés nous-mêmes.

L'*hydrogène* est un gaz sans odeur, ni couleur, qui uni à l'oxygène constitue l'eau. Combiné avec le carbone, il forme cet autre gaz léger dont on emplit les ballons, qui sert à l'éclairage des villes, et qui, se dégageant de toutes les matières végétales et animales soumises à l'action du feu, produit la flamme du foyer par l'effet d'une ardente combinaison avec l'oxygène de l'air.

Le *carbone*, substance constitutive du charbon et du diamant, brûle de même à une température élevée : alors il se combine avec l'oxygène de l'air et forme une autre substance gazeuse, nommée *acide carbonique*, qui disparaît dans l'atmosphère.

L'*azote*, gaz sans odeur ni couleur, entre pour les trois quarts dans la composition de l'air atmosphérique. Pur, il asphyxie les animaux et éteint les corps enflammés.

Le *phosphore* est un corps tendre, remarquable par la propriété qu'il possède de présenter deux combustions, l'une ardente avec beaucoup de flamme, l'autre lente, sans chaleur, avec faible dégagement de lumière. Dans la nature, le phosphore est toujours combiné avec d'autres corps. Il fait partie constitutive de deux substances pierreuses (le *phosphate de chaux* et le *phosphate de magnésie*) très-communes, la première surtout, dans la composition du sol. Le phosphate de chaux joue de plus un rôle capital dans l'organisation animale, puisque les os doivent leur solidité à la grande quantité qu'ils en contiennent. Le phosphore se trouve encore dans tous les corps organisés, principalement dans les débris animaux. Le lait, la cervelle, l'urine en contiennent de notables proportions.

L'oxygène, l'hydrogène, le carbone, l'azote et le phosphore existent dans toutes les parties des plantes en proportions diverses. C'est l'hydrogène qui abonde le plus dans les huiles et dans les résines; dans la plupart des bois, c'est le carbone; c'est l'oxygène dans les substances acides. Si l'on excepte quelques grains, entre autres le froment, qui contient une assez forte quantité d'azote et de phosphore, ces deux derniers principes sont peu abondants par rapport aux trois autres; cependant ils ne sont pas moins nécessaires qu'eux à la vie végétale.

L'oxygène, l'hydrogène, le carbone, l'azote et le phosphore n'existant purs ni dans le sol, ni dans l'atmosphère, les plantes les enlèvent à divers corps composés, parmi lesquels l'*eau* tient le premier rang.

Formée d'oxygène et d'hydrogène, non-seulement l'eau sert d'aliment aux végétaux, mais encore elle est le véhicule de tout ce que les racines tirent du sol, les extrémités radiculaires n'absorbant aucune substance qui, par suite d'une solution parfaite dans le liquide aqueux, ne puisse filtrer à travers les membranes très-fines dont leurs orifices sont recouverts. Une partie de l'eau que les racines pompent de la terre est exhalée dans l'air par les feuilles; le surplus se décompose au profit de la plante, qui y trouve oxygène et hydrogène.

Les végétaux tirent le carbone de l'*acide carbonique*, gaz incolore, formé d'oxygène et de carbone, plus pesant que l'air, d'odeur piquante, éteignant les corps en combustion et faisant promptement mourir les animaux qui l'aspirent à certaine dose. Ce gaz, comme nous l'avons dit, résulte de la combustion du charbon; il se forme, en outre, par la fermentation et par la pourriture des débris organisés. Enfin, par suite des réactions qui s'opèrent sur le fluide sanguin dans les fonctions respiratoires, les animaux en exhalent constamment dans l'air une notable quantité. La chimie nous apprend que l'acide carbonique entre pour environ 3 à 6/10000 dans la composition de l'atmosphère. Sous l'influence de la lumière, les plantes l'absorbent par la surface de leurs feuilles; elles le décomposent à l'instant, s'approprient le carbone et rejettent l'oxygène. Comme les animaux de leur côté absorbent l'oxygène et rendent de l'acide carbonique, il en résulte d'admirables rapports entre la respiration animale et la respiration végétale : l'une fournit à l'autre le gaz qui lui est nécessaire, et l'air atmosphérique reste également vital pour les deux règnes. Une partie de l'acide carbonique qui se forme dans le sol ou à sa surface par la pourriture des débris organisés s'échappe dans l'atmosphère et rend l'air qui touche la terre meilleur pour les plantes que l'air supérieur; le surplus de ce même acide carbonique est retenu par l'humidité du sol, et pénètre dans le végétal par les racines; il aide encore à sa nutrition en donnant à l'eau de la terre la faculté de dissoudre des substances que l'eau pure n'attaquerait pas.

Quant à l'azote, les expériences de M. Ville prouveraient que les plantes s'approprient directement quelques atomes de celui qui se trouve en combinaison avec l'oxygène dans la composition de l'air atmosphérique, et c'est sans doute par les feuilles qu'a lieu cette absorption. Mais la plus grande quantité de l'azote nécessaire aux végétaux leur provient sans doute, comme le pensent nos célèbres chimistes, MM. Boussingault et Payen, des substances *ammoniacales* et *nitreuses*, si répandues dans la nature.

L'*ammoniaque*, combinaison d'hydrogène et d'azote, est ce gaz d'odeur piquante qui, s'exhalant avec abondance des fumiers de moutons, rend souvent pénible à respirer l'air des bergeries. Il se produit par la décomposition de tous les fumiers, de presque tous les débris organisés, et surtout par celle des débris animaux. L'ammoniaque résultant de ces décompositions s'échappe dans l'atmosphère où, d'après M. Ville, elle existe à la faible proportion de 16 à 31 grammes pour 1 million de kilogrammes d'air. Ou bien si ces décompositions se font soit dans le sol, soit à sa surface, l'ammoniaque est en plus grande partie retenue par la terre, puis est absorbée par les racines des plantes, dont elle active le développement. Par l'aspiration dont leurs feuilles sont les organes, les végétaux profitent sans doute aussi de l'ammoniaque atmosphérique, qui d'ailleurs est presque constamment ramenée dans le sol par les rosées et les pluies.

Les plantes tirent encore l'azote des substances *nitreuses;* car l'acide nitrique ou azotique est une combinaison d'oxygène et d'azote. Ces substances se forment spontanément dans beaucoup de terres par l'action de l'air, et résultent presque toujours de la décomposition des engrais. Enfin, aux jours d'orage, chaque étincelle électrique produit une quantité notable d'acide nitrique qui est promptement ramené sur le sol par l'eau pluviale.

Les végétaux tirent le phosphore de deux substances déjà nommées, *les phosphates de chaux et de magnésie*, que l'analyse découvre en faible proportion dans la composition minérale de beaucoup de terrains; ils le tirent aussi des divers débris organisés qui pourrissent dans le sol ou à sa surface.

L'oxygène, l'hydrogène, le carbone, l'azote et le phosphore forment environ les 9/10 des principes constitutifs des plantes. Les autres principes que l'analyse y découvre encore sont le *soufre*, le *chlore*, le *silicium*, le *potassium*, le *sodium*, le *calcium*, le *magnésium*, le *fer*.

Le *soufre*, corps jaune et inflammable que tout le monde connaît, entre dans la composition de plusieurs minéraux. Uni à l'oxygène, à la chaux et à une certaine quantité d'eau, il forme le *sulfate de chaux*, ou *pierre à plâtre,* qui existe dans plusieurs terres. Combiné avec l'oxygène et le fer, il produit un sel, le *sulfate de fer* ou *vitriol vert,* qui forme la partie saline des argiles et des charbons employés à l'amendement des terres sous le nom de *cendres sulfureuses.*

Le *chlore* est un gaz de couleur verte et d'odeur piquante, qui ne se trouve dans la nature que combiné avec d'autres corps. Uni au sodium, il constitue le *sel de mer* ou de cuisine (*chlorure de sodium*) qu'on emploie comme amendement, et dont la présence caractérise les terrains salés du littoral.

Le *silicium*, le *potassium*, le *sodium*, le *calcium*, le *magnésium* sont des métaux qui n'existent à l'état natif que dans nos laboratoires. Unis à l'oxygène ils, forment la *silice*, la *potasse*, la *soude*, la *chaux*, la *magnésie*, éléments qui sont la base constitutive de corps très-répandus.

La *silice* est la substance du cristal de roche, des pierres à fusil, de l'agate, des grès, des jaspes et d'un grand nombre de sables. Elle entre dans la composition de l'argile, de la plupart des roches, et il s'en trouve de plus ou moins pure dans toutes les terres.

La *potasse* et la *soude* sont des substances caustiques qui, combinées avec la silice et d'autres corps, font partie constitutive de la plupart des terres et de beaucoup de roches. Unies à l'acide carbonique, elles forment ce principe salin des cendres végétales qui se dissout dans l'eau de lessive. La soude entre aussi dans la composition du sel commun.

La *chaux* est blanche et de saveur caustique; si on l'humecte elle s'échauffe, se boursoufle, puis tombe en poussière. Exposée à l'air, elle s'unit promptement à l'acide carbonique de l'atmosphère et perd toute sa causticité. Combinée avec ce même gaz, elle constitue dans la nature le *carbonate calcaire*, l'un des principaux éléments du sol, substance du marbre, de la craie et de beaucoup d'autres roches. Avec l'acide phosphorique, la chaux forme le *phosphate de chaux*, dont nous avons expliqué déjà le rôle important.

La *magnésie* pure est blanche et sans saveur. Dans

la nature, elle se présente surtout combinée avec l'acide carbonique; alors elle ressemble au calcaire, avec lequel elle entre dans la composition de beaucoup de terres et de roches. La magnésie combinée avec l'acide phosphorique (*phosphate de magnésie*), se trouve en outre fort souvent mélangée dans la terre avec le phosphate de chaux.

Le *fer* uni à l'oxygène, forme un *oxyde* qui, vert, rouge ou brun, suivant la proportion de ce gaz, colore en diverses nuances la plupart des terres et un grand nombre de minéraux. La rouille qui altère les ferrements exposés à l'humidité, est un oxyde de fer.

C'est du sol que les végétaux tirent le soufre, le chlore, le potassium, le sodium, le magnésium, le calcium, le silicium, le fer.

Tous ne se trouvent pas dans toutes les plantes, et celles-ci se les approprient en proportions qui diffèrent suivant les espèces. Ainsi, le silicium abonde plus dans le seigle que dans le colza; le potassium, plus dans le blé que dans l'avoine.

Tel ou tel est nécessaire à la constitution générale de certaine plante : le calcium, par exemple, est indispensable à la lupuline et à la luzerne. Tel est souvent indispensable à la formation de tel organe : le fer, par exemple, qui entre dans la substance colorante des raisins noirs, est nécessaire aux variétés de vignes qui produisent ces raisins, et si la terre ne renferme pas d'oxyde ferrugineux à l'état soluble, ces variétés n'y réussissent pas; aussi les vignerons distinguent-ils certains coteaux où ils ne peuvent, pour ce motif, cultiver que des variétés à raisins blancs. Le phosphore, le calcium et le magnésium entrent dans la composition du grain de blé qui, par suite, fructifie mal dans une terre très-pauvre en phosphates de chaux et de magnésie, à moins qu'un engrais ou un amendement ne les y porte en quantité suffisante.

Si tel élément est nécessaire à la constitution de telle plante ou de tel de ses organes, on remarque d'ailleurs qu'il est certains principes susceptibles de se remplacer l'un par l'autre dans la nutrition végétale. Ainsi le silicium entre dans la composition des tiges du blé; mais le calcium peut lui être substitué; et c'est ce qui a lieu à l'avantage de la végétation de cette céréale importante, quand le sol renferme le carbonate calcaire. Toutes les plantes contiennent du potassium ou du sodium; mais elles tirent du sol celui des deux que la terre présente le plus abondamment à l'état soluble.

Ainsi que nous l'avons posé en principe, aucune substance ne peut être absorbée par les racines, si elle n'est dissoute par l'humidité de la terre. Cette humidité ne doit cependant pas être chargée d'un excès de sels solubles; il en résulterait pour la plante une sorte d'indigestion qui la ferait périr, à moins que, par suite d'une constitution spéciale, elle ne se prêtât à cette absorption exceptionnelle. C'est ainsi que les sols fortement imprégnés de sel commun, de salpêtre, de sulfate de fer, sont impropres à la plupart des plantes, quoique, appliquées aux champs en faible quantité, ces trois substances soient fertilisantes.

Puisqu'un excès de sels solubles nuit à la végétation, il faut qu'au lieu de se trouver tout formés en terre, ils s'y élaborent au fur et à mesure de l'absorption végétale, à peu près comme en ménage on fait cuire les mets quotidiens. Voici comment s'effectue cette préparation. Après avoir attaqué, sous l'influence de la chaleur et de l'électricité, jusqu'aux pierres les plus dures, et formé partout cette couche ameublie dans laquelle les racines peuvent s'étendre, les agents atmosphériques continuent leur travail destructeur, travail qui détermine entre les éléments du sol les réactions chimiques dont le but providentiel est la production journalière des substances solubles destinées à nourrir les plantes. Doués d'une imagination qui colore et vivifie tout, les anciens exprimaient ce grand phénomène par la plus ingénieuse allégorie : pour eux l'air fertilisant la terre était *Jupiter* faisant descendre dans le sein de *Tellus* les germes de la végétation.

La nature et la vigueur des plantes résultent surtout de la nature des aliments ainsi formés.

Certaines terres ont des hôtes favoris qui ne

sauraient vivre dans des champs de composition différente : la luzerne, par exemple, ne peut venir qu'en sol calcaire, et l'ajonc, tout à l'inverse, ne réussit que dans une terre dépourvue de chaux.

Un grand nombre d'espèces, telles que le blé, le seigle, l'avoine, trouvent leurs aliments dans plusieurs sols. Cependant elles ont chacune leurs terrains de prédilection; c'est là qu'elles produisent des variétés perfectionnées et que ces variétés ne s'affaiblissent pas.

Toutes les terres peuvent nourrir des végétaux de plusieurs sortes, dont la réunion est plutôt favorable que contraire à l'abondance du produit total. Tel champ médiocre qui ne porterait qu'un froment passable, s'il était semé seul, le produit beau quand on l'a mélangé de seigle; ce qu'on a cherché à expliquer par les excrétions que les racines des plantes rendent au sol. Ainsi, l'une à qui ses propres excrétions ne fournissent aucun aliment substantiel, se nourrirait de celles de l'autre, et réciproquement. D'autres personnes ont supposé qu'il se prépare dans un même sol des aliments de nature diverse, parmi lesquels chaque plante choisirait, comme dans un festin, ceux qui seraient le mieux appropriés à ses goûts. Mais ces théories ne sont confirmées par aucune expérience assez concluante.

L'affinité de certaines espèces les unes pour les autres s'explique mieux par la différence de constitution de leurs racines ou de leurs tiges. Le chêne, par exemple, a des racines qui s'enfoncent profondément ; celles du hêtre, au contraire, tracent à la surface du sol. Réunissez ces deux essences d'arbres ; les sujets pourront être plus serrés, et pourtant ils se gêneront moins que si la terre était occupée par une seule. La tige de la vesce est faible et rampante ; celle de l'avoine est droite et solide. Si ces deux plantes sont réunies, la seconde est le support utile de la première, et celle-ci parvient à une hauteur qu'elle n'atteindrait pas si elle était semée sans mélange.

Une plante plus forte procure aussi quelquefois à une autre plus faible un salutaire abri. Ainsi la plupart des semis forestiers réussissent moins bien en sol tout à fait nu qu'à la faveur d'un demi-ombrage. Quelle qu'en soit la cause, la tendance du sol à produire à la fois plusieurs espèces de végétaux se remarque partout dans la nature. Un fait non moins frappant, c'est la lassitude qu'un champ éprouve pour la production d'une espèce, lorsque celle-ci l'a occupé sans mélange pendant quelque temps. A ce phénomène on trouve trois explications différentes : ou bien l'espèce dont la terre est fatiguée se nuirait à elle-même par ses propres débris ; ou bien à force d'épuiser certains principes, elle ne les trouverait plus dans le sol à l'état soluble en quantité suffisante. Alors il faudrait y semer des espèces dont les besoins fussent différents. Pendant la végétation de celles-ci, les sucs propres à la première espèce se reformant d'eux-mêmes, le sol se trouverait, au bout d'un certain temps, en état de la produire de nouveau. Passant enfin à notre troisième explication, plus souvent ou plus longtemps une terre est occupée par une plante, plus les germes de maladies et d'insectes nuisibles à cette espèce s'y multiplient, et moins elle a de chance de réussir tant que ces germes eux-mêmes n'ont pas disparu. Cette disparition, le temps suffit pour la produire, dès que le végétal aux dépens duquel ils s'entretenaient n'existe plus. Les germes détruits, le végétal, qui retrouve ses anciennes conditions, peut être semé de nouveau avec succès.

Pour une de ces causes ou pour toutes les trois réunies, on voit fréquemment diverses espèces se succéder sur des terrains vierges. Ainsi que nous l'avons observé plusieurs fois, le trèfle blanc, par exemple, disparaît d'une prairie naturelle où il abondait, fait place pendant quelque temps à d'autres herbes, puis de nouveau il s'empare du sol. Le chêne, après avoir peuplé une forêt pendant des siècles, est remplacé par d'autres essences, et plus tard il la peuple de nouveau. Peu de champs produisent deux années de suite des récoltes abondantes de blé. Le colza, le lin, le trèfle, la luzerne, le sainfoin, ne prospèrent en même terre qu'à des intervalles de plusieurs années.

*Mais,* comme le dit Virgile, *le travail de l'agricul-*

*ture est facile lorsqu'on alterne les plantes ; les champs se reposent en changeant de produits, et la charrue peut les sillonner toujours ; toujours ils peuvent payer les fatigues des laboureurs.*

Dans cette succession des plantes cultivées, on remarque que telle espèce réussit mieux après celle-ci qu'après celle-là. Le blé, par exemple, vient généralement mieux après le colza ou après la fève qu'après l'orge ou le seigle. Enfin, par exception aux lois générales de l'alternat, il existe quelques plantes, comme le topinambour, le genêt, la bruyère, dont certaines terres ne semblent jamais se lasser.

L'avantage qu'on trouve à réunir dans la culture plusieurs espèces sur le même champ, soit en mélange, soit en lignes alternatives ; la plus ou moins grande propension du sol à se fatiguer d'une plante, puis à reprendre ses forces pour la produire encore ; enfin le meilleur ordre de succession de récoltes, voilà autant de problèmes capitaux. Nous y reviendrons au chapitre des combinaisons agricoles. Toutefois, hâtons-nous de dire ici que la solution de ces problèmes dépend de la nature du sol : telle terre portera du lin tous les trois ans; telle autre n'en donnera de récoltes abondantes qu'une fois dans dix années. Chaque cultivateur doit donc étudier sur son terrain même les tendances de la végétation; tendances qu'il parvient d'ailleurs à modifier par les amendements et les engrais, ainsi qu'il est déjà facile de le prévoir.

## CHAPITRE IV

### DES TERRES.

ISCHOMAQUE.

« Je veux, mon cher Socrate, te prouver qu'il n'y a rien de difficile dans une question regardée comme le point le plus compliqué de l'agriculture par des gens qui en parlent, il est vrai, avec beaucoup d'habileté, mais qui ne se livrent pas à la pratique de cet art. Ils prétendent que, pour être bon agriculteur, il faut d'abord connaître la nature du sol. »

SOCRATE.

« Ils ont raison selon moi. Celui qui ignore ce qu'un terrain peut produire, ne saura pas, à mon avis, ce qu'il faut y semer et y planter. »

ISCHOMAQUE.

« C'est une connaissance qu'on acquiert sur le terrain même, à l'inspection des arbres et des récoltes. Si, par suite de la négligence du cultivateur, la terre ne peut montrer ses forces, souvent on la juge mieux par le champ voisin que par des renseignements pris chez ce voisin. Même en friche, elle indique ce qu'elle est : la végétation sauvage est-elle de bonne nature, on doit s'attendre à de belles récoltes. C'est ainsi que les moins habiles en agriculture, peuvent apprécier la qualité des terres. »

Ces sages préceptes que, dans son Économique, Xénophon place sous le patronage du grand nom de Socrate, prouvent qu'à défaut de connaissances chimiques, les anciens savaient observer la nature et en tirer d'utiles inductions. Malgré les immenses découvertes de la science moderne, la règle émise par l'écrivain grec est encore aujourd'hui pour l'étude du sol, le critérium le plus sûr et le plus fécond en résultats positifs. L'analyse chimique fait connaître exactement, il est vrai, la composition d'un terrain; mais elle n'indique pas en quelle proportion les principes trouvés deviennent solubles au profit des plantes, sous l'influence des agents atmosphériques, et ce serait cependant là le point capital à découvrir. Il faut donc examiner avant tout les productions naturelles de la terre, pour obtenir des données certaines sur sa puissance végétative et sur l'espèce de récolte qu'elle est le plus apte à porter.

Dans cet examen, ne perdons pas de vue les modifications que le sol a pu subir par l'action de l'homme. Deux terres de fertilité inégale peuvent, sous l'influence de cette action, offrir aux yeux la même apparence, les mêmes récoltes. Ce sera, comme l'a dit Xénophon, au moyen des champs du voisinage, qu'il sera possible de déterminer leur valeur respective. Des deux genres de fécondité que le sol présente ainsi, l'une artificielle, l'autre naturelle, la première exigeant pour se soutenir la continuation des moyens qui l'ont produite, est moins précieuse que la seconde qui tire de l'essence même de la terre un principe impérissable.

« Même en friche, dit Xénophon, la terre révèle « sa valeur. » C'est une vérité incontestable! Ainsi, des herbes fines, tendres, agréables aux bestiaux, dénotent un sol pourvu d'éléments fertiles qui manquent à la terre dont l'herbe dure et cotonneuse est dédaignée des animaux. Il n'est pas de terrain plus ingrat que celui qui, livré à lui-même, ne peut complétement s'engazonner et présente çà et là des vides entièrement nus ou couverts de lichens. Le mouron blanc, le sureau hyèble, la bourse à pasteur, la petite mercuriale, le laiteron, ne croissent vigoureusement que dans de bons sols. La bruyère annonce toujours un terrain médiocre ou mauvais. Parmi les arbres, il en est dont la vigueur n'est nullement un indice de fécondité. La plupart des pins, le bouleau, les peupliers de Virginie et de Canada, viennent bien dans de mauvais sols. D'autres arbres, tels que le pommier, le noyer, le frêne, le peuplier d'Italie, ne réussissent ordinairement que dans de bonnes terres. Cependant, comme leurs racines s'enfoncent plus ou moins, on conçoit qu'ils puissent prospérer dans certains terrains à surface pauvre, mais dont les couches inférieures recèlent des éléments de fécondité.

L'étude des productions du sol ne dispense nullement de celle des éléments qui le constituent. Les principales de ces substances, celles de la proportion desquelles chacun peut juger jusqu'à un certain point sans le secours de l'analyse chimique, sont : 1° *le calcaire;* 2° *l'argile;* 3° *le sable grossier;* 4° *le sable à grains impalpables;* 5° *l'humus.*

Le *calcaire (carbonate de chaux)* n'existe pas dans tous les terrains ; mais ceux qui conviennent le mieux au blé, à l'orge, au pois, à la fève, au trèfle commun ; ceux qui produisent la luzerne, le sainfoin, la lupuline, la betterave, et parmi les plantes adventices, la moutarde sauvage, le mélampyre des champs et quelques autres ; ceux qui donnent les pailles les plus nourrissantes et les meilleurs fourrages contiennent cette substance, ne fût-ce qu'à la proportion de 2 à 3 p. 100. La qualité supérieure des produits du sol calcaire tient à ce qu'ils renferment plus de calcium qu'il ne s'en trouve dans ceux des terrains dépourvus de carbonate de chaux. Le calcium entrant à forte dose dans la composition des os, on comprend toute son influence sur la valeur nutritive des aliments.

Pour découvrir si une terre est pourvue de carbonate calcaire, il suffit d'en mettre quelques parcelles dans un peu d'eau, puis de verser dans le vase de l'acide chlorhydrique, vulgairement appelé *esprit de sel.* La terre est-elle calcaire ; aussitôt attaquée par l'acide, elle laisse échapper le gaz acide carbonique qui se dégage avec une effervescence analogue à celle du vin de Champagne ; est-elle au contraire privée de carbonate, aucune effervescence n'a lieu.

En proportion plus considérable que celle indiquée plus haut, le calcaire exerce sur le sol, indépendamment de son effet sur la nutrition végétale, une action mécanique très-importante; il divise la terre et l'ameublit, surtout à la surface; circonstance favorable à la fécondité. Le champ dont le dessus reste friable, ne profite-t-il pas beaucoup mieux de l'effet bienfaisant des influences atmosphériques que celui dont la superficie tend promptement à se durcir? D'ailleurs la plupart des mauvaises herbes s'y enracinent avec moins de facilité; au contraire la germination des graines utiles s'y opère mieux; enfin l'intérieur de la terre se dessèche moins vite. Voici l'explication de ce dernier fait. La fraîcheur du sol tient, dans les temps de sécheresse, à l'humidité du sous-sol qui, attirée par l'évaporation de la surface, remonte en dessus, de même que l'huile est comme aspirée par une mèche en combustion. On conçoit que cette ascension ne puisse avoir lieu s'il se trouve une croûte durcie qui s'y oppose; tout au contraire, elle ne s'arrête pas et elle rafraîchit constamment la terre, si celle-ci présente un dessus friable. C'est ce qui a lieu pour les sols calcaires.

Lorsque le calcaire, se trouvant au moins à la proportion de 70 p. 100, prédomine dans la composition du sol, l'intérieur est aussi ameubli que le dessus. Ces terrains, qu'on appelle *crayeux*, sont de la culture la plus facile. Devenus boueux au moment de la pluie, ils se ressuient en quelques heures. Naturellement ils ne produisent qu'une végétation faible, et dans leur nudité primitive ils sont de l'aspect le plus triste. Mais on les améliore d'autant plus facilement qu'ils renferment en proportion inépuisable un principe de fécondité, le carbonate calcaire.

Notre second élément du sol arable, l'*argile*, est cette terre onctueuse avec laquelle se fabriquent les poteries. Humide, elle forme une pâte qui retient l'eau avec force, qui se durcit ensuite en se desséchant et se fend sous l'action des rayons solaires. A l'état sec, elle présente une cassure âpre et irrégulière. L'argile la mieux desséchée contient encore, en combinaison intime, une forte proportion d'eau dont on ne peut la séparer qu'en la soumettant à un feu vif et soutenu; alors, changeant de nature, elle prend une consistance tout à fait pierreuse. Cette substance est un composé de *silice*, d'*alumine* (*oxyde d'aluminium* qu'on ne trouve jamais dans la nature à l'état de pureté), d'*oxyde de fer* et d'*eau*. Souvent aussi elle contient de la *potasse*, de la *soude*, de la *magnésie*, de la *chaux*.

Les argiles résultent de la désagrégation des schistes, des granits et autres roches; complétement insolubles pour la plupart, elles subissent à l'air cette décomposition lente dont nous avons parlé, et qui donne naissance à des sels dont les plantes sont avides. Les efflorescences salines qu'on trouve parfois à la surface des terres argileuses, sont des traces manifestes de ce phénomène.

L'argile humide s'ameublit singulièrement par l'effet de la gelée, ce qui s'explique ainsi : augmentant de volume par l'effet de la congélation, l'eau soulève les particules du bloc argileux ; puis, au dégel, elle reste pour une bonne part en combinaison intime avec l'argile, qui elle-même la perdant peu à peu sous l'influence de la chaleur atmosphérique, finit par tomber en poussière.

Toutes les terres contiennent de l'argile en proportions plus ou moins considérables. Les plus argileuses sont tenaces, lentes à se ressuyer après la pluie, promptes à se durcir et à se crevasser par la sécheresse ; alors, on ne parvient à les entamer avec la charrue qu'en soulevant des blocs énormes. Labourées avant l'hiver, elles s'émiettent au dégel. Malgré cette dernière propriété dont il importe de savoir tirer parti, ces terres sont d'une culture coûteuse et difficile.

Si le sol argileux contient une certaine quantité de calcaire, il a, par sa ténacité intérieure, tous les caractères des terres argileuses non carbonatées ; mais à d'autres égards, quelle différence ! — Le sol purement argileux ne s'ameublit que par l'effet de la gelée ou sous l'action puissante des instruments les plus énergiques ; les mottes que produit un labour exécuté au printemps, lorsque l'humidité subsiste encore, forment en été des blocs d'une extrême dureté. — Quant au sol argileux calcaire, une fois entamé par les instruments aratoires, il s'émiette de lui-même, à la surface, sous la seule influence des agents atmosphériques : qualité bien précieuse, puisqu'elle atténue jusqu'à un certain point le grave défaut de la ténacité.

Indépendamment de l'argile, le sol contient toujours des grains de ce sable plus ou moins grossier qui, lorsqu'il est pur, n'offre aucune consistance. Aussi, plus la terre en renferme, plus elle est friable, facile à cultiver, prompte à se ressuyer après la pluie. S'il est en grains aplatis, tel qu'il résulte souvent de la désagrégation des roches schisteuses, ce sable est doué d'une cohésion un peu plus prononcée, quoique très-faible encore ; de sorte que les terres où il entre à dose assez forte, diffèrent peu des premiers terrains. Quant au sable plus fin, composé de grains siliceux impalpables qu'on ne pourrait distinguer sans le secours de la loupe, sable qu'on appelle *réfractaire* et dont on fait les moules dans lesquels se coule la fonte, il donne au sol qui le contient en grande quantité une consistance très-prononcée.

Ces terrains appelés *limons* se distinguent par une grande homogénéité et par une douceur très-appréciable au toucher. Leurs caractères, toujours au point de vue agricole, sont : couleur blanche après la pluie, solidité sous le pied des animaux, nulle adhérence aux instruments de labour, presque jamais de crevasses en temps de sécheresse. A la suite des gelées, au lieu d'offrir une surface émiettée, ces terres se montrent boueuses; mais dès qu'une averse les a battues, elles forment comme une aire solide sur laquelle on marche à pied ferme.

Étudions maintenant quelles sont la nature et les propriétés de l'*humus*. Cette substance est la matière brune, légère et poreuse qui résulte de la pourriture des corps organisés. Nous la voyons presque pure dans le terreau des couches. Combinée avec les éléments minéraux du sol dans des proportions qui varient ordinairement de 2 à 5 pour 100, elle donne à l'écorce du globe terrestre une couleur particulière qui caractérise ce qu'on est convenu d'appeler *terre végétale*.

Mêlé en forte proportion avec l'argile, l'humus en diminue la ténacité; au contraire, il rend les sables plus consistants et plus frais. Est-il par trop abondant, la terre se gonfle comme une éponge par l'humidité, et s'affaisse ensuite en se desséchant; ce qui tourmente beaucoup certaines plantes, comme on le remarque dans des terrains nouvellement défrichés, où les débris des végétaux sauvages se sont depuis longtemps accumulés. Si la terre contient peu d'humus, 1 ou 2 pour 100, par exemple, elle n'est douée, sauf quelques cas exceptionnels, que d'une très-minime force de reproduction. Cette substance est donc un principe essentiel de fécondité. Sous l'influence des agents atmosphériques, elle ne cesse de se décomposer et de fournir aux végétaux acide carbonique et sels solubles. Il faut croire que pour la formation de ces sels, l'humus n'agit pas seul, mais qu'il se combine avec quelques-uns des éléments minéraux du sol. Il absorbe en outre la fraîcheur atmosphérique et condense très-probablement l'ammoniaque répandue dans l'air. Du reste l'action bienfaisante de l'humus varie beaucoup suivant la nature des détritus dont il est composé. Les débris des animaux et leurs excréments donnent le plus fécond; le moins fertile est produit par les détritus de bruyères et de beaucoup de plantes aquatiques. L'humus de marais, dont la tourbe est une variété, contient presque toujours un principe acide nuisible aux récoltes.

Cet humus acide ne se forme jamais en terrain contenant le carbonate calcaire, si ce n'est sous l'eau ou dans des situations fort humides. La présence en est indiquée par la végétation abondante des joncs, des laiches ou carex, des bruyères et des petites oseilles. Le pâturage des terres acides n'est jamais agréable aux animaux, et peu de récoltes y réussissent, à moins qu'on n'en ait corrigé le vice par l'emploi de certains amendements dont nous parlerons bientôt.

Lorsque l'humus, le calcaire et l'argile entrent ensemble dans la composition des terres pour une proportion que nous croyons être au minimum de 60 à 70 pour 100, le sol a la propriété remarquable d'absorber et de conserver, au profit des récoltes, les substances ammoniacales et autres qui résultent de la décomposition des engrais. Les terrains très-sablonneux n'ont pas ce pouvoir de concentration; aussi remarque-t-on qu'ils s'appauvrissent facilement : *l'engrais n'y dure pas*, comme disent les cultivateurs. L'argile en très-forte proportion (60 à 90 pour 100) donne aux terres un défaut contraire, celui de ne se dessaisir que difficilement en faveur de la végétation, des substances ammoniacales et autres qu'elles ont absorbées. Une excellente culture est tout particulièrement nécessaire à ces terrains, sans quoi les engrais qu'ils reçoivent semblent privés d'action. Très-riches, ces mêmes terrains s'épuisent difficilement; très-pauvres, ils exigent beaucoup d'engrais pour devenir productifs.

En se basant sur ce qui précède, on peut facilement établir une classification entre les différentes variétés de terres.

Nous les diviserons d'abord en deux grandes classes : les unes privées, les autres pourvues de carbonate calcaire.

Caractère des premières :

Pas d'effervescence avec l'acide. — Désignation : *terres non carbonatées*.

Caractère des secondes :

Effervescence avec l'acide. — Désignation : *terres carbonatées*.

Chaque classe sera partagée elle-même en deux sections, suivant que l'humus sera doux ou acide ; ce qu'il est facile de reconnaître par la nature de la végétation, ainsi que nous l'avons expliqué.

Désignation : *terre carbonatée, acide, non acide ; terre non carbonatée, acide, non acide.*

Passant ensuite aux subdivisions, nous les établirons d'après le caractère que donne au sol la prédominance de telle ou telle des substances que nous avons passées en revue :

1° Prédominance du calcaire : — nature friable, surface presque toujours meuble, très-boueuse après la pluie, prompte à se ressuyer sans rebattage.

Désignation : *terre calcaire*.

2° Prédominance de l'argile : — terre collante, tenace, lente à se ressuyer après la pluie, prompte à se durcir et à se crevasser par la sécheresse.

Désignation : *terre argileuse*.

3° Prédominance des sables à grains d'une certaine grosseur : — légèreté, friabilité, promptitude à se ressuyer après la pluie ; sable ou gravier facile à apercevoir.

Désignation : *terre sableuse, graveleuse, schisteuse*, suivant le genre de sable qui entre dans la composition du sol.

4° Prédominance de sable très-fin : — consistance sans ténacité; tendance à se rebattre à la surface par l'effet des pluies, à devenir molle et boueuse au dégel; peu ou pas de crevasses par la sécheresse.

Désignation : *limon ou terre limoneuse.*

5° Prédominance de l'humus (15 p. 100 d'humus au moins) : — nature spongieuse; couleur d'un brun foncé.

Désignation : *terre de marais, terre de bois, terre de bruyère*, suivant le genre de débris qui a produit l'abondance d'humus.

Il peut se faire qu'une terre principalement caractérisée par une substance, le soit encore sensiblement, mais à un degré moindre, par une autre. Dans ce cas, nous ajouterons à la première désignation un second terme indiquant cette dernière substance.

Ainsi, parmi les *terres argileuses* nous trouvons les *terres argilo-calcaires*, les *terres argilo-sableuses-graveleuses-schisteuses*, et les *terres argilo-limoneuses*.

Dans les *terres sableuses, graveleuses, schisteuses*, les *terres sablo, gravelo, schisto-calcaires*, les *terres sablo, gravelo, schisto-argileuses*, enfin les *terres sablo, gravelo, schisto-limoneuses*.

Dans les *limons;* les *limons calcaires*, les *limons sableux, graveleux, schisteux* et les *limons argileux*.

Enfin, dans les terres à humus prédominant, les *terres de marais calcaires*, les *terres de marais argileuses*, les *terres de marais sableuses, graveleuses, schisteuses*.

Même division pour les *terres de bois*. Quant aux *terres de bruyère*, elles sont toujours *sableuses, graveleuses ou schisteuses*.

## CHAPITRE V

DES TERRES (suite); PROFONDEUR, SOUS-SOL, EXPOSITION, COULEUR, VOISINAGE, ETC.

Parmi les points qui doivent encore fixer notre attention dans l'étude du sol, un des plus importants est l'épaisseur de la couche humifiée ou végétale. Bien que la luzerne, le sainfoin et quelques autres plantes enfoncent leurs racines au-dessous de cette couche, c'est en elle cependant que, par suite de la présence de l'humus et de l'action directe des agents atmosphériques, se forment en plus grande quantité les aliments solubles des plantes. La terre, toutes choses égales d'ailleurs, est donc d'autant meilleure que la dite couche est plus profonde : une épaisseur de 10 à 15 centimètres de terre végétale ne constitue jamais qu'un champ très-médiocre.

La puissance végétative dépend aussi de la nature du sous-sol. Au-dessous d'une terre non carbonatée, par exemple, se trouve-t-il des couches calcaires que peuvent atteindre les racines des plantes; voilà, jusqu'à un certain point, le défaut du sol corrigé. Ailleurs, au contraire, le sous-sol renfermera des substances nuisibles à la végétation.

Un défaut grave et très-commun est l'imperméabilité aux eaux pluviales. Lorsque ce vice existe, la terre devient trop humide en temps de pluie, à moins qu'on ne l'ait sillonnée par de nombreuses rigoles dont le creusement et l'entretien compliquent singulièrement le travail de la culture.

Le sous-sol imperméable rocheux, tel qu'il se rencontre souvent en pays granitiques et schisteux, est le plus mauvais; ne rend-il pas le champ aussi aride en temps de sécheresse, qu'humide en temps de pluie? Il s'oppose d'ailleurs, par sa dureté, à presque tout travail améliorateur, creusement de fossés, défoncement, drainage, etc.

Le sous-sol renferme souvent des nappes d'eau qui procurent à la terre une fraîcheur utile et causent dans d'autres cas une humidité excessive. La végétation de plantes aquatiques fait-elle soupçonner l'existence d'une nappe semblable; on doit s'en assurer en creusant le champ à quelque profondeur. Sous un climat sec, des eaux souterraines donnent au sol une grande valeur.

L'absence de pente ou des irrégularités de surface peu prononcées ne sont un défaut que pour les terrains imperméables, qui s'en trouvent plus difficiles à assainir. Mais une inclinaison rapide ou de fortes aspérités présentent pour toute espèce de terrain le grave inconvénient de gêner les labours et les charrois. Ajoutons que si le sol est léger, la terre végétale des coteaux est souvent entraînée par les pluies vers les parties basses.

Le sens des inclinaisons offre aussi son importance.

Ainsi : 1° l'exposition vers le midi rend les coteaux particulièrement propres à la culture des arbres hâtifs à fruit et des céréales. 2° Moins chaudes et plus humides, les terres exposées au nord conviennent plutôt aux prairies, aux pâturages et aux forêts. 3° Fortement frappées par les premiers rayons du soleil, celles qui regardent le levant passent presque sans transition de la froide température de la nuit à une chaleur de plusieurs degrés, et, s'il y a eu givre, la végétation, surtout la fleur des arbres, en éprouve des effets pernicieux ; ces terres perdent aussi leur rosée très-rapidement, ce qui augmente les défauts d'un sol naturellement trop sec. 4° Quant à la terre exposée au couchant, comme elle ne reçoit directement les rayons du soleil qu'à un instant où cet astre est déjà élevé et lorsque le givre, s'il y a eu gelée, s'est fondu lentement par le radoucissement graduel de la température diurne, elle souffre peu des gelées blanches; elle conserve presque aussi longtemps la rosée que le champ exposé au nord, et cependant elle s'échauffe beaucoup à la fin du jour, le soleil lui envoyant alors directement ses rayons. C'est pourquoi on regarde cette exposition comme très-favorable à beaucoup de produits agricoles.

Tous les corps absorbent d'autant mieux la chaleur qu'ils sont d'une couleur plus sombre. L'échauffement des terres par le soleil dépend donc beaucoup de leur nuance : plus elle est foncée, plus le champ se pénètre des rayons calorifiques, moins il se refroidit en hiver et plus vite il se réchauffe au printemps. Une conséquence inverse de cette loi, c'est que les terres blanchâtres sont généralement froides et tardives.

Arrondies en forme de cailloux, les pierres divisent et dessèchent le sol. Sont-elles plates et minces; elles l'abritent et lui conservent, s'il est trop sec, une certaine fraîcheur. Les enlever, dans ce cas, serait une mauvaise opération. Les insectes qui cherchent le frais sous ces pierres, les herbes qui en été végètent plus vigoureusement auprès d'elles qu'à une certaine distance, sont autant de preuves palpables de l'action bienfaisante que nous signalons. Quant aux blocs d'un fort volume, ils gênent la marche des instruments aratoires et exposent le cultivateur à les briser.

Souvent les terres perdent de leur valeur, parce

qu'on les a laissées s'infester d'herbes parasites d'une destruction presque impossible, telles que le chardon commun, le chrysanthème doré, l'ail sauvage, le pas d'âne, la ronce.

Dans l'étude du sol, il faut encore examiner si le champ est exposé à des inondations torrentielles, toujours dangereuses, ou bien à des inondations douces qui le couvrent d'un limon fertilisant, et quelle peut être en hiver la durée habituelle de ces débordements.

Le voisinage d'arbres élevés est presque toujours nuisible, mais à des degrés différents. Ainsi, des arbres séparés du champ par des fossés profonds lui nuisent moins que si rien ne les empêche d'y étendre librement leurs bras souterrains. Le peuplier, le chêne, le frêne, le noyer, sont plus préjudiciables que l'orme et que la plupart des arbres fruitiers. — S'ils se trouvent au nord, les arbres, qu'elle qu'en soit l'espèce, ne sauraient nuire que par leurs racines ; car leur tête ne porte pas d'ombrage, et même elle forme contre les vents secs et froids un abri souvent avantageux. — Se trouvent-ils au midi, l'ombre qu'ils projettent prive les récoltes d'une partie de la lumière et de la chaleur du soleil. Sous un climat très-sec, cette dernière disposition est quelquefois profitable ; mais elle constitue un dommage réel dans toute région froide et humide.

La proximité des forêts donne lieu à un autre genre de dangers : elle expose les propriétés rurales aux invasions des lapins, des oiseaux, des renards, des sangliers, des loups.

Il est aisé de juger par ce qui précède combien la terre offre de variétés à l'industrie agricole. Tout en appréciant les meilleures de ces variétés, souvenons-nous que les défauts des plus mauvaises s'effacent par l'effet d'un travail intelligent et courageux. Par contre, la fécondité paraît bientôt anéantie, lorsque la paresse et l'insouciance amollissent les bras dont le devoir est de l'entretenir, de l'augmenter même. Ainsi ce vieux dicton du pays chartrain : « *Tant vaut l'homme, tant vaut la terre* » est d'une vérité saisissante.

Instruire et moraliser les populations rurales, inspirer aux hommes de tout rang et de toute condition l'amour de la science agricole, tel est, nous le répétons en terminant ce chapitre, le moyen de créer d'incalculables richesses. L'Écosse depuis un demi-siècle a décuplé sa fortune territoriale. A partir d'aujourd'hui celle de la France pourrait être triplée en vingt-cinq ans.

## CHAPITRE VI

### CLIMATS AGRICOLES.

> « Avant d'entamer par le fer un sol inconnu,
> « observons attentivement les vents et leurs
> « influences, les températures diverses, la
> « nature des lieux, les traditions antiques de
> « la culture. »
>
> (VIRGILE. *Géorg.*)

La nature, si riche et si variée, a doté chaque pays de plantes indigènes spéciales qui trouvent dans l'état atmosphérique leur cause de végétation. Aussi, les agronomes de tous les siècles n'ont pas attaché moins d'importance à l'étude du climat qu'à celle du sol.

Personne n'ignore que la température s'abaisse d'autant plus qu'on marche vers le pôle ou qu'on s'élève dans les montagnes : ainsi, le climat du nord de la France est plus froid en hiver, moins sec et et moins chaud en été que celui du midi; le climat des montagnes, toutes circonstances égales d'ailleurs, est plus froid et plus humide que celui des plaines; à une certaine hauteur, des neiges perpétuelles s'opposent même à toute culture.

Ces effets sont cependant modifiés par la distance à laquelle on se trouve de l'Océan, immense étendue d'eau de laquelle s'élèvent sans cesse des vapeurs qui, le long de nos côtes, obscurcissent l'atmosphère. Plus on s'enfonce dans le continent, plus l'air devient pur. En effet, entraînées par les vents loin du lieu de leur émanation, ces vapeurs aqueuses se condensent en nuages et bientôt retombent en pluie pour se perdre de nouveau dans le courant des fleuves, ou bien elles se fondent dans l'air, comme disparaît à peu de distance du chemin de fer la vapeur de la locomotive.

Ces quelques notions nous font pressentir de suite une grande différence de climat entre les départements riverains de l'Océan et ceux qui s'en éloignent.

Les vapeurs humides répandues dans l'atmosphère ne forment-elles pas comme un voile qui affaiblit pendant le jour l'ardeur du soleil, et qui arrête pendant la nuit le refroidissement de la terre?

Près de l'Atlantique, l'hiver est doux; l'été est frais et peu ardent. Plus nous pénétrons dans le continent, plus au contraire le caractère des saisons se dessine nettement, et plus sont sensibles les différences de température entre l'été et l'hiver.

La végétation indique ce fait d'une manière frappante. Aperçoit-on des vignobles sur les coteaux de la Bretagne? Non, car le raisin exige pour mûrir de vifs rayons de soleil qui ne les échauffent pas; en revanche, il y gèle si peu que les lauriers, les myrtes, les figuiers et autres végétaux ligneux du Midi n'y périssent pas. Si nous nous éloignons de l'Océan, sans quitter l'espace compris entre le 48$^e$ et le 49$^e$ degré de latitude, nous arrivons à la Champagne et à la Lorraine. Là nous trouvons de bons vins, grâce à l'ardeur habituelle du soleil d'été. Mais on ne voit plus en pleine terre ni myrtes, ni lauriers, ni figuiers. L'hiver est trop rigoureux. Les givres printaniers, comme les gelées d'hiver, sont d'autant plus fréquents qu'on s'éloigne davantage de l'Atlantique.

Les vents brûlants de l'Afrique frappent directement et avec violence le Languedoc et la Provence, s'engouffrent dans la vallée du Rhône et se font sentir jusque dans celle de la Saône. D'autre part, trouvant une issue entre les Pyrénées et l'extrémité des Cévennes vers Castelnaudary, ce même vent, l'*autan* de nos poëtes, se précipite vers Toulouse et souffle avec force dans le bassin de la Garonne. Un autre vent sec, le *mistral* du nord, désole les bords du Rhône. On comprend que cette vallée resserrée, comme un couloir, entre des montagnes qui l'abritent du côté de l'est et de l'ouest, ne puisse guère être frappée que par ces vents du nord et du sud, ce qui est pour elle une cause de sécheresse toute particulière. Protégées au contraire du côté du midi par les montagnes de l'Auvergne, des Cévennes et des Pyrénées, mais découvertes du côté de l'Océan, nos régions de l'ouest et du nord reçoivent de l'Atlantique des vents pluvieux qui leur procurent une fraîcheur inconnue au Languedoc. Ces vents soufflent avec force jusqu'au fond de la Lorraine. Près de la mer, ils sont si violents, qu'on est obligé d'abriter les récoltes au moyen de haies, de murs, ou de hautes levées de fossés. Ce n'est pas que le mouvement ne soit nécessaire à la santé végétale : l'air stagnant des vallées trop encaissées étiole les plantes ; au contraire, l'exercice même que leur procure un vent modéré les fortifie. Ainsi, le puissant courant d'air qui existe dans la vallée du Rhône y donne aux végétaux une constitution extrêmement solide, mais nuisible aux plantes textiles dont la fibre devient par trop grossière.

A ces causes qui agissent à la fois sur de vastes contrées, s'en joignent d'autres d'effet plus restreint. Le climat de chaque lieu est le résultat combiné de toutes.

Un pays, par exemple, est-il marécageux, boisé, seulement même humide par suite de l'imperméabilité du terrain ; cela suffit pour produire un froid très-sensible. On remarque plus de gelées et de neige en hiver, plus de givre, de brouillards et de pluie au printemps et en été. C'est ainsi que l'Argonne, pays boisé qui sépare la Champagne de la Lorraine, paraît si froide et si pluvieuse comparativement aux plaines sèches et crayeuses de la Champagne qui se trouvent à peu de distance. Ces effets de l'humidité du sol s'observent même sur des espaces très-peu étendus. Combien de vallées sont exposées par ce seul motif à des gelées qui n'y permettent pas certaines cultures possibles à quelques pas de là !

Les contrées qui touchent immédiatement à la mer, trouvent dans les brises une cause particulière de rafraîchissement. En été, dès que les rayons du soleil deviennent ardents, l'air, qui s'échauffe moins vite sur l'eau que sur la terre, se déplace et produit un vent de mer frais, accompagné souvent de pluies fines d'un effet très-salutaire.

Refroidissant l'air par leurs sommets couverts de neige et de glace, les hautes montagnes déterminent autour d'elles la condensation des vapeurs atmosphériques ; ce qui explique l'humidité particulière des contrées montagneuses.

Les montagnes ont aussi une grande influence sur les climats des pays de plaines qui les touchent. Si elles se trouvent du côté du sud par rapport à ces pays, elles en rafraîchissent la température, puisqu'elles s'opposent à l'action directe des vents chauds du midi. Sont-elles au nord ; elles font abri, comme un mur d'espalier, contre les vents froids du septentrion, et elles adoucissent les hivers. C'est ce qu'on remarque d'une manière frappante dans la région située au pied des Alpes, depuis Hyères jusqu'à Antibes ; seule contrée où l'on puisse cultiver en France l'oranger et le citronnier, refuge aimé des poitrines délicates.

La diversité des sites, l'exposition des versants, la profondeur des vallées, la réflexion des rayons solaires sur la surface blanche et polie des rochers, la projection des ombres, les courants d'air occasionnés par les échancrures des pics qui déchirent le ciel et par d'énormes différences de température d'un lieu à l'autre, toutes ces causes produisent en pays de montagnes des phénomènes si variés, qu'on y trouve, pour ainsi dire, tous les climats réunis: au sommet, d'éternels frimas; sur les flancs, des tapis de verdure; plus bas, d'imposantes forêts; au-dessous, des blés jaunissants.

Souvent d'affreuses tempêtes éclatent dans ces lieux accidentés, glacent d'effroi les troupeaux, portent la désolation dans les vallées. Conduits par la force irrésistible de l'électricité, les nuages dévastateurs suivent ordinairement les forêts, les grands cours d'eau et les hauteurs. Généralement les contrées brumeuses, telles que la Bretagne et la Normandie, y sont peu exposées.

Les pays marécageux ont aussi leur fléau propre; ce sont les fièvres et autres maladies endémiques. Plus le climat est chaud, plus les miasmes qui les causent sont redoutables. Dans le midi de l'Europe, où ils sont très-abondants, ils se dégagent non-seulement des lieux humides, mais aussi des terres incultes ou nouvellement défrichées. Lorsque l'insalubrité est générale, il est très-difficile de la combattre. Mais si elle est restreinte à des espaces peu étendus, on peut la faire disparaître par des assainissements, ou même la neutraliser à l'aide de plantations forestières, les feuilles des arbres absorbant les miasmes délétères. La France compte encore plusieurs contrées malsaines : la Camargue ou delta du Rhône, les Landes et presque tout le littoral de l'Océan depuis Bayonne jusqu'à Nantes, la triste Sologne, la Bresse ou les Dombes non loin de Lyon, la partie du Berry qu'on nomme la Brenne, les Watteringues dans le nord. Le bétail, souvent même les récoltes, y sont exposés, ainsi que l'homme, à des maladies endémiques.

Nul système agricole ne peut se soutenir, s'il n'est en rapport avec les conditions imposées par l'état habituel de l'atmosphère. Les antiques traditions culturales d'une contrée sont donc les plus sûrs indices du climat.

Pour peu qu'il y ait de gelées en hiver, nous n'apercevons pas l'oranger ; pour peu que les gelées aient de force et de persistance, pas d'oliviers. Quelques degrés de rigueur en plus empêchent la culture de l'avoine d'automne, de l'ajonc, des navets et des choux semés tard et destinés à passer l'hiver en plein champ. Quelques-uns de plus encore s'opposent à celle du blé d'hiver et ne permettent en semis automnaux que ceux de l'épeautre et du seigle.

La chaleur de l'été est accusée par les cultures d'une manière non moins positive. Ainsi, nous ne voyons pas l'olive mûrir et se récolter sous un ciel moins ardent que celui du Languedoc et de la Provence. Quelques degrés de chaleur de moins, on n'aperçoit plus l'arbre de Minerve; mais le maïs et la vigne fructifient avec abondance et se cultivent sur une grande échelle. Si l'ardeur de l'été est encore un peu moindre, la culture du maïs cesse à son tour, et la vigne se montre cantonnée sur les coteaux. Bientôt le raisin lui-même cesse de mûrir, et tout vignoble disparaît.

Relativement à la fraîcheur du climat, voici les indicateurs certains que nous trouvons dans les productions agricoles. Si une grande sécheresse est habituelle, comme en Provence et en Languedoc, ce sont les cultures arbustives qui prédominent comme étant celles qui résistent le mieux à l'aridité, à cause de la profondeur à laquelle pénètrent les racines des végétaux ligneux. Les champs de plantes herbacées sont-ils plus étendus que les plantations de vignes, d'oliviers, de mûriers; concluons que le climat est moins aride. Cependant il est encore très-sec, si la plupart des ensemencements se font en automne; cela prouve en effet que les semailles printanières sont souvent compromises par les sécheresses d'été; sécheresses moins pernicieuses aux plantes qui, ayant commencé leur végétation l'automne précédent, ont pu profiter de toute la fraîcheur de l'hiver et de celle du premier printemps. Autant de semailles printanières que de semis automnaux indiquent un climat tempéré. Enfin, dans une région tout à fait humide, on aperçoit des gazons d'une verdure perpétuelle, beaucoup de pâturages, et souvent des cultures étendues de sarrazin, de choux, de navets.

## CHAPITRE VII

SUITE DES CLIMATS AGRICOLES. DIVISION DE LA FRANCE EN PLUSIEURS RÉGIONS.

Voici comment, d'après les indications contenues dans le chapitre précédent, peuvent se classer les divers climats agricoles de la France.

Sur le littoral de l'Atlantique, depuis Bayonne jusqu'à Dunkerque, s'étend une contrée que caractérise nettement l'influence du voisinage immédiat de l'Océan. Cette région est resserrée à chacune de ses extrémités, sud et nord; au sud, l'influence océanienne se trouve affaiblie par la proximité de l'Espagne; au nord, par celle de l'Angleterre; mais au centre, c'est-à-dire vers le Poitou, la Bretagne et la Normandie, elle agit avec toute sa puissance et se fait sentir fort loin dans le continent. Dans toute cette région, l'hiver se passe presque sans frimas; l'été est sensiblement moins chaud que la latitude ne semblerait le comporter; l'herbe pousse en hiver, parce qu'il ne gèle pas; elle pousse en été, parce que l'atmosphère est toujours humide. Nous y voyons d'immenses pâturages et d'innombrables troupeaux; en Flandre et en Normandie, des chevaux d'une forte stature, d'excellentes vaches et des bœufs énormes ; sur les bruyères bretonnes, les meilleures petites vaches qu'on puisse trouver et des bidets infatigables ; dans les parties les plus riches de la presqu'île, de superbes chevaux de trait ; en Poitou et en Saintonge, les bœufs et les moutons les plus anciennement renommés aux boucheries de Paris, des ânes et des mulets d'un très-haut prix ; enfin au milieu des Landes, des chevaux et des bœufs presque sauvages et d'une étonnante rusticité. La rare qualité de ces races tient pour beaucoup à l'heureuse régularité du pâturage qui ne fait défaut en aucun temps de l'année.

En remontant du midi au nord, la culture du maïs dans cette région s'arrête à la limite septentrionale du département des Landes ; celle de la vigne, à l'embouchure de la Loire. Nous ne trouvons en vignobles renommés que ceux de Bordeaux et des environs. Du reste, quelle richesse partout où le progrès agricole est ancien, notamment dans le pays de Dunkerque ! Lorsque l'agriculture anglaise était encore arriérée, c'est là quelle a pris modèle pour marcher vers sa perfection actuelle. En effet, le climat de l'Angleterre ressemble à celui de notre région océanienne ; mais celle-ci, favorisée sur une partie de son étendue par quelques degrés de chaleur de plus, possède deux cultures précieuses que nos voisins nous envieront toujours, la culture du maïs et celle de la vigne. Que toute la région profite à son tour des exemples de l'Angleterre! Déjà les deux pays n'ont-ils pas le même aspect riant? Pour se préserver de la violence des vents et pour faciliter la garde des troupeaux, les habitants de l'Armorique, comme ceux de la Grande-Bretagne, ont entouré leurs terres de haies vives. De toutes parts la verdure s'élève; le gibier pullule, et souvent la campagne, vue de loin, ressemble à un immense parc, où l'œil trouve à chaque pas pour repos de charmants bosquets.

Si du côté opposé à celui-là, nous parcourons la France, depuis Perpignan jusqu'à la frontière nord de l'Alsace, suivant d'abord la Méditerranée, puis remontant la vallée du Rhône jusqu'à Lyon, celle de la Saône jusqu'à Vesoul, descendant enfin celle du Rhin, nous trouvons une région nettement séparée du reste de l'empire par une longue suite de montagnes dont les plus hautes sont celles des Vosges, de l'Auvergne et des Cévennes. L'influence océanienne se fait moins sentir dans cette contrée que partout ailleurs. Aussi les étés y ont une chaleur toute particulière, relativement à la latitude et à l'élévation. Le maïs et la vigne y sont cultivés d'un bout à l'autre. L'olivier, qui n'existe sur le sol national que dans cette région, couvre de vastes étendues au sud de Valence. A Hyères, apparaissent les bosquets parfumés de citronniers et d'orangers. L'aridité et, par suite, une immense extension de cultures arbustives caractérisent toute la partie méridionale. Huiles d'olive, vins chauds et capiteux, raisins secs, amandes, figues, pruneaux, feuilles de mûrier et vers à soie, voilà les richesses de la Provence et des parties basses du Languedoc et du Dauphiné. On y récolte peu de grains ; on y possède peu de bétail.

Au nord de Valence, nous ne ressentons plus autant d'aridité, mais encore une grande sécheresse ; aussi voyons-nous peu d'ensemencements printaniers et beaucoup de cultures arbustives. On y produit une grande quantité de soie et des vins connus de tout l'univers : l'Hermitage, le Côte-Rôtie, le Sainte-Foy et plusieurs autres.

Plus nous avançons vers le nord, plus la fraîcheur augmente. Au-dessus de Lyon, dans la vallée de la Saône, les ensemencements de printemps commencent à se multiplier ; mais à cause de l'ardeur du soleil et de la pureté de l'air, la vigne étale encore toutes ses richesses. Nous admirons les coteaux de Mâcon, de Beaune, de Romanée, du Clos-Vougeot, de Pomard. En Franche-Comté, la vigne perd du terrain et les céréales en gagnent. La fertile Alsace nous apparaît bientôt avec son admirable diversité de cultures. Tabac, maïs, garance, millet, houblon, lin, chanvre, colza, céréales, fourrages, légumes et racines de toute espèce s'entre-mêlent dans la campagne et font de cette vallée du Rhin la plus belle frange du vêtement agricole de la terre française.

A l'est de la région que nous venons de parcourir, nous trouvons, sur une grande longueur, les montagnes des Alpes et du Jura, et là, comme en tout pays accidenté, des cultures et des climats variés ; le chanvre, le maïs, le blé, la garance dans les vallées ; sur les coteaux, la vigne et le mûrier ; plus haut, la pomme de terre, le seigle, le sarrazin ; au-dessus, les forêts, les gazons et les chalets. De nombreux troupeaux parcourent en été ces pâturages montagneux, et paissent en hiver dans les plaines de Provence.

Entre les deux contrées que nous venons de parcourir, l'une occidentale, l'autre orientale, s'étend, de l'Espagne aux frontières belge et prussienne, un vaste pays qui présente, à latitude et à élévation égales, moins de sécheresses et de chaleurs d'été que la contrée orientale, et plus de froid en hiver que la contrée occidentale. Dans la partie sud, le bassin de la Garonne et de ses affluents, se développe, en demi-cercle, au-dessous des Pyrénées, des Cévennes, des montagnes de l'Auvergne et du Limousin. Quoique ce bassin se trouve sous la même latitude que la Provence, on ne peut y planter l'olivier. Le figuier lui-même, qui atteint en Bretagne les plus fortes dimensions, gèle souvent et reste en buisson. On y cultive en grand la vigne et le maïs. Le climat, sans être précisément aride, est très-sec. Aussi, ce sont les ensemencements d'automne qui l'emportent sur les semailles printanières. Celles-ci n'ont lieu, sur une certaine échelle, que là où le sol est frais ou de fécondité exceptionnelle, dans la vallée de la Garonne, par exemple, si riche en maïs, en chanvre, en lin et en fourrages de toute espèce. Cette magnifique contrée est bordée au sud par les Pyrénées qui présentent les produits multiples de tout climat montagneux.

Au nord et à l'est du bassin de la Garonne, s'étend, jusqu'aux bassins du Rhône, de la Saône et du Rhin, un pays très-accidenté comprenant plusieurs chaînes de montagnes, savoir : celles du Gévaudan, du Vivarais, du Velay, du Forez, de l'Auvergne, du Limousin, de la Marche, du Bourbonnais, du Morvan, de la Côte-d'Or et des Vosges. Une grande variété de climats caractérise toute cette contrée que peuplent des races de gros bétail remarquables par une rare énergie. Ainsi, en Auvergne, près de la fertile vallée de l'Allier, si connue sous le nom de Limagne, s'élèvent de hautes montagnes qu'une humidité permanente et des gelées d'hiver très-rigoureuses rendent seulement propres aux pâturages.

Entre les montagnes de la Marche et le val de la Loire, se remarquent, toujours dans cette contrée intermédiaire, les plaines mal cultivées du Berry et les sables ingrats de la Sologne. La sécheresse y est encore assez grande pour nécessiter la prédominance des ensemencements d'automne. Quant à la chaleur, elle commence à diminuer assez pour que le maïs n'entre plus dans les assolements. La douceur des hivers permet encore la culture habituelle de l'avoine d'automne. Nous trouvons à peu près le même climat dans la Touraine, qu'on appelle le jardin de la France, tant la terre y est fertile et surtout riche en fruits excellents.

Au nord d'Orléans, la chaleur et la sécheresse continuent de décroître. Les vignobles se cantonnent sur les coteaux; plusieurs, toutefois, sont encore très-vastes et donnent d'excellents vins. Les ensemencements de printemps sont égaux en étendue à ceux d'automne. Les céréales, les prairies artificielles et les troupeaux de moutons mérinos apparaissent de toutes parts. L'avoine d'automne ne se cultive plus. Tel est l'aspect du bassin de Paris, de la Beauce, du Gâtinais, de la Brie, de la Champagne et de la Lorraine. Mettant à part les craies arides de la Champagne et les parties de la Lorraine dont le sol est trop compacte, toute cette contrée est admirablement favorisée relativement à la nature des terres. L'élément calcaire se montre presque partout; presque partout le sous-sol est perméable. Une ligne passant par Beauvais, Noyon, Réthel et Mouzon, limite au nord, dans cette partie de la France, la culture de la vigne en vignobles. Sauf cette particularité, la contrée, qui se trouve au delà, présente d'abord à peu près les mêmes caractères agricoles que le bassin de Paris. Mais bientôt, grâce à un accroissement de fraîcheur, à la fertilité du sol et surtout à l'antique habileté des habitants, le département du Nord étale des richesses égales, si ce n'est supérieures encore, à celles de l'Alsace.

Est-il au monde une contrée qui, sur une étendue égale à celle de la France, réunisse une aussi remarquable variété de climats heureux? Céréales, vins, fruits excellents, herbe tendre et épaisse, ces trésors et beaucoup d'autres ne demandent qu'à être produits en abondance sur le sol national. Quelle honte si, favorisés à ce point, nous restions inférieurs à des pays qui, comme l'Écosse, sont beaucoup moins bien partagés! Cette infériorité cessera bientôt, nous en avons confiance; et notre patrie, si sensiblement améliorée déjà depuis cinquante ans, deviendra, dans toutes ses provinces, fertile en riches moissons, comme elle a toujours été féconde en courage, en intelligence et en vertu.

## CHAPITRE VIII

### CLASSIFICATION AGRICOLE DES DIVERSES RÉGIONS FRANÇAISES.

D'après les explications précédentes et pour la clarté de nos études futures, nous divisons la France en trois parties, dont chacune comprend trois régions, indépendamment des pays de montagnes qu'il est impossible de classer, puisque leur climat varie suivant l'élévation.

## Classification agricole des diverses régions françaises.

| DÉSIGNATION DES RÉGIONS | | CARACTÈRES | LIMITES |
|---|---|---|---|
| **PARTIE OCCIDENTALE** pâturages très-étendus. | Sud-ouest | Absence de vignobles, ensemencements de printemps et d'été étendus. | Au nord, frontière belge; à l'est, ligne partant de cette frontière entre Lille et Hazebrouck, et aboutissant à Beaugé (Maine-et-Loire); au sud, ligne allant de Beaugé à la mer en suivant la latitude. |
| | Ouest | Vignobles. | À l'est, ligne allant de Beaugé à l'embouchure de la Garonne; au midi, le 45ᵉ degré de latitude. |
| | Nord-ouest | Maïs. | À l'est, ligne allant de l'embouchure de la Garonne à Bayonne. |
| **PARTIE ORIENTALE** maïs sur toute l'étendue. | Nord-est | Semailles d'automne et de printemps également développées. | Au nord, les frontières; à l'ouest, les Vosges et le plateau de Langres; au sud, ligne passant un peu au nord de Dijon, parallèle à la latitude; à l'est, les frontières. |
| | Est | Prédominance des ensemencements d'automne, extension des cultures de vigne et de mûrier. | À l'ouest, les montagnes de la Côte-d'Or et du Lyonnais; au sud, le 45ᵉ degré de latitude; à l'est, les frontières. |
| | Sud-est | Prédominance des cultures arbustives, oliviers dans presque toute la région. | À l'ouest, les montagnes de l'Ardèche et des Cévennes; au sud, les Pyrénées; à l'est, les frontières. |
| **PARTIE MOYENNE** | Nord | Vignobles sur coteaux dans presque toute l'étendue; égalité entre les semailles d'automne et celles de printemps. | Au nord, les frontières; au sud, ligne allant de Beaugé à la Côte-d'Or en suivant la latitude. |
| | Centre | Prédominance des ensemencements automnaux; maïs sur quelques points. | Au sud, le 45ᵉ degré de latitude. |
| | Sud | Prédominance des ensemencements d'automne; extension des vignes, vastes cultures de maïs. | Au sud, les Pyrénées. |

## CHAPITRE IX

### PRONOSTICS DU TEMPS.

*Les années se suivent et ne se ressemblent pas*, dit le proverbe. La nature nous présente en effet deux sortes de lois : les unes fixes, dans lesquelles la Providence semblerait s'être immobilisée; les autres, variables et accidentelles. C'est en vertu des premières qu'ont lieu le cours périodique des saisons, le mouvement des astres, la succession des jours et des nuits. C'est en vertu des secondes que, dans leur régularité même, les saisons et les jours offrent tant d'imprévu. La prescience du temps et des changements de température est un des points les plus importants de l'art agricole. Jetons donc un coup d'œil rapide sur les principaux signes qui peuvent nous aider à lire dans le ciel.

Après avoir créé la lumière, Dieu dit : « Que le « firmament se fasse au milieu des eaux, et qu'il les « sépare; et il divisa les eaux en deux parties, l'une « inférieure, l'autre supérieure. » (Genèse)

Il existe entre ces deux moitiés d'un même élément des rapports perpétuels : ou l'atmosphère absorbe l'eau terrestre qui, par suite, s'évapore et disparaît; ou bien elle rend l'eau à la terre sous forme de pluie, de neige, de grêle, de rosée, de brouillard. L'état du temps dépend de cette circulation aqueuse qui, elle-même, tient principalement à la température. Plus l'air est chaud, plus il peut contenir de liquide en dissolution; plus il est froid, moins il a cette faculté. Ainsi, lorsqu'il s'échauffe, il devient desséchant; s'il se refroidit, il devient humide, dès que l'eau qu'il a absorbée précédemment se trouve en excès, relativement à sa température nouvelle.

Transporté par les vents d'un pays à l'autre, l'air s'échauffe ou se refroidit sur chaque lieu suivant la direction de ces courants. Dès lors, la direction du vent est un des plus sûrs pronostics. Le vent du nord annonce le beau temps; car l'air qu'il transporte devient desséchant en passant de contrées froides en pays chauds. Échauffé au contraire par le soleil de la zone torride, l'air que déplace le vent du midi se dépouille de son calorique à mesure qu'il s'avance vers le pôle; en même temps les vapeurs qu'il avait absorbées sous les régions de l'équateur reprennent la forme liquide et se résolvent en pluie.

Pour la France, le vent le plus pluvieux est celui du sud-ouest qui nous apporte l'air humide de l'Océan méridional; et le vent le plus sec est celui du nordest, parce qu'il vient, non-seulement d'une direction septentrionale, mais encore de pays continentaux où l'air trouve peu d'humidité à absorber.

Il existe souvent des courants aériens superposés, glissant l'un sur l'autre en sens contraire. Ainsi, on est quelquefois frappé par un vent d'est, tandis que le couchant se charge de vapeurs; signe de l'envahissement de l'air par un vent d'ouest pluvieux qui probablement régnera bientôt en maître. D'autres fois, par un temps couvert, on sent un vent d'ouest ou du midi, et cependant l'horizon s'éclaircit du côté du nord; d'où l'on doit conclure que ce vent, qui commence à s'établir dans les régions supérieures de l'air, va produire de beaux jours. A la campagne, le cultivateur attentif sait trouver partout des indices précurseurs de ces changements de direction des vents. Entend-il la cloche d'un village éloigné vers le sud ou l'ouest; c'est pour lui un présage de pluie. Est-ce du côté du nord que le son religieux tinte à son oreille; le beau temps lui semble assuré.

Le baromètre permet de constater le progrès des vents supérieurs avant que rien de sensible ne puisse le faire pressentir. Cet instrument est, comme l'on sait, un tube de verre divisé en deux branches qui contiennent du mercure; l'une haute, fermée hermétiquement et entièrement vide d'air; l'autre courte, communiquant librement avec l'air et terminée par un petit bassin. Par la pression que l'atmosphère exerce sur le mercure du côté de la branche courte, ce liquide s'élève dans la branche haute, jusqu'à ce que le poids de la colonne mercurielle soit égal à celui de la colonne atmosphérique. L'air, qui se dilate par la chaleur, est d'autant plus léger que la température est plus élevée. Dès lors, un air chaud poussé par un vent du midi remplace-t-il un air froid que chassait précédemment un vent du nord ; l'atmosphère en s'échauffant pèse de moins en moins sur le mercure, et la colonne diminue de hauteur dans la longue branche. On dit alors que le baromètre *descend ;* ce qui est signe de pluie. Un vent du nord vient-il à remplacer un vent du midi, le contraire se produit : la pesanteur de l'atmosphère augmentant, la colonne de mercure devient plus haute ; ce qui annonce le beau temps.

Ce pronostic n'est cependant pas d'une rigueur absolue ; ainsi en été, par l'effet de la chaleur solaire, il se produit, du jour à la nuit, dans la pesanteur atmosphérique, des différences qui font légèrement monter et descendre le baromètre, sans que ce mouvement indique un changement de vent.

D'un autre côté, vers le soir d'un jour pluvieux, le vent qui était au sud ou au sud-ouest passe souvent au nord ; le baromètre remonte ; le ciel s'éclaircit ; la nuit est froide et souvent accompagnée de givre ; le soleil se lève avec éclat ; mais bientôt les vents reprenant leur cours de la veille, le baromètre redescend, et le mauvais temps continue. Dans la canicule, la descente du baromètre annonce parfois l'arrivée d'un vent d'Afrique tellement sec que, tout en se refroidissant, il ne parvient pas encore au point de saturation qui le rendrait humide. Enfin, le baromètre peut n'indiquer par aucun mouvement la formation des orages, formation qui tient à des causes particulières. Sous certaines influences encore peu connues, l'électricité donne tout à coup à l'eau du ciel la propriété de se condenser en nuages épais que la foudre et la grêle rendent formidables. Tantôt, ces nuages se forment sur un point et s'y fondent sans changer de position. D'autres fois, ils parcourent de vastes pays, et loin d'obéir aux vents, ils poussent l'air devant eux avec une force invincible; ce qui détermine à leur approche un ouragan impétueux.

L'orage s'annonce par une chaleur étouffante, par un malaise particulier des êtres vivants, par la corruption rapide des corps putrescibles. Bientôt on voit les nuages s'attirer, se repousser, s'épaissir sur un point, disparaître ailleurs. Devenus par le fluide électrique autant de centres attracteurs qui condensent l'humidité, ils rendent au loin l'air très-desséchant; les plantes se fanent; la terre se hâle; l'humidité d'une première averse s'évapore presque aussitôt.

En l'absence du fluide électrique, ce sont des phénomènes contraires qui annoncent la pluie : le sel se fond; les murs et le pavé se couvrent de fraîcheur; la suie se détache des cheminées; les rosées sont froides, abondantes, souvent accompagnées de givre; le brouillard, au lieu de se dissoudre dans la matinée, remonte le long des collines; les cordes se resserrent.

Lorsque des orages ont fortement imbibé la terre, l'eau, répandue sur le sol, refroidit l'atmosphère et cause habituellement de nouvelles pluies.

Si nous passons à l'aspect du ciel, on regarde comme signe de mauvais temps les vapeurs floconneuses qui, répandues autour du soleil et de la lune, empêchent ces astres de se dessiner nettement ou les font paraître plus grands que de coutume. Les nuées pluvieuses sont rapprochées de terre, de couleur plombée, avec des contours arrondis et irréguliers qui les font ressembler à la vapeur des locomotives des chemins de fer. Souvent elles courent rapidement sous des nuages élevés qui paraissent immobiles au-dessus d'elles.

« Il n'est pas d'être vivant, dit Virgile, qui n'ait
« le don de prévoir la pluie dont il cherche à éviter
« l'atteinte. La vapeur pluvieuse ne s'élève encore
« qu'en brouillard du fond des vallées; la génisse re-
« garde le ciel et aspire l'air dans ses larges naseaux;
« l'hirondelle rase le lac de son vol rapide; la gre-
« nouille fait retentir le marécage de son cri plaintif;
« plus souvent que de coutume, la fourmi transporte
« ses œufs hors du souterrain séjour par l'étroit sen-
« tier qu'elle s'est frayé; l'arc-en-ciel apparaît comme
« une pompe immense qui aspire l'eau de la terre; les
« corbeaux quittent en innombrables bataillons le lieu
« où ils cherchaient leur nourriture et font entendre
« le bruit redoublé de leurs ailes; les oiseaux d'eau
« couvrent à l'envi leurs épaules d'un bain abon-
« dant. On les voit, tantôt plonger la tête dans l'élé-
« ment liquide, tantôt glisser à la surface et se faire

« un jeu de mille vains efforts. La corneille appelle la
« pluie à plein gosier, et reste seule sur le sable aride.

« Dans la veillée d'hiver, la jeune fille annonce
« aussi la pluie, lorsqu'elle voit pétiller l'huile de sa
« lampe, et des champignons poudreux se former
« autour de la mèche.

« De même, pendant les jours pluvieux, on peut
« prévoir à des signes certains le retour d'un temps
« clair. Observant du haut d'un toit le coucher du
« soleil, la chouette pousse son cri nocturne ; l'éper-
« vier se montre aux plus hautes régions de l'air
« humide ; l'alouette fuit, mais partout où elle se
« porte, l'impitoyable ennemi conduit son vol avec un
« redoutable sifflement. Les corbeaux tirent à trois ou
« quatre reprises du fond de leur gosier un son li-
« quide ; et, joyeux de je ne sais quel plaisir inaccou-
« tumé, ils s'agitent dans le feuillage. Il semble que
« la pluie passée, ils revoient avec plus de bonheur
« leur chère couvée et leur nid si doux. Ce n'est pas
« qu'ils portent en eux le sentiment de l'avenir, ni un
« génie surnaturel ; mais lorsque la température et la
« fraîcheur de l'atmosphère viennent à changer, lors-
« que l'air, que l'eau avait rendu humide, resserre ce
« qui était raréfié et amollit ce qui était dense, les
« organes des animaux éprouvent aussi leurs varia-
« tions. De là ce chant particulier des oiseaux ; de là
« cette joie des troupeaux et cette fête si animée des
« habitants de nos bosquets. »

Aux pronostics indiqués avec tant d'art par le divin poëte, ajoutons encore ceux-ci : à l'approche de la pluie, les poissons s'agitent ; la taupe travaille avec activité ; le crapaud quitte son trou et saute lourdement le long des chemins ; la petite grenouille verte, qui vit dans le feuillage des arbres, fait entendre son cri rauque ; l'araignée replie sa toile ; les eaux stagnantes se couvrent de mousse verdâtre ; le vieillard, atteint de rhumatismes, éprouve des élancements aigus ; beaucoup de cheminées fument dans les appartements.

Un dernier signe que nous ne devons pas négliger, nous est donné par le cours des astres. On sait que les corps célestes exercent les uns sur les autres une attraction dont les effets se modifient suivant la position respective de ces corps entre eux. C'est ainsi qu'à certaines phases de la lune, particulièrement dans le temps des équinoxes, les marées, qui sont un effet de cette attraction, dépassent de beaucoup les hauteurs ordinaires.

Le soleil et la lune, qui agitent avec tant de puissance l'océan liquide, doivent agir avec plus de force encore sur l'océan aérien, infiniment plus léger que l'autre, et dès lors influer beaucoup sur la direction des vents. Aussi, l'atmosphère éprouve des perturbations considérables aux quatre époques de l'année où la terre change de position par rapport au soleil, savoir : aux solstices d'été et d'hiver, aux équinoxes de printemps et d'automne. On remarque également une tendance aux perturbations, lors de la pleine et de la nouvelle lune, ainsi qu'au premier et au dernier quartier de chaque mois lunaire, c'est-à-dire, à ces quatre époques où, dans sa course circulaire autour du globe terrestre, l'astre de la nuit, changeant de direction par rapport au soleil, modifie d'une manière différente, par son attraction, les effets que produit sur nous l'attraction solaire.

A l'aide des signes que nous venons de rappeler, on pronostique sans doute un jour ou deux à l'avance certaines variations du temps; mais il est impossible de porter plus loin ses prévisions. En effet, en dehors des lois ordinaires, ne voit-on pas survenir les phénomènes les plus inattendus? Ainsi, en 1709, les blés sont anéantis par le froid, et, au milieu des splendeurs de Versailles, on sert du pain d'avoine sur la table du roi. En 1795, nos hussards s'emparent de la flotte hollandaise, prise dans les glaces du Zuiderzée. En 1811, un ciel d'airain donne au fameux vin de la comète une énergie et une qualité devenues proverbiales. En 1816, des pluies torrentielles font pourrir les moissons. Dernièrement, l'atmosphère n'était-elle pas remplie d'influences pestilentielles qui attaquaient le blé, la pomme de terre, la vigne, la betterave? D'autres fois, un temps favorable seconde merveilleusement les efforts du cultivateur, et les peuples se trouvent, par cette succession de bien et de mal, dans l'abondance ou dans la misère.

C'est par ces avertissements que Dieu rappelle à l'homme disposé à l'oublier, au milieu du tourbillon des affaires et des plaisirs, qu'il ne peut se soustraire à son autorité suprême. Aussi, après avoir engagé le cultivateur à étudier avec soin les phénomènes célestes, Virgile ajoute cette haute leçon : *Avant tout, respecte les dieux.* Caton va jusqu'à indiquer la formule de prières qu'il conseille au laboureur. Gardons-nous de nous laisser surpasser en sagesse par l'antiquité païenne; et prions Dieu chaque jour avec ferveur de répandre sur nos champs sa douce rosée.

## SECTION II

**OPÉRATIONS PRINCIPALES DE L'AGRICULTURE.**

### CHAPITRE I<sup>er</sup>

CULTURE DU SOL, INSTRUMENTS QUI Y SONT EMPLOYÉS.

> « Travaillez, prenez de la peine,
> « C'est le fonds qui manque le moins, »

dit le laboureur à ses enfants. En effet, si la terre n'est remuée sans cesse, n'en attendons que de l'herbe, du bois ou des fruits sauvages. Cette importante opération de la culture a des buts nombreux :

On soulève, on renverse la terre pour l'exposer fortement aux influences de l'air.

On l'ameublit jusqu'à une certaine profondeur, pour permettre aux racines de s'étendre et de se développer.

On fait aux mauvaises herbes une guerre acharnée, et pour les exposer, déracinées et meurtries, au soleil, au vent, à la gelée, on remue le sol à peu de profondeur; ou bien on cherche à les étouffer sous une forte épaisseur de terre.

On travaille encore la terre pour incorporer en elle les amendements et les engrais.

A l'instant des semailles, on pulvérise la surface pour faciliter la germination de la graine et le premier développement du végétal.

Maintes fois on presse la terre afin de lui donner une consistance homogène, sans vide intérieur dans lequel pénétrerait un hâle desséchant; on la presse aussi pour pulvériser les mottes et rendre le sol uni.

On la travaille encore fréquemment autour des plantes en végétation, afin de maintenir celles-ci dans un milieu friable, net de mauvaises herbes, pénétrable à l'air et à la rosée.

Pour exécuter ces divers travaux, l'agriculteur possède quatre genres d'instruments :

1° Au moyen de la charrue, on tranche la terre et on la renverse sens dessus dessous, près de l'endroit où elle a été prise.

2° Par les herses et autres instruments garnis de pointes, on la déchire sans la retourner.

3° Par les houes, on coupe les mauvaises herbes vers le collet, et on ameublit la surface du champ.

4° A l'aide des rouleaux, on écrase les aspérités et les mottes, et l'on resserre un sol trop soulevé.

## CHAPITRE II

> « Avant tout, qu'un orme, plié dans la forêt
> « avec grand effort, prenne à l'avance la forme de
> « l'instrument courbé du labour. Le cultivateur
> « lui adapte un timon de huit pieds de longueur et
> « un soc double, muni de deux oreilles ; il fait en
> « tilleul léger le joug sur lequel porte l'extrémité
> « du timon, et en hêtre le manche qui doit servir à
> « en diriger la marche.      -Virgile. »

CHARRUES.

La charrue consistait d'abord en un crochet de bois qu'on tirait à force de bras pour gratter la terre. L'homme sent bientôt son impuissance à supporter ce dur travail. Il appelle le bœuf à son aide, accouple deux de ces patients animaux sous un joug qu'il leur attache aux cornes ou au col, fixe sur ce joug le long manche de son crochet primitif, en ferre la pointe, et, tandis que les bœufs le tirent, il le maintient dans le sol au moyen d'autres manches placés postérieurement.

Cette charrue première, qu'on retrouve dans le Poitou, fut bientôt améliorée par l'addition d'une ou

244   L'AGRICULTURE FRANÇAISE.

deux oreilles destinées à renverser la terre. Ce progrès constitua l'antique charrue grecque et romaine,

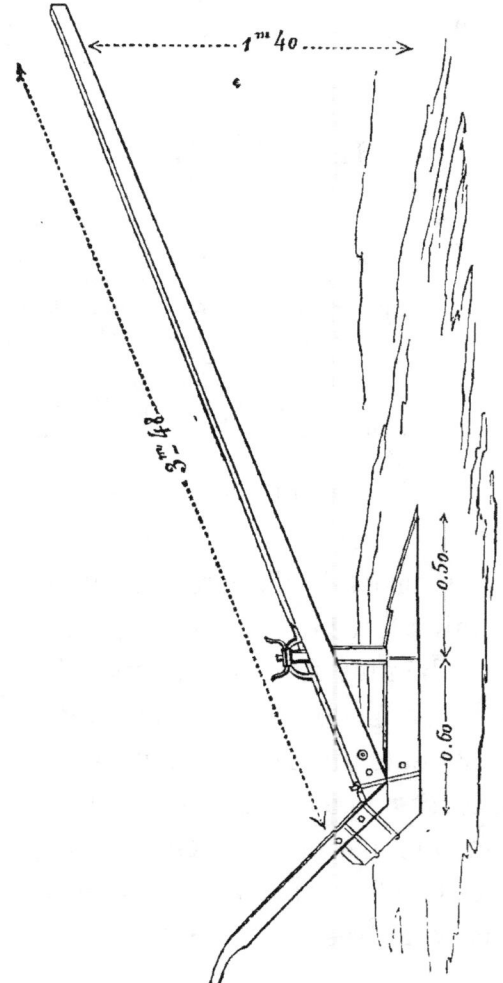

Arau Poitevin, d'après un dessin de M. Moll.

décrite par Virgile et par Hésiode, représentée sur

une foule de bas-reliefs, introduite jadis en Gaule par les Phocéens, usitée encore aujourd'hui dans tous nos départements méridionaux.

Cette charrue, comme toutes les autres qui ont été inventées depuis, nous présente deux pièces principales : le *soc* et l'*oreille* ou *versoir*. Le soc sépare du sol une tranche de terre et commence à la soulever ; l'oreille renverse cette tranche dans le sillon dont a été déplacée une tranche semblable.

La plupart des charrues ont de plus un couteau de fer, appelé *coutre,* qui détache verticalement la tranche en avant du soc.

Le soc lui-même est fixé à l'extrémité du *sep*, pièce de bois ou de fer qui glisse dans le sillon.

La force des animaux est transmise par le long manche de notre crochet primitif, la *haie,* pièce à laquelle le coutre est fixé et qui se lie au sep par une ou deux pièces de bois ou de fer, verticales ou obliques, appelées *étançons*.

Le laboureur dirige l'instrument au moyen d'un ou deux *manches* attachés à la partie postérieure de la haie.

Lorsqu'on commence un labour, on renverse la première tranche sur une bande d'égale largeur, qui reste en dessous sans être cultivée. Ce premier sillon s'appelle *enrayure*.

Si la charrue, par suite de sa construction, ne peut jeter la terre que d'un seul côté, il faut, cette raie ouverte, en ouvrir une autre à quelque distance, revenir au premier sillon après avoir labouré dans cette seconde raie, et repasser à celle-ci en labourant dans la première.

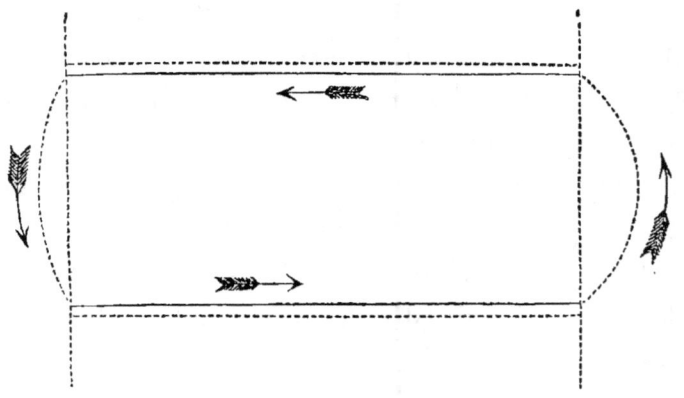

Lignes indiquant la marche d'une charrue qui ne renverse la terre que d'un côté.

Le labour fini, la place qu'occupaient les deux dernières tranches forme, au milieu du champ, un double sillon nommé dérayure. Une pièce étendue se divise par plusieurs enrayures et dérayures en un certain nombre de compartiments.

Si la charrue est construite de manière à pouvoir renverser la terre, tantôt à droite, tantôt à gauche, il n'est besoin d'ouvrir à la fois qu'un seul sillon. La charrue revient sur ses pas, sans discontinuer de labourer. Une fois terminé, le champ, quelle qu'en soit la largeur, ne présente qu'une enrayure à un bord, une dérayure à l'autre.

Étudions successivement les instruments à l'aide desquels on exécute ces deux genres de labour.

## CHAPITRE III

### CHARRUES QUI NE RENVERSENT LA TERRE QUE D'UN SEUL COTÉ.

Les charrues destinées à ne renverser la terre que d'un seul côté, doivent avoir le soc en demi-fer de lance, d'une largeur à peu près égale à celle des tranches ordinaires du labour, c'est-à-dire, d'environ 35 centimètres, légèrement concave en dessous, solidement fixé, la pointe faisant légèrement saillie sur le sep, tant en dessous que du côté de la terre non la-

Soc vu de côté, pointe du soc faisant saillie en dessous.

bourée; disposition qui diminue les frottements et aug-

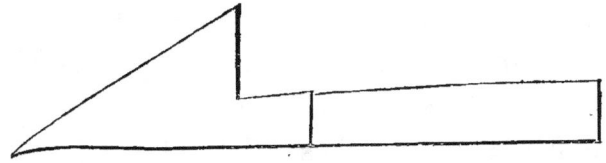

Soc et sep vus à vol d'oiseau; la pointe du soc faisant saillie du côté de la terre non labourée. Afin que cette saillie fût visible nous l'avons exagérée.

mente la puissance de l'instrument, tandis que toute saillie du sep sur la pointe du soc nuit à l'action de celui-ci. Comme cette pointe s'use vite, on la garnit d'acier, et lorsqu'elle se trouve émoussée, on l'envoie à la forge pour l'effiler.

Il faut que le coutre soit solidement fixé à la haie, la pointe en avant, le tranchant légèrement en dehors du côté de la terre non labourée, pénétrant à moitié environ de la profondeur du labour, d'après un plan vertical plutôt qu'oblique, et sur une largeur dépassant de quelques millimètres la largeur du soc. Si le coutre, mal placé, tranchait une bande moins large que le soc, celui-ci ne pouvant enlever que ce qui serait déterminé par cette section, il en résulterait un sillon mal évidé, où les parties postérieures de la charrue seraient gênées.

L'oreille doit présenter la forme elliptique, de sorte que le bord inférieur, restant sur toute sa longueur à égale distance du sep, laisse glisser, sans déplacement, le côté de la tranche sur lequel celle-ci pivote pour se renverser; tandis que le bord supérieur s'écarte de la haie, au point de faire perdre l'équilibre à cette même tranche, en la poussant par l'autre côté.

Plus la charrue est destinée à labourer profondément, plus cet écartement doit se prolonger. Ainsi, soient données deux tranches A, B, C, D et A, B, $c$, $d$, d'épaisseurs différentes, le soc les soulève, et le versoir les jette de côté, en les faisant pivoter, l'une sur l'angle D, l'autre sur l'angle d. Ensuite, il faut, pour

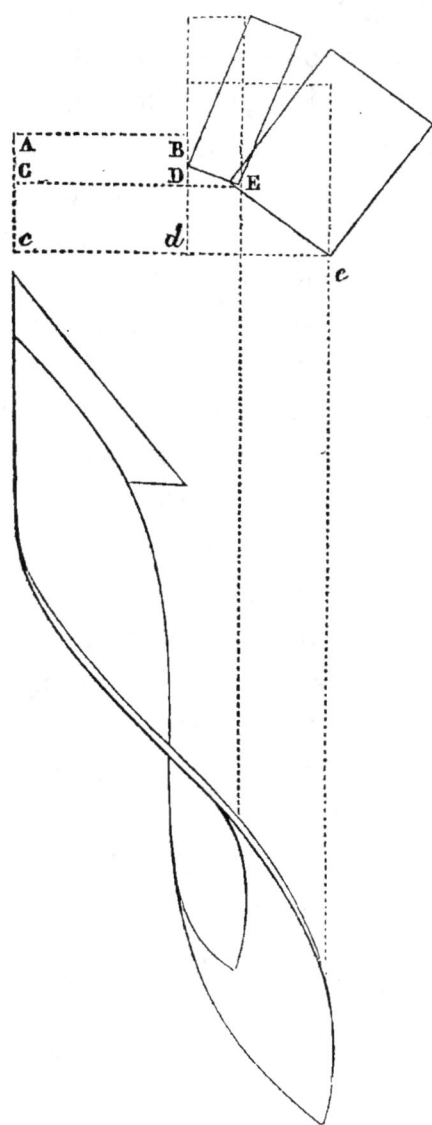

les renverser, faire parcourir à la tranche profonde

un angle plus ouvert qu'à la tranche étroite, ce qui nécessite, comme la figure le démontre, un versoir plus long. A part la courbe résultant de sa forme elliptique, l'oreille ne doit présenter ni creux, ni aspérité; ce qu'on reconnaît, si une règle, appliquée de chacun des points du bord supérieur, vers les points correspondants du bord inférieur, touche sur toute sa longueur la surface même de l'oreille. Enfin, celle-ci jointe au soc doit former un coin très-aigu.

La charrue étant vue à vol d'oiseau, la ligne qui va de la pointe du soc au talon du sep, doit s'éloigner de la ligne de la haie du côté de la terre non labourée, suivant un angle de deux à trois dégrés.

Quant à la haie elle s'appuie, ou sur le joug de deux ou de trois animaux accouplés ensemble, ou sur un avant-train à deux roues; ou bien enfin elle n'a pas de point d'appui apparent; les animaux la tirent par une

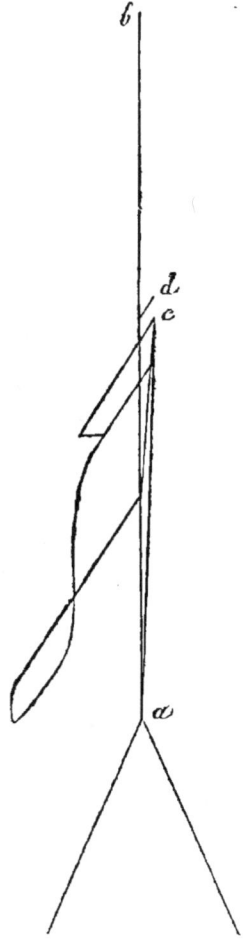

*a b*, ligne de la haie.
*a c*, ligne du sep.
*d*, pointe du coutre.

volée d'attelage, fixée à son extrémité antérieure.

Pour régler l'entrure des charrues dont la haie repose sur avant-train ou sur joug, on élève ou on abaisse le soc, faisant glisser la haie, soit en remontant, soit en descendant, sur la sellette de l'avant-train ou sur le joug.

On construit aussi des avant-trains perfectionnés qui permettent de modifier la hauteur du point

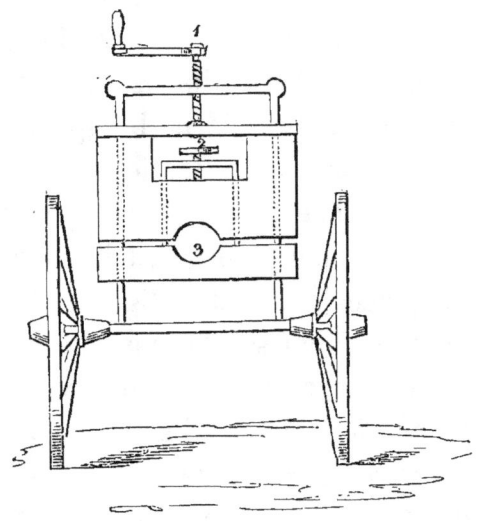

Avant-train perfectionné d'après un dessin de M. Jourdier.
1, vis au moyen de laquelle on change la hauteur du point d'appui de la haie.
2, vis au moyen de laquelle on serre la haie.
3, place de la haie.

d'appui de la haie, autre moyen d'abaisser ou d'élever le soc et par conséquent de prendre plus ou moins de terre. Le laboureur, en appuyant sur les mancherons, maintient le soc à sa profondeur; par un mouvement contraire, il le fait sortir. Quant à la largeur de la tranche, il la modifie en tournant légèrement la charrue, à l'aide des manches, du côté vers lequel elle ne lui paraît pas assez engagée.

Les charrues qui, ne reposant ni sur joug, ni sur avant-train, n'ont aucun point d'appui visible, en ont cependant un réel dans la ligne de tirage qui va droit du centre des résistances, c'est-à-dire, du soc, du coutre et de l'oreille au joug ou au collier des animaux. Nous disons que cette ligne est droite; car aucun obstacle ne l'empêche d'être telle, et suivant les lois de la statique, les forces agissent en ligne directe, si rien ne s'y oppose. Comme le point de la haie par lequel les animaux sont attelés se place sur cette ligne, il suffit, pour élever ou pour abaisser la charrue par rapport à elle, d'atteler les animaux à une pièce susceptible de hausse ou de baisse. Plus cette pièce, que l'on nomme *régulateur*, est descendue, plus la charrue se trouve exhaussée relativement à la ligne de tirage, et moins elle laboure profondément. Par le plus ou moins de longueur qu'on donne aux traits, on abaisse ou on élève la ligne de tirage elle-même, ce qui donne un autre moyen de modifier la profondeur du labour. Plus les traits sont allongés, plus la charrue pénètre en terre.

# DEUXIÈME PARTIE, SECTION II, CHAPITRE III. 253

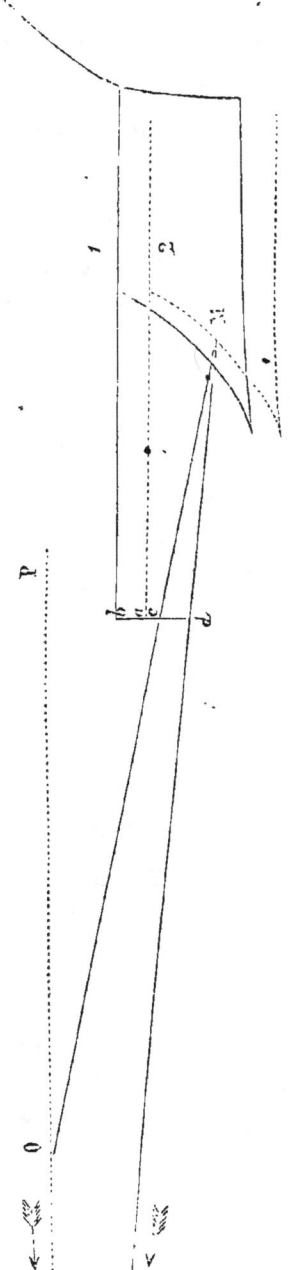

Charrue sans point d'appui, réglée à deux profondeurs différentes.

R P, ligne indiquant la hauteur du point auquel aboutit la ligne de tirage.
O M, ligne de tirage.
1, charrue indiquée par des lignes pleines, labourant à la moindre profondeur; régulateur allant de $b$ à $c$.
2, charrue indiquée par des lignes ponctuées, labourant plus profondément; régulateur raccourci et allant de $a$ à $c$.
O M, ligne de tirage changée de direction par l'allongement des traits, ce qui permet de labourer à la profondeur du n° 2, quoique le régulateur se trouve abaissé au-dessous de la haie de $a$ à $d$, c'est-à-dire autant que dans le n° 1.

Si le laboureur soulève les mancherons, il fait peser les pièces postérieures de la charrue sur la pointe du soc, et il lui donne ainsi plus d'entrure. Au contraire, s'il appuie, il fait basculer le devant de la charrue sur le talon du sep, et le soc sort de terre; maniement tout différent de celui des charrues dont la haie repose sur joug ou sur avant-train.

Le régulateur doit être tel que le point d'attache de l'attelage puisse, non-seulement s'élever ou s'abaisser, mais encore se placer plus à droite ou plus à gauche relativement au soc et au coutre, ce qui sert

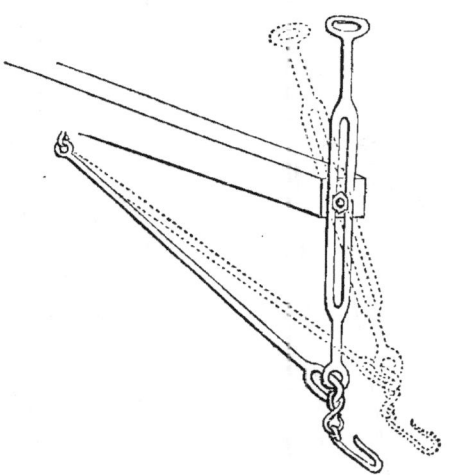

Régulateur Berg.

à régler la largeur de la tranche. Plus ce point d'attache se trouve d'un côté, plus le tirage repousse la charrue de l'autre, et réciproquement. Parmi les divers régulateurs qui ont été inventés, nous signalons,

DEUXIÈME PARTIE, SECTION II, CHAPITRE III.

comme un des plus simples, celui de la charrue Berg, dont le mécanisme est adopté pour la charrue actuelle de Grignon.

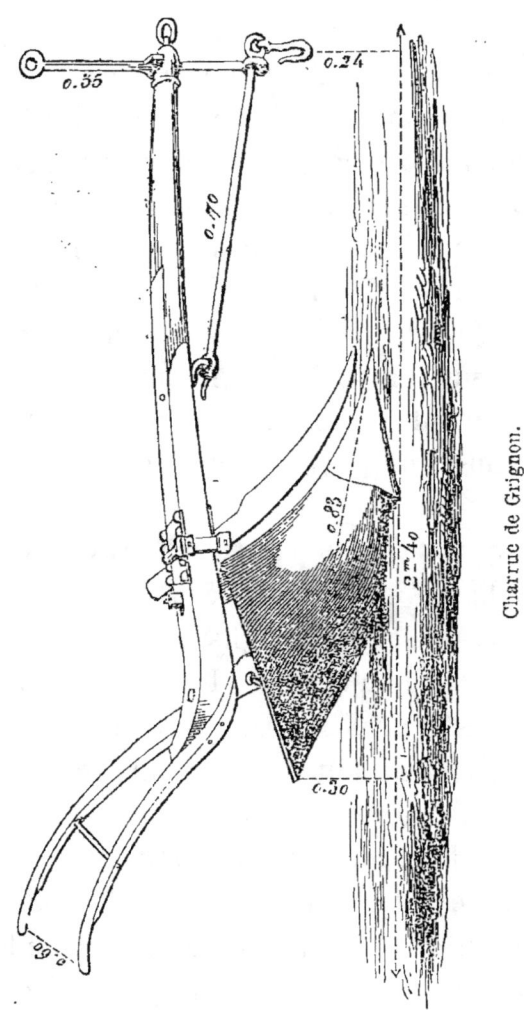

Charrue de Grignon.

Une charrue sans point d'appui, dont le sep, le

coutre et le soc ne sont pas bien placés, est absolument impropre au labour. Celles dont la haie repose sur joug ou sur avant-train présentent sans doute, dans ce cas, plus de résistance qu'elles ne devraient; mais au moins peuvent-elles fonctionner. Les charrues sans point d'appui sont aussi les plus difficiles à tenir; en revanche elles conviennent tout particulièrement au labour des champs durcis et aux défoncements. De plus, aux extrémités de chaque sillon, on les fait entrer en terre et sortir de raie avec une grande précision. Enfin, si la surface du terrain est irrégulière, on peut, en soulevant les manches et pressant alternativement sur eux, conserver une profondeur égale ; chose impossible avec tout autre instrument.

Pour obtenir de ces charrues le travail le plus parfait, les Belges ont adapté à la haie, en arrière du régulateur, un sabot qui, glissant sur le sol, prévient toute irrégularité d'entrure. De leur côté, les Anglais ont muni ces mêmes charrues de deux roues indépendantes l'une de l'autre, de diamètre différent, et pouvant être élevées ou abaissées; la plus grande roule dans le sillon, la plus petite sur la terre non labourée. Un autre perfectionnement important consiste à ceintrer la haie, afin d'ouvrir l'angle formé par la jonction du coutre avec cette pièce, ce qui diminue la disposition de l'herbe et du fumier à s'y amonceler.

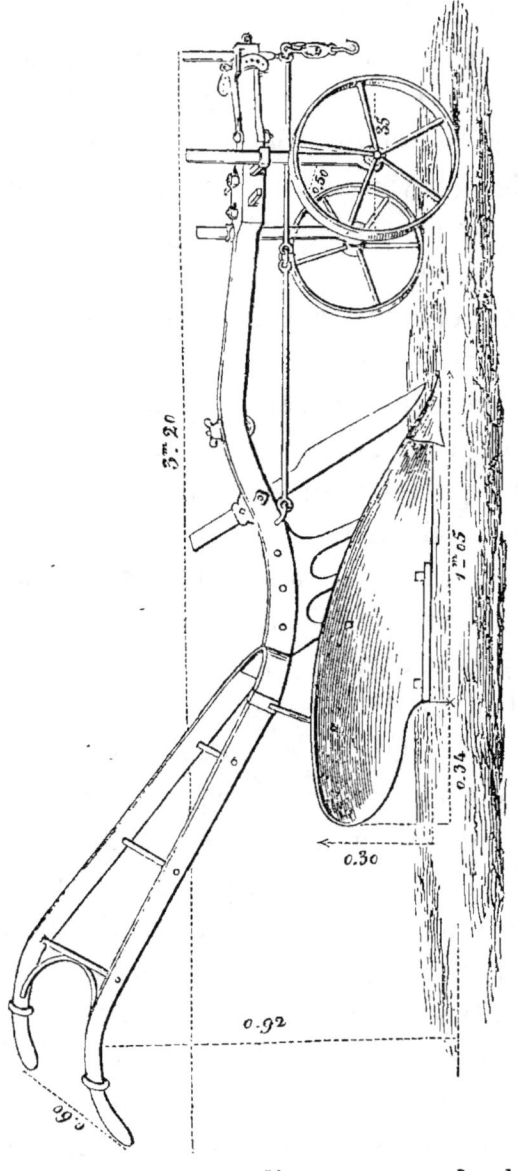

Charrue anglaise Howard.

Si nous comparons ces divers genres de charrues, au

point de vue de la manière de les atteler et de la résistance qu'elles offrent, nous remarquons que celles dont la haie repose sur joug peuvent être traînées par des bœufs, des mulets ou des ânes, et non par des chevaux, cet animal étant trop faible d'encolure pour tirer sous le joug des fardeaux tant soit peu considérables.

Ces mêmes charrues et celles à avant-train peuvent avoir un sep très-court, sans qu'elles cessent de conserver une fermeté suffisante, tandis qu'il faut une certaine longueur de sep aux charrues sans point d'appui, ce qui est pour ces dernières une cause de frottements particuliers.

Pour les charrues à avant-train, c'est l'avant-train même qui accroît la résistance, lorsqu'il se compose de pièces grossières; et quand, trop élevé, il produit dans la ligne de tirage une forte déviation. Mais s'il est léger, muni de roues étroites, de moyeux et d'essieux bien établis et régulièrement graissés, cette augmentation de résistance, qui devient à peine sensible, peut se trouver compensée, et au-delà, par la direction plus voisine de l'horizontale que l'avant-train fait prendre à la ligne de tirage, ce qui facilite l'effort des bêtes de haute stature et particulièrement du cheval. Il semble que, de tout temps, les laboureurs se soient servis de ces animaux dans le nord des Gaules. Aussi, d'après le témoignage de Pline, l'avant-train y était usité dès l'antiquité. En Grèce, en Italie et dans le midi de la France, on n'a jamais employé que les charrues à point d'appui sur joug. Il s'ensuit que le cheval n'y laboure pas.

## CHAPITRE IV

### CHARRUES RENVERSANT LA TERRE SOIT A DROITE, SOIT A GAUCHE.

Dans cette série d'instruments, nous trouvons les *binoirs*, les *charrues tourne-oreilles*, celles à *oreilles rentrantes*, enfin les charrues *doubles*.

Les *binoirs* ont un soc en fer de lance et deux oreilles. Si le laboureur incline l'instrument, il fait

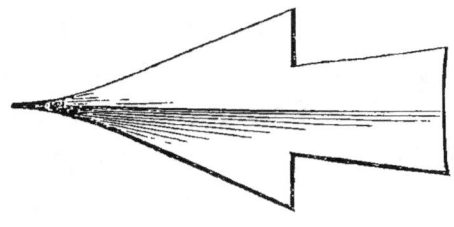

Soc de binoir.

sortir de terre une oreille dont l'action se trouve annihilée, tandis que l'autre agit d'une manière complète. Pour labourer en revenant toujours dans le même sillon, il suffit donc de faire pencher alternativement le binoir à droite et à gauche.

Cet instrument ameublit très-bien la surface du sol; mais il ne donne pas une culture de profondeur uniforme, puisque le soc se trouve incliné, et il enterre imparfaitement les mauvaises herbes; aussi ne doit-on considérer ce labour que comme un travail supplémentaire qui, très-utile dans certains cas, ne dispense pas de l'emploi d'autres charrues.

Lorsqu'on se sert du binoir sans l'incliner, on rejette la terre des deux côtés de la raie ouverte. Supposé qu'on trace de semblables sillons sur toute l'étendue du champ, celui-ci se trouve fouillé à moitié et divisé en un grand nombre de petits ados; labour qui assainit très-bien la terre et l'expose fortement aux influences atmosphériques, mais qu'on doit toujours faire suivre ou précéder par d'autres labours, afin que le sol reçoive un ameublissement complet. Dans plusieurs parties de la France, c'est ainsi qu'on enterre les semences. Après la germination, le champ présente une suite de zones étroites, séparées par autant de sillons qui restent vides. Comme la terre végétale est accumulée sur l'espace ensemencé, le végétal se trouve dans des conditions de réussite particulières; mais le sol n'est productif que partiellement; ce qui doit engager à n'adopter cette disposition que pour les champs de qualité médiocre.

Sous le nom de *buteurs*, les binoirs servent encore à rechausser les végétaux semés ou plantés en lignes.

Les *charrues tourne-oreilles*, dont la charrue *picarde* et le *harna* du Nord sont deux variétés, ont — le soc en forme de fer de lance, — une oreille mobile qui s'adapte à l'aide de crochets, soit à droite, soit à gauche des étançons, — un coutre mobile dont on modifie la position chaque fois qu'on déplace le versoir, afin que la pointe entame la terre par le côté opposé à celui où se trouve l'oreille. Les charrues picardes ont de plus deux petits versoirs fixes qui, placés au-dessus de l'oreille mobile, en complètent le travail.

Les charrues à *oreilles rentrantes* portent deux oreilles dont l'une, appliquée contre les étançons, n'a pas d'effet, tandis que l'autre est fixée par un crochet à une certaine distance des étançons de manière à renverser la tranche. On change successivement la position de ces versoirs, suivant qu'on veut jeter la terre à droite ou à gauche. Le coutre est mobile, la pointe devant toujours être dirigée du côté opposé à celui de l'oreille qui agit. Nous signalerons dans ce genre, la charrue *Vasse* (du département de la Somme) dont le soc présente un demi-fer de lance pivotant à l'extrémité du sep. A chaque fin de sillon, avant de rentrer en raie, on opère la conversion du soc, de sorte que l'aile se trouve du côté de l'oreille agissante. Par un mécanisme ingénieux, un seul effort détermine le mouvement de l'oreille, du soc et du coutre. Cette charrue, dont le fer peut être très-aigu, entame les terres engazonnées et durcies, beaucoup mieux que ne le feraient les charrues à soc en forme de fer de lance, pour peu que celui-ci ait de largeur.

Les charrues à oreilles rentrantes et les charrues tourne-oreilles ne renversent la terre qu'imparfaitement parce que leur versoir, destiné à changer de position, ne peut être de forme elliptique. De plus, ces charrues, ainsi que les binoirs, frottent trop fortement du côté de la terre non labourée pour qu'elles puissent bien fonctionner sans point d'appui ; ainsi elles reposent sur avant-train ou sur joug.

Au double point de vue des frottements et du renversement de la tranche, nous préférons les *charrues doubles,* telles que le *brabant double* de Picardie, charrue en fer à avant-train, qui se compose de deux charrues superposées, renversant la terre l'une à droite, l'autre à gauche, de sorte que pour labourer

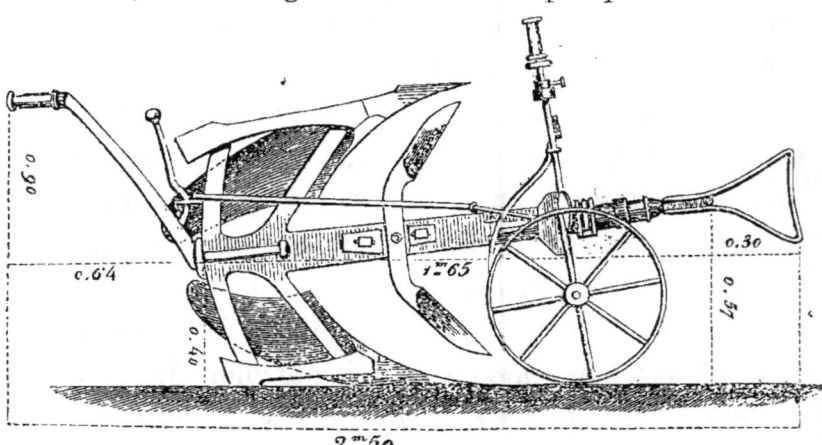
Brabant double.

sans changer de sillon, il suffit, à chaque extrémité, de mettre l'instrument sens dessus dessous. La haie est si solidement ajustée dans l'avant-train que les manches peuvent n'être pas tenus par le laboureur.

La charrue jumelle de Grignon présente deux charrues sans point d'appui adossées l'une à l'autre. On l'attelle successivement par chacune des extrémités.

Permettre d'éviter les enrayures à la place desquelles il reste de la terre non fouillée, voilà le principal avantage des instruments de cette seconde catégorie, avantage qui, aux yeux des cultivateurs de quelques pays, l'emporte sur l'inconvénient de la complication. Ne nous exagérons pas l'importance de cette supériorité. Ainsi, lorsqu'on a soin d'enrayer dans les dérayures du labour précédent, la terre se trouve suffisamment travaillée à la place même des enrayures. De plus, en enrayant tout à l'entour d'une pièce de certaine étendue et continuant de la labourer par la circonférence, on peut la cultiver avec toute espèce de charrue, sans autre enrayure que celle du bord. Enfin, les charrues du second genre ne présentent aucun avantage lorsqu'on fait valoir des terres humides, les dérayures formant, pour l'assainissement de ces terrains, des rigoles qu'il serait plus coûteux de creuser de toute autre manière.

Relativement au choix d'une charrue, voici encore quelques principes importants.

Si les champs, à cause de leur nature humide ou de la fraîcheur du climat, ont beaucoup de tendance à s'enherber, n'adoptons, pour la culture ordinaire, ni les binoirs, ni les charrues tourne-oreilles, ni celles à oreilles rentrantes, mais des charrues dont l'oreille elliptique renverse bien la tranche, afin que les herbes soient étouffées le mieux possible.

Si la terre est très-collante, les charrues sans point d'appui n'ont pas assez de fixité et ne peuvent être admises. En revanche, elles sont précieuses, s'il se trouve des défoncements à opérer, des champs très-durs à ouvrir.

Devons-nous souvent labourer près de fossés, de haies ou d'arbres; les charrues à avant-trains n'approchent pas assez près de ces divers obstacles.

Le mieux est de réunir dans la même exploitation deux sortes de charrues, l'une à versoir elliptique, pour bien renverser la terre et pour étouffer les gazons; l'autre du genre binoir, pour les labours qui doivent surtout ameublir la surface du sol et déchirer les mauvaises herbes.

Ajoutons que, comme il est difficile de faire adopter par les serviteurs une charrue à laquelle ils ne sont pas habitués, on doit, avant d'essayer cette substitution, étudier avec soin les avantages et les inconvénients des charrues du pays; souvent il vaut mieux les perfectionner que d'en prendre d'autres; ce qui justifie, jusqu'à un certain point, le précepte de Caton :

*Ne change point ton soc.*

Comme améliorations, voici celles que nous croyons pouvoir conseiller d'une manière absolue :

Construire le sep et les étançons en fer ou en fonte plutôt qu'en bois, afin que ces pièces soient minces, sans être faibles, et qu'elles présentent peu de frottements;

Chausser le talon des seps en fer avec une petite pièce de fonte sur laquelle se concentrent tous les frottements, pièce qu'on renouvelle chaque fois qu'elle est usée;

Pour que la haie, restant pleine sur toute sa longueur, soit aussi solide que possible, ne pas la faire traverser par le coutre, mais fixer celui-ci sur le côté au moyen de ferrements;

Adopter les socs, dits *américains*, qui s'ajustent par un ou deux boulons à l'extrémité du versoir et du sep, tandis que les anciens socs chaussent le sep au moyen d'une large douille; ce qui, à chaque renouvellement du soc, cause une perte de fer assez importante;

Si l'on cultive des terres collantes, adopter les oreilles en bois, parce que la terre argileuse s'attache trop facilement au métal;

Pour la culture de tout autre sol, préférer les oreilles de fer ou de fonte, comme plus faciles à obtenir des ouvriers suivant la forme exactement désirée;

Donner beaucoup d'épaisseur à la partie basse et antérieure du versoir, attendu qu'elle s'use très-vite;

Adopter pour les avant-trains les roues de fonte d'une seule pièce, comme il s'en fabrique maintenant, avec moyeux perfectionnés, de sorte que le sable ne puisse se glisser à l'intérieur, et que l'huile ne suinte pas au dehors ;

Comme une fois altérées par la rouille, les vis manquent de solidité, les remplacer par des clavettes et par des coins de fer, partout où cette substitution est possible.

Enfin, nous pensons, sans cependant en avoir encore nous-même fait l'essai, qu'on peut avantageusement adopter le mécanisme nouveau, dit *Armelin*, recommandé par le savant M. Jourdier, directeur de la société du matériel agricole perfectionné, auteur d'études importantes sur la mécanique agricole. Dans les charrues Armelin, la pointe du soc est remplacée par l'extrémité d'une barre d'acier fixée aux étançons, barre qu'on avance à mesure qu'elle s'use, ce qui dispense d'envoyer rebattre le soc à la forge.

Rappelons, au sujet du perfectionnement des charrues, le concours qui fut ouvert de 1801 à 1810, par le gouvernement français, sur la proposition de Chaptal. L'auteur du meilleur instrument devait recevoir une prime de 10,000 fr.; mais les améliorations présentées ne paraissant pas dignes du prix total, on n'accorda que des accessits, notamment des médailles à Jefferson, président des États-Unis, à Arthur Young, à lord Sommerville, au duc de Bedford. Comme ce dernier venait d'être enlevé par une mort prématurée, on déposa la médaille sur son tombeau. Quelque temps après, l'Angleterre lui érigea une statue. La charrue, sur laquelle on voit le duc appuyé, rappelle au monde l'amour que ce grand homme avait pour l'agriculture. Ses descendants n'ont pas dégénéré, et le duc actuel de Bedford doit être mis au nombre de ceux qui contribuent aux progrès agricoles avec le plus d'ardeur et de générosité.

## CHAPITRE V

### ATTELAGE DES CHARRUES, ENRAYURES, TOURNIÈRES.

Pour tracer ces sillons égaux et réguliers qui font la réputation du laboureur habile, il ne suffit pas d'avoir une bonne charrue et de la bien régler ; il faut encore l'atteler convenablement.

Le mieux est de la faire traîner par deux animaux tirant de front, soit au moyen d'un joug, soit à l'aide de colliers et de traits qu'on attache à une *balance* ou volée d'attelage. Celle-ci se compose d'une pièce de bois d'environ 1 mètre de longueur, aux extrémités de laquelle sont fixées par des anneaux deux pièces plus petites, dites *palonniers*. Les traits s'accrochent aux palonniers, et la pièce principale à la charrue. Des deux bêtes, l'une marche dans le sillon, l'autre sur la terre non labourée. A cet égard, il est fort important de ne pas troubler leurs habitudes.

On doit aussi accoupler ensemble, autant que possible, des animaux de même force, afin que la charrue ne soit pas plus entraînée d'un côté que de l'autre; ou bien il faut disposer, soit le joug, soit la balance, de sorte que l'animal faible tire par un levier plus long que l'animal fort, ce qui rétablit l'équilibre entre eux. A cet effet, on perce plusieurs trous dans le joug, afin que les chevilles qui le traversent et qui maintiennent la haie de la charrue puissent être déplacées et que la haie elle-même soit éloignée de l'animal faible. Quant à la balance, il convient qu'indépendamment du point d'attache placé à son centre, elle en ait encore un ou deux à droite et à gauche de celui-là.

Le laboureur conduit facilement seul deux ou trois animaux attelés de front. Il peut encore, quoiqu'avec moins de facilité, conduire quatre bêtes marchant sur deux rangs; mais une seconde personne devient indispensable, si l'attelage est plus nombreux; complication dispendieuse qu'on doit chercher à éviter par le choix de forts animaux.

Les volées d'attelage destinées à trois bêtes de front sont divisées en deux parties, l'une double de l'autre en longueur, et à l'extrémité de laquelle est fixé un simple palonnier; tandis qu'au bout de la partie courte est attachée une balance entière avec deux palonniers. D'après la loi des leviers, la force des animaux se trouve de la sorte équilibrée.

Lorsque les bêtes sont attelées sur deux rangs, celles de devant tirent par une chaîne divisée en deux branches, qu'un morceau de bois nommé *étendière* maintient à distance l'une de l'autre. Chaque paire de trait est ouverte de même par une étendière, ce qui permet aux animaux de marcher librement. Enfin, la chaîne est soutenue par un anneau suspendu au cou des animaux du second rang.

Dans certains cas particuliers, par exemple, lorsqu'il faut labourer une terre qui se pétrirait sous le pied du bétail, on fait marcher les animaux l'un devant l'autre dans la raie, accrochant les traits du premier à ceux du second, et ainsi de suite; mais cette disposition gêne l'attelage et lui fait perdre une partie de sa force.

Pour la perfection des labours, voici encore quelques précautions indispensables :

Déterminer à chaque extrémité de la pièce, par un sillon transversal, l'espace, appelé *tournière*, sur lequel la charrue doit tourner; sortir de raie et y rentrer correctement à partir de cette ligne indicatrice;

Enrayer autant que possible dans les dérayures du labour précédent;

Sauf certaines dispositions particulières dont nous parlerons au sujet des assainissements, ne pas faire à la même place ou à des points très-rapprochés, deux ou plusieurs enrayures successives, ce qui accumulerait la terre végétale sur une partie du champ aux dépens du reste ; s'abstenir également de faire deux dérayures de suite au même endroit, attendu que le sol s'y trouverait creusé et appauvri ;

Jalonner les enrayures, et, pour que la première tranche qu'on rejette sur le terrain non labouré forme une éminence à peine sensible, prendre peu de profondeur à ce premier sillon, puis augmenter graduellement l'entrure jusqu'au troisième ;

Si on tient à ce que tout le sol soit fouillé, point très-important lors d'un défrichement de gazon, répandre à la pelle la terre du premier sillon, puis enrayer dans cette raie ;

Avant de se mettre à dérayer, augmenter l'entrure de la charrue, afin que la dernière tranche, qui se trouve isolée, puisse être facilement saisie par le soc ;

Compléter à la bêche la culture de tout ce que la charrue n'a pu entamer près des haies, des murs, des fossés et des arbres, pour que rien d'inculte ne serve de retraite aux insectes nuisibles, ni de centre de propagation aux mauvaises herbes.

## CHAPITRE VI

LABOURS, LEUR IMPORTANCE, PROFONDEUR ET LARGEUR DES TRANCHES, FOUILLEUR.

Des divers travaux de culture, le labour est le seul par lequel on puisse exposer toutes les parties du sol à l'action directe des agents atmosphériques et enfouir les mauvaises herbes; moyen de destruction souvent indispensable. Aussi est-ce par excellence le travail agricole; d'où lui vient le nom même de *labour* (*labor*, *travail*).

Sauf quelques cas exceptionnels, il faut *verser* le champ, c'est-à-dire, l'entamer par la charrue, au moins une fois, entre une récolte et l'ensemencement suivant. Souvent, la préparation du sol exige encore un ou deux autres labours.

La profondeur à laquelle on pénètre varie de 10 jusqu'à 40 centimètres. Tantôt, le mieux est de ne pas reculer devant la difficulté et la dépense des labours profonds. D'autres fois, au contraire, il faut se contenter de gratter le sol, notamment :

— Si le champ, déjà cultivé, se trouve sur le point d'être ensemencé, la surface que les agents atmosphériques ont fécondée étant très-favorable aux semences et ne devant pas être enfouie dans les profondeurs de la couche arable; — lorsque l'on enterre la plupart des substances fertilisantes; — quand, par sécheresse, on entame pour la destruction des mauvaises herbes un champ récemment récolté; — enfin, lorsqu'on verse à l'automne des limons imperméables, ces terrains devenant, après l'hiver, extrêmement mous et boueux, pour peu qu'avant les gelées, ils aient été labourés profondément.

En quelques pays, on n'entame par ces labours superficiels que moitié du terrain, et chaque tranche est rejetée sur un espace qui n'est pas fouillé. Ce travail tourmente et affaiblit les mauvaises herbes, dont plus tard on achève la destruction par un trait de charrue énergique qui les couvre d'une forte épaisseur de terre meuble.

Le point auquel il convient de pénétrer par les labours profonds se rapporte à la nature du sol. Si la couche végétale est épaisse, fouillons-la, de temps en temps, aussi avant que possible; nous ferons périr ainsi, en les étouffant, quantité de végétaux parasites; et, comme nous aurons soumis une plus grande masse de terre à l'influence des agents atmosphériques, la puissance nourricière du sol se trouvera accrue; enfin le développement vertical des racines étant facilité, nos récoltes seront plus épaisses, plus vigoureuses, plus résistantes à la sécheresse, à l'excès de fraîcheur et à toute espèce d'intempérie.

Pour pénétrer au-dessous de 30 centimètres, on peut employer deux charrues, dont l'une, munie d'un versoir long et élevé et d'un soc aigu, fouille le fond des sillons ouverts par l'autre. Dans le département des Côtes-du-Nord, cet approfondissement se fait à la bêche. En Artois et en Flandre, on se sert d'un instrument particulier, appelé *fouilleur*, qu'un ou deux chevaux traînent dans chaque raie de charrue. Ainsi travaillée, la terre reste quelque temps soulevée dans ses couches inférieures, et ne demande

# DEUXIÈME PARTIE, SECTION II, CHAPITRE VI. 273

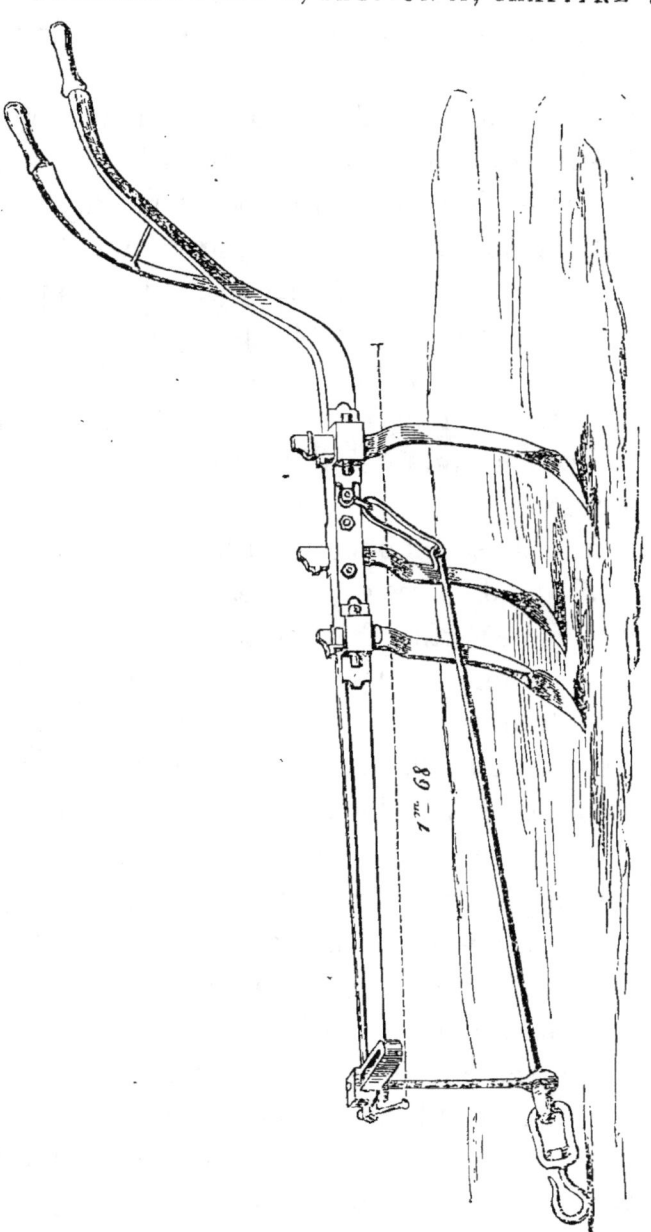

Fouilleur.

1m,68

le renouvellement de l'opération qu'au bout de plusieurs années.

Malgré les avantages des labours profonds, on ne doit pénétrer fortement dans le sous-sol que si l'on peut améliorer de suite, par d'abondants engrais, la terre infertile que le défoncement mêle avec l'autre; et il convient de labourer à une profondeur toujours uniforme les craies et les sables presque purs, l'aridité de ces terrains augmentant chaque fois qu'on entame la couche raffermie par le piétinement des animaux, couche qui ralentit un peu l'infiltration des eaux pluviales.

Sauf ce cas exceptionnel, l'alternat des labours de profondeurs diverses est un des plus sûrs moyens d'arriver à la perfection de la culture.

Si de la profondeur des labours nous passons à la largeur des tranches, il est aisé de concevoir que, sauf le cas de ces demi-labours qui n'ont d'autre objet que de tourmenter les chiendents à la surface du sol, on ne doit pas prendre plus de terre que le soc et l'oreille n'en peuvent renverser. Du reste, il faut que les tranches soient aussi larges que possible, toutes les fois que l'humidité de la saison nous fait une loi de chercher à détruire les herbes par étouffement. N'est-ce pas en effet par l'entre-deux des tranches qu'il s'échappe des fils de chiendents qui, n'étant pas privés d'air, recommencent à poindre? Dès lors, ne convient-il pas que ces entre-deux soient très-espacés?

Pour obtenir dans ce cas le meilleur travail, les Flamands adaptent à la charrue, en avant du coutre, une *rasette* ou pièce de fer qui n'est autre qu'un diminutif de soc et d'oreille, sorte de petite charrue qui coupe et rejette au fond du sillon l'angle enherbé qui, le labour fait, se trouverait au point d'intersection des deux tranches. De la sorte, le gazon se trouve enfoui d'une manière parfaite.

On doit aussi exécuter à très-larges tranches tous les premiers labours donnés avant l'hiver; car plus la terre forme alors de gros blocs, mieux la gelée pénètre à l'intérieur par les vides étendus qui les séparent. Pour les labours ordinaires, bien que plusieurs auteurs conseillent les raies étroites dans l'intérêt de l'ameublissement, nous opinons encore pour des tranches d'une certaine largeur. Le degré d'ameublissement s'obtient ensuite facilement par des hersages vigoureux, et l'ensemble du travail se fait plus vite.

## CHAPITRE VII

PELLEVERSAGE, LABOURS D'AUTOMNE, PREMIERS ET SECONDS LABOURS.

En règle de bonne culture, la terre devrait toujours être — engazonnée, — occupée par un ensemencement, — ou maintenue nette et friable par le travail des instruments aratoires. Ainsi, à peine un champ est-il récolté qu'il faut, à moins d'autre travail très-pressé, chercher à l'entamer par la charrue; mais comment y parvenir, si l'ardeur de l'été a durci le sol? C'est le cas de recourir au *barboulage* de l'Auvergne, ou *pelleversage* du midi. Trois ou quatre ouvriers, armés de bidents solides, enfoncent à la fois dans le sol le fer de ces instruments; puis, abaissant le manche vers eux, ils détachent un gros bloc auquel ils font faire conversion. Le champ, bientôt retourné, se trouve couvert de mottes énormes. Pour peu que la sécheresse se prolonge, les chiendents sont entièrement brûlés. A la première averse suffisante pour pénétrer les mottes, on donne de vigoureux hersages, et la culture est parfaite.

Lorsqu'on n'a pu entamer aussitôt après la récolte, soit à la charrue, soit au pelleversoir, les terres destinées à être ensemencées au printemps suivant, il ne faut pas attendre l'instant du semis pour donner le premier labour, mais l'effectuer avant ou pendant l'hiver, afin de tourmenter les herbes et d'exposer le sol à l'action ameublissante des gelées; point capital, surtout dans la culture des terres argileuses. Ces labours d'automne se font quelquefois par enrayures et dérayures contiguës. Disposée de la sorte en ados étroits, la terre ressent encore à plus haut degré l'effet des gelées.

Les champs argileux ne peuvent être trop remués

par la charrue. Au contraire, il faut éviter de labourer fréquemment les sols friables, tels que les craies, les sables, les terres de marais et de bruyères. En effet, nos plantes craignent pour la plupart un sol très-soulevé, *une terre creuse,* comme disent les laboureurs.

La consistance boueuse, que prend un champ labouré par un temps humide, est généralement plus nuisible encore, surtout si le sol est argileux et si c'est au printemps qu'a lieu le labour. Pour peu qu'en cette saison ce terrain tenace soit pétri, il devient ensuite d'une dureté extrême. A l'automne, on n'a pas le même danger à courir, à cause des gelées dont l'effet ameublissant doit bientôt se faire sentir. Plutôt que de laisser alors sans culture le champ argileux, on doit le labourer, même dans un état de fraîcheur prononcée. Quant aux sols sablonneux et calcaires, ils ne sont presque jamais trop humides pour ne pouvoir être entamés. Il en est de même des terrains calcaro-argileux et argilo-calcaires, pourvu que, attelés l'un derrière l'autre dans le sillon, les animaux ne pétrissent pas la terre. Grâce à la présence du calcaire, ces terrains, ainsi que nous l'avons déjà remarqué, s'ameublissent ensuite par le seul effet des agents atmosphériques.

A moins qu'on ne fasse succéder l'un à l'autre deux labours de profondeur toute différente, on ne doit travailler par la charrue une terre déjà versée que lorsque les mauvaises herbes sont aussi bien étouffées que possible. Plus la température est froide, plus il faut attendre. Ainsi, en été, moins d'un mois peut suffire, tandis qu'un champ, versé à la fin de l'automne, ne peut pas toujours être repris à la même profondeur aussitôt après l'hiver. Si l'on n'a pas assez de temps pour donner utilement un second labour, qu'on s'en tienne à un seul trait de charrue, réservant aux herses et autres instruments le travail d'ameublissement qui peut encore être nécessaire.

## CHAPITRE VIII

#### HERSES, SCARIFICATEUR, HERSAGES.

Véritables râteaux des campagnes, les herses se composent de pièces de bois ou de fer, armées de dents et assemblées en triangle, rectangle, trapèze ou losange, suivant un plan parallèle au sol. Quelle que soit la forme adoptée, il faut que les dents tracent des lignes régulièrement espacées.

Dans la herse en losange, dite *valcourt*, du nom d'un savant modeste auquel nous devons de sérieuses études sur la mécanique agricole, chaque angle est muni d'un crochet; et c'est à la chaîne qui va de l'un à l'autre qu'on attache la volée d'attelage, choisissant un point tel que le tracé des lignes réponde à la condition que nous venons d'indiquer. A cause de la flexibilité de la chaîne, cette herse présente un mouvement d'oscillation qui en rend l'action très-énergique.

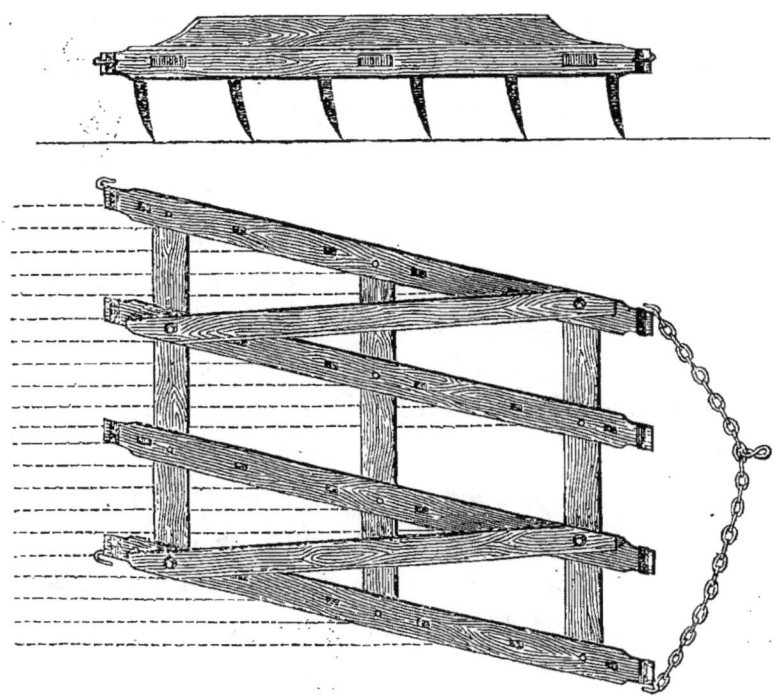

Herse Valcourt.

Il convient que les dents de toute herse, au lieu d'être verticales, soient inclinées vers l'attelage, ce qui augmente leur puissance d'entrure; si l'on veut un hersage peu énergique, on fait traîner l'instrument en sens inverse.

Par la longueur des traits, on peut aussi régler jusqu'à un certain point la force du travail; car la herse, comme la charrue, pénètre d'autant moins qu'elle est attelée de plus court.

La même exploitation doit réunir plusieurs herses; les unes à dents de fer, les autres à dents de bois. Supposé qu'on désire émietter un champ couvert de mottes, on commence par employer des herses pesantes et à dents écartées; ensuite, on en prend de plus légères; enfin, pour terminer le travail, on se sert de châssis à dents très-serrées.

Si la herse dépasse un certain degré de pesanteur, on ne peut en régler convenablement l'entrure sans le secours de roues qui, au nombre de trois ou quatre, la soutiennent devant et derrière, et peuvent s'élever ou s'abaisser.

On appelle *scarificateurs* celles de ces herses qui ont des dents larges, aiguës et courbées en avant; instruments précieux que toute exploitation doit posséder et qui, pour des cultures superficielles, remplacent souvent la charrue avec grande économie de temps et de force.

Les herses destinées à la culture d'ados étroits, présentent un plan courbe et parallèle à la surface même des ados; ou bien il faut qu'elles se composent de deux, trois ou quatre compartiments de l'étendue, chacun, d'une moitié d'ados, portions qui sont attachées l'une à l'autre par des anneaux.

## DEUXIÈME PARTIE, SECTION II, CHAPITRE VIII. 281

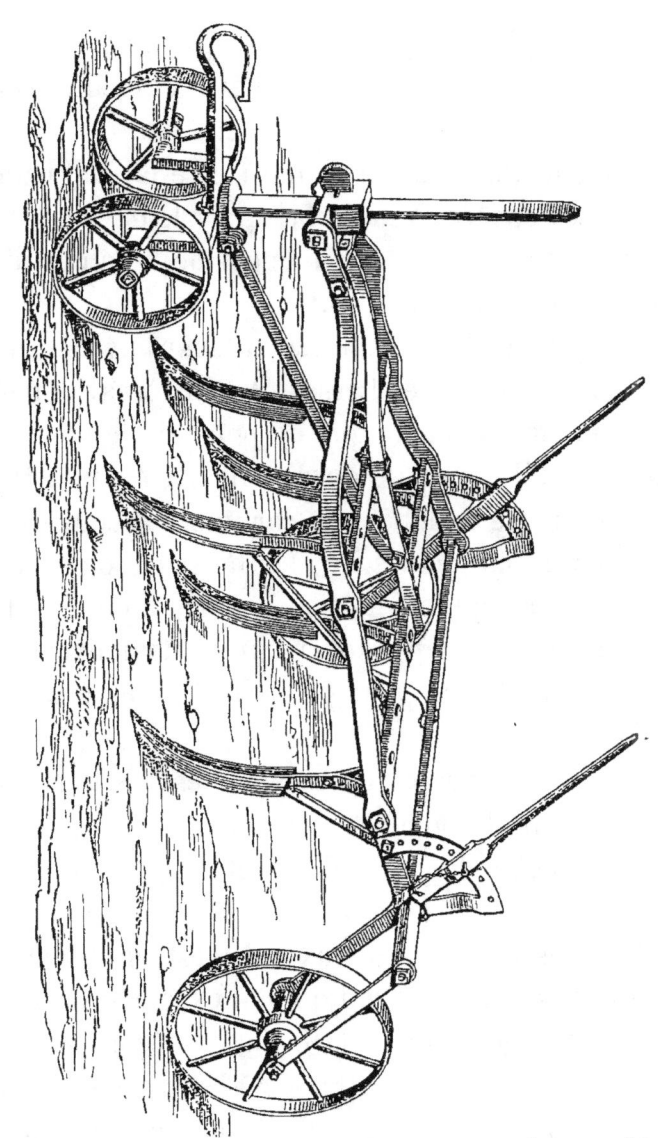

Scarificateurs.

Trop peu employées sur les points les plus arriérés du territoire, les herses seront, en bonne culture, de

16.

l'usage le plus fréquent. Ainsi, il convient presque toujours de s'en servir pour achever l'ameublissement du sol et pour enterrer les semences.

Souvent aussi on herse une terre labourée et qui doit l'être encore, afin de favoriser le développement des graines nuisibles dont le germe sera détruit par les cultures subséquentes.

Les hersages en temps sec, d'abord avec le scarificateur, puis avec des herses plus légères, détruisen les chiendents mieux que ne pourrait le faire aucun autre travail. Après le dernier de ces traits de herse, on s'empresse de labourer; car une fois couvertes par la charrue, les racines que les hersages ont affaiblies périssent promptement, tandis que, si elles restaient à la surface, sans être tourmentées de nouveau, elles reprendraient vie, pour peu que la température fût humide.

On entame avec de grosses herses, surtout avec le scarificateur, les champs qui viennent d'être récoltés, afin d'arracher les chiendents et d'empêcher le durcissement du sol.

Dans les pays les mieux cultivés, on attache tant d'importance à ce travail qu'on l'exécute avant même de rentrer la récolte. Celle-ci est rangée en tas alignés pour ne pas gêner les attelages. Un trait de scarificateur est sans doute moins efficace, en cette circonstance, que ne le serait un labour; mais il présente l'avantage de s'exécuter plus rapidement.

Dans certains cas, on peut herser utilement un champ ensemencé depuis quelques jours, afin de continuer la destruction des chiendents et de faire périr les plantes nuisibles provenant de graines dont la germination aurait précédé celle des graines confiées au sol.

On éclaircit avec la herse certains semis trop épais, entre autres, ceux de navets. La culture qui en résulte est fort utile aux pieds épargnés.

Un hersage est aussi très-favorable, après l'hiver, aux plantes fortement enracinées, trèfles, luzerne, sainfoin, fèves, herbes de prairie, souvent même aux céréales.

Si nous passons à la conduite des herses, voici les principales règles à suivre :

Ne herser la terre que ressuyée et disposée à s'ameublir ;

Ne pas laisser la herse s'embarrasser d'herbes ni de mottes; la soulever pendant sa marche, pour faire tomber tout ce qui s'accroche entre les dents ; à cet effet, rester derrière l'instrument et conduire l'attelage à l'aide d'un cordeau ; méthode qui, d'ailleurs, au point de vue de la bonne direction des animaux, l'emporte sur celle qui consiste à se placer, près de leur tête et à les saisir par la bride ;

Atteler aux herses, suivant leur pesanteur, un, deux, trois ou quatre animaux. Si plusieurs herses sont traînées chacune par une seule bête, attacher chaque animal, au moyen d'une longe, à la herse qui le précède et conduire seulement celui qui fait tête de file;

Accélérer le pas de l'attelage; car, plus la herse marche vite, pourvu qu'elle ne sautille pas, mieux elle ameublit le sol. Le cheval, à cause de la vivacité de ses allures, convient tout particulièrement à ce travail;

Faire passer la herse autant de fois qu'il le faut pour ameublir la terre au degré désiré; si la largeur et la disposition des champs le permettent, exécuter ces hersages suivant des directions différentes, dont l'une en sens croisé avec le labour. Autrement, les dents se remettent souvent encore après plusieurs tours dans les lignes tracées par le premier trait; et le sol ne se trouve pas complétement ameubli.

## CHAPITRE IX

### HOUES ET AUTRES INSTRUMENTS A LAMES HORIZONTALES.

Les houes sont destinées à détruire les mauvaises herbes et à ameublir le sol pendant la croissance des plantes. On les emploie très-fréquemment pour les cultures perfectionnées; et c'est toujours une circonstance heureuse, lorsque les ouvriers du pays qu'on habite savent se servir adroitement des houes à main. Au moyen des houes à cheval, on peut cependant suppléer à la plupart des sarclages à bras, pourvu que les plantes soient semées ou repiquées en lignes.

Le plus répandu de ces instruments présente un châssis triangulaire, de fer ou de bois, pouvant s'ouvrir ou se resserrer, et supportant plusieurs tiges de fer qui se terminent chacune par un couteau horizontal à lame d'acier; celui de ces fers qui se trouve à l'angle aigu du châssis est un soc triangulaire, en avant duquel est adapté un régulateur du genre de

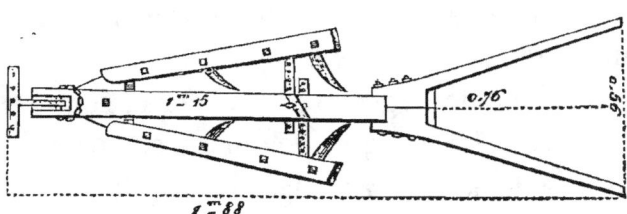

Houe à cheval vue à vol d'oiseau.

ceux des charrues sans point d'appui. Un ou deux animaux traînent l'instrument, qu'un homme dirige au moyen de mancherons.

Il convient de le faire passer à deux reprises entre les lignes, s'attachant à serrer chaque fois une seule des deux. De la sorte, il ne reste ensuite presque rien à achever avec le hoyau à main. Si le sol commence à se durcir, on remplace les tiges munies de couteaux par des dents aiguës et courbées en avant.

On peut sarcler ainsi à peu de frais, pommes de

terre, betteraves, colza, fèves et autres plantes en lignes espacées de 60 centimètres au moins.

Pour des lignes plus serrées, on a d'autres houes qui en sarclent plusieurs à la fois et qui sont supportées par deux ou trois roues mobiles. L'espacement des couteaux de ces houes doit s'accorder avec le tracé des lignes qu'à cet effet on ensemence avec un semoir de construction en rapport avec celle de la houe elle-même. Lors du sarclage, on fait suivre à celle-ci chaque passée du semoir. Le conducteur prévient toute déviation au moyen de manches par lesquels il porte rapidement à droite ou à gauche l'appareil qui supporte les couteaux.

L'instrument de ce genre le plus perfectionné est la houe anglaise *Garrett*, qui fonctionne entre des lignes espacées seulement de 15 centimètres. Mais les cultivateurs habitués aux opérations difficiles peuvent seuls en tirer parti. Aussi, n'oserions-nous en conseiller l'adoption que pour les points les plus avancés du territoire, tandis que la houe à cheval à une seule ligne rendrait partout d'immenses services.

Quelque instrument qu'on emploie, un champ ne doit être sarclé que bien ressuyé et si l'on ne craint pas la pluie; une averse immédiate ne rendrait-elle pas la vie aux herbes coupées? D'un autre côté, n'attendons pas que la sécheresse ait durci la terre; autrement, le fer des houes soulèverait de grosses mottes et endommagerait les racines. Enfin, que cette culture soit très-superficielle, le plus sûr moyen d'attaquer les mauvaises herbes étant de les couper presqu'à fleur de terre.

Aux instruments à lames horizontales appartiennent encore la *râtissoire*, l'*extirpateur*, le *niveleur*.

Tout le monde connaît la râtissoire des jardins. On emploie en agriculture un instrument analogue qui gratte la surface du sol au moyen d'une lame horizontale, longue de 60 centimètres à 1 mètre 20 centimètres, large de 10 centimètres, et forte de 2 à sa partie la plus épaisse. Cette râtissoire doit avoir un certain poids et être portée par trois ou quatre roues susceptibles d'exhaussement, ce qui sert à régler la profondeur du travail. On l'emploie en temps sec, pour la destruction des mauvaises herbes, sur les champs qui viennent d'être récoltés, et dont la surface unie et sans pierres se laisse facilement entamer. Mais la lame s'engorge, s'il se trouve un chaume élevé ou des herbes abondantes, si le fer n'est pas bien tranchant, enfin s'il ne pénètre pas à une profondeur de 3 à 4 centimètres au moins.

L'*extirpateur* présente plusieurs lames triangulaires soutenues chacune par une tige de fer. On l'emploie dans les mêmes circonstances que la râtissoire. Il doit, comme elle, être d'un certain poids et se trouver maintenu sur toute sa largeur à un degré d'entrure régulier, au moyen de roues mobiles.

Le *niveleur* se compose de trois à quatre pièces de

bois de 2 mètres de long, assemblées parallèlement sur un plan horizontal et armées en dessous, sur toute leur longueur, de lames de fer qui, au lieu d'être soutenues par des tiges de fer, comme dans la râtissoire, sont immédiatement appliquées aux pièces de bois, dépassant leur bord antérieur d'environ 8 centimètres. La direction légèrement oblique de ces lames leur permet de pénétrer dans le sol, mais de quelques centimètres seulement. Cet instrument n'a ni roues, ni manches. Deux ou trois animaux le traînent au moyen d'une chaîne qui s'accroche d'un côté à l'autre. On s'en sert, dans le nord des Ardennes, pour étendre les taupinières des prairies; travail qu'il exécute en perfection. Mon excellent frère, M. Charles Gossin, le fait souvent passer aussi avec succès sur les champs labourés. Cet instrument remplit les interstices des tranches du labour, contribue ainsi à étouffer les mauvaises herbes enfouies par la charrue, donne au champ la surface la plus unie, facilite les hersages, enfin brise les mottes et ameublit fortement le sol. On ne peut l'employer sur des pièces ensemencées; comme il entraîne de la terre, il déplacerait une partie des graines.

# CHAPITRE X

### ROULEAUX.

Les rouleaux sont, comme le nom l'indique, des instruments qui roulent sur le sol. Les plus usités se composent d'un cylindre en bois de 1 à 2 mètres de long et de 40 à 80 centimètres de diamètre, muni à chaque extrémité d'un boulon de fer qui traverse une pièce de fer ou de bois perpendiculaire à la longueur du cylindre. La pièce de gauche est assemblée avec celle de droite par une ou deux barres parallèles au cylindre lui-même, ce qui forme une sorte de châssis auquel on attèle les animaux. Souvent aussi les rouleaux tournent autour d'un axe central qui les traverse de part en part.

Les calibres sont très-variés. M. Lœillet a calculé qu'il faut, par centimètre de longueur, 2 à 3 kilogrammes de pression pour un travail utile, et 5 à 7, pour un travail énergique.

Afin d'obtenir une très-forte pression, on fait des rouleaux de pierre ou de fonte; et, au lieu de leur donner la forme ronde, on les construit de sorte qu'ils ne touchent terre que par un petit nombre de points. Tels sont les rouleaux *squelettes* ou en barres de fer; les rouleaux anguleux à six ou huit faces; enfin le rouleau *Crosskill* qui se compose de plusieurs roues en fonte présentant un grand nombre d'aspérités, et tournant autour d'un axe commun. Du poids de 1,200 à 1,800 kilogrammes, ce rouleau exerce une pression qui s'élève jusqu'à 10 kilogrammes par centimètre. Aussi pulvérise-t-il les mottes les plus

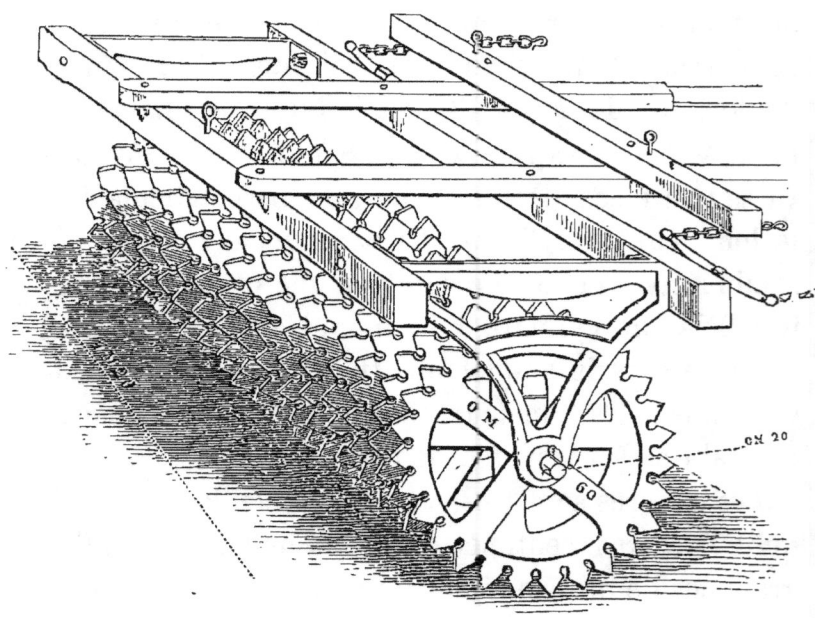

Rouleau Crosskill.

dures et fait-il périr, en les écrasant, beaucoup de vers et d'insectes nuisibles.

A longueur et à poids égaux, les rouleaux offrent d'autant plus de résistance à l'attelage que leur diamètre est moindre. En effet, plus l'instrument est bas, plus il fait de tours pour parcourir un espace donné, et par conséquent plus l'axe de rotation éprouve de frottements. Ajoutons que, comme la résistance part de cet axe, la ligne de tirage est d'autant mieux appropriée à la constitution des animaux de haute stature qu'il se trouve lui-même plus élevé. Enfin, le rouleau d'un certain diamètre passe plus facilement au-dessus des mottes que le rouleau plus petit. Celui-ci les presse sans doute plus longtemps et avec plus d'énergie ; mais cette pression plus forte, qu'il serait aisé d'obtenir par une augmentation de pesanteur, ne compense pas l'accroissement de résistance qui résulte du petit diamètre.

C'est pour ces divers motifs qu'on fait toujours creux les rouleaux de fonte, et que l'on construit aussi en madriers des rouleaux de bois creux qui, fermés de toutes parts, présentent seulement une ouverture par laquelle on introduit de l'eau à l'intérieur ; moyen facile d'en augmenter le poids au degré voulu.

A chaque changement de direction dans la pièce de terre, les diverses parties du rouleau ont d'autant plus de terrain à parcourir qu'elles sont plus éloignées de l'extrémité qui fait centre de conversion. Pour qu'elles pussent continuer de tourner, il faudrait alors qu'elles prissent chacune un mouvement de rotation particulier, plus lent pour celles qui touchent au centre de conversion, plus rapide pour celles qui s'en

292   L'AGRICULTURE FRANÇAISE.

éloignent. Si le cylindre est d'une seule pièce, ces différences ne pouvant se produire, la rotation s'arrête, et la terre se trouve creusée par l'effet d'un

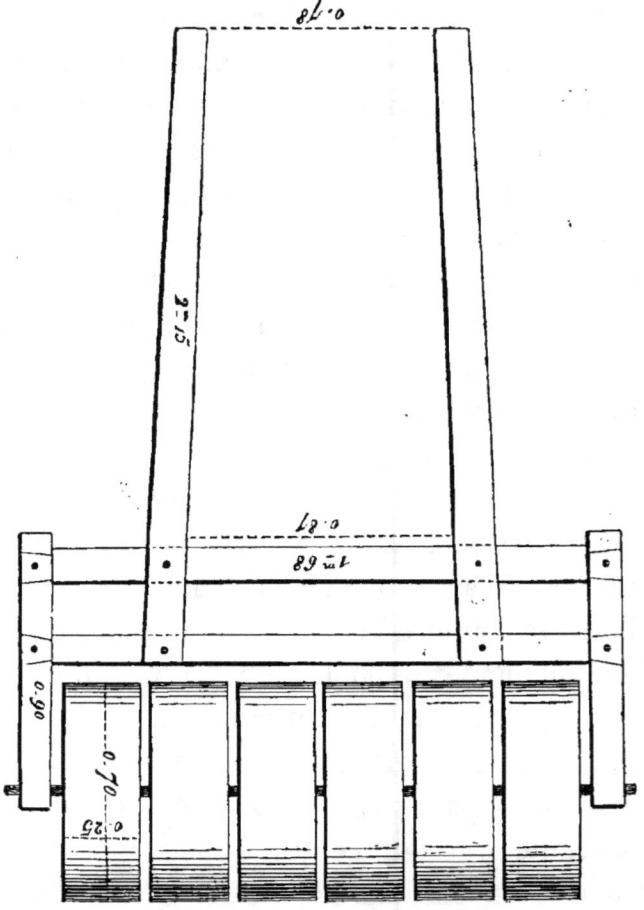

Rouleau composé de plusieurs pièces.

frottement qui donne beaucoup de tirage aux animaux. Cet inconvénient n'existe pas, lorsque le cylindre se compose de plusieurs tronçons tournant autour d'un axe commun ; disposition que dès lors il est fort utile d'adopter.

On se sert des rouleaux pour écraser les mottes ; et la culture des terres argileuses en exige de très-puissants dont on fait alterner deux ou trois fois le travail avec celui des herses. Celles-ci ramènent à la surface les morceaux durcis que le rouleau pulvérise ensuite.

Par un temps sec, la germination des semences peu couvertes serait souvent compromise, si l'on ne donnait au sol un certain tassement. Ce travail, qu'on obtient encore du rouleau, doit être d'autant plus énergique que le sol est plus léger, que le saison est plus aride, que les graines sont moins enterrées. Après l'hiver, il faut soumettre à une pression analogue les champs occupés par des plantes semées en automne, toutes les fois que, par suite des gelées, la surface est devenue très-friable et que les racines se trouvent déchaussées. Le rouleau rapproche de terre les végétaux à moitié soulevés et leur permet de s'enraciner avec une nouvelle solidité.

Enfin, on emploie souvent le rouleau dans le seul but d'aplanir toute aspérité et de faciliter plus tard le travail de la faux.

En règle générale, il ne faut rouler la terre que lorsqu'elle est parfaitement ressuyée ; autrement, elle se pétrit, puis se durcit de la manière la plus fâcheuse.

## CHAPITRE XI

PROGRÈS ACTUEL DE LA MÉCANIQUE APPLIQUÉE À LA CONSTRUCTION DES INSTRUMENTS ARATOIRES.

Des quatre genres d'instruments que nous venons d'étudier, la charrue est le seul dont se servent les pays les moins avancés. La France présente encore sur quelques points cette simplicité primitive; mais partout où l'agriculture se trouve en progrès, on répartit le travail de la terre entre les instruments qui l'accomplissent le mieux dans chaque cas particulier. Ainsi, avec quelque dépense de plus en matériel, on réalise chaque année une grande économie; et la culture des champs peut égaler en perfection celle des jardins.

De nouveaux progrès ne sont-ils pas sur le point de s'accomplir? On sait à quel degré la griffe de la taupe pulvérise la terre la plus compacte. Les Anglais, et d'après eux, le savant M. Léonce de Lavergne se demandent si l'on ne pourrait construire un instrument capable d'exécuter en grand un travail semblable. Frappé de cette même idée, on avait fait depuis longtemps des rouleaux armés de pointes; mais ces griffes s'engorgeaient de terre et cessaient d'agir. Depuis, on a composé ces rouleaux à griffes, ou *herses norvégiennes*, d'un certain nombre de disques de fonte tournant autour d'un axe commun, comme les roues du rouleau Croskill. Deux ou trois files de disques semblables sont assemblées dans le même instrument, assez près les unes des autres pour que, les dents d'une file s'engageant sur une certaine longueur entre les dents d'une autre file, toutes se nettoient réciproquement.

M. Guibal, de Castres, a construit, d'après le même système, une piocheuse qui se compose de deux roues de fonte tournant autour d'un essieu commun, roues armées chacune d'un certain nombre de pioches. Enfin M. Guibal fait aussi des rouleaux piocheurs plus larges, au moyen desquels il sarcle des plantes semées en ligne, après avoir retranché une partie des fers. Qui sait où l'on s'arrêtera dans cette nouvelle voie et même si, en beaucoup de circonstances, la force de la vapeur ne pourra remplacer celle du bœuf, du cheval et de la mule? Les Anglais sont à la recherche de ce nouveau progrès que probablement ils parviendront à appliquer à la culture des grands domaines.

Muse de la peinture champêtre, vous qui faites si bien revivre sur la toile le laboureur de la Nièvre et ses bœufs[1], multipliez donc vos chefs-d'œuvre, afin

---

[1]. Célèbre tableau de Mlle Rosa Bonheur, qui est exposé dans la galerie du Luxembourg.

que la postérité puisse encore se familiariser avec nos travaux actuels, si jamais l'antique charrue cesse de sillonner nos guérets.

## CHAPITRE XII

### SEMAILLES, CHOIX ET PRÉPARATION DES SEMENCES.

*Il n'est pas de degré du médiocre au pire*, dit Boileau. Appliquons ce précepte à l'agriculture ; et, après avoir bien cultivé nos terres, ensemençons-les avec perfection. Observons d'abord, pour le choix des graines, les principes indiqués au premier chapitre de la première section. Ainsi, plutôt que d'employer des semences médiocres tirées de notre propre exploitation, recherchons au loin le produit des plus belles récoltes. La dépense sera dix fois payée à la moisson.

Ne confions à la terre que des graines très-mûres. Par un criblage exact, purgeons-les des germes de plantes nuisibles et de tous grains défectueux. Quelques instants avant de semer, complétons le nettoyage des espèces plus pesantes que l'eau, en les mettant dans un baquet plein de ce liquide. Les grains maigres ou attaqués par les insectes surnagent et sont facilement enlevés. Pour conserver sans altération les variétés précieuses, nous pousserons le soin jusqu'à démêler à la main, sur une table, les grains les plus parfaits.

Toute semence fermentée ou moisie doit être rejetée ; souvent elle ne germerait pas ; d'autres fois elle produirait des sujets maladifs. Que les récoltes dont nous voulons tirer semence soient donc rentrées avec un soin particulier, et que le produit en soit étendu par lits très-minces, puis remué souvent ; s'il se trouve même assez de place au grenier, n'enlevons pas tout d'abord les menues pailles et les poussières, afin que, soulevée par ces corps étrangers, la graine ait moins de disposition à s'échauffer.

Beaucoup de semences conservent en terre leurs facultés germinatives un temps presque illimité, tandis que dans nos magasins, par suite d'une dessication inévitable, le germe s'affaiblit d'abord, puis se détruit. Aussi, sauf quelques exceptions que nous indiquerons plus tard, convient-il d'employer des semences de la dernière récolte. On peut rendre quelque activité aux vieilles graines encore vivantes, en les faisant tremper dans une eau qui contient 1 pour 100 d'acide chlorhydrique ou d'acide sulfurique.

Si l'on doute de la valeur de certaines semences, on en met quelques grains comptés dans un pot rempli de terre humide. Ce qui germe donne bientôt un renseignement positif. Une couleur terne et une odeur de moisi sont toujours des indices de mauvaise qualité.

Pour hâter la germination, il suffit de faire gonfler la graine dans l'eau pendant quelques heures. Mais si on la sème alors en terre trop sèche ou trop froide, le germe souffre et finit par pourrir ou par se dessécher, pour peu que la sécheresse ou le froid se prolongent. Utile en certains cas, ce procédé ne peut donc être conseillé d'une manière absolue.

« J'ai vu, dit Virgile, beaucoup de cultivateurs
« appliquer à leurs graines certaines drogues, verser
« sur elles, avant de les semer, de l'eau salpêtrée et
« du marc d'huile, afin d'obtenir un produit meilleur
« et des épis d'apparence moins trompeuse. »

Olivier de Serres conseille de tremper les grains dans du jus de fumier, *pour leur faire produire,* dit-il, *abondamment et merveilleusement.*

Ces recettes s'expliquent sans peine. En s'attachant au germe, quelques atomes de sel fertilisant lui fournissent un aliment choisi par l'effet duquel la jeune plante devient immédiatement plus vigoureuse. Le charlatanisme a souvent exploité un fait aussi simple, pour vendre à la livre ou à la bouteille des engrais qui, appliqués aux semences, devaient décupler les moissons. Tels ont été l'Eau merveilleuse de l'abbé de Vallemond, qui fut accueillie au XVIIe siècle comme un présent miraculeux; la Matière universelle que le prieur de la Perrière prétendait avoir trouvée un peu plus tard, et avec laquelle on devait obtenir du blé constamment et sans culture sur les plus mauvaises terres, secret dont Chômel dit qu'il refusa des sommes immenses, et qui périt avec lui ; les engrais Dusseau, Huguin, Bicquès, etc., dont on parlait il y a peu d'années, et qui déjà sont oubliés. Sans nous étendre sur ces prétendus secrets qui ne dispenseront jamais de l'emploi des substances fertilisantes portées dans le sol à doses plus fortes, voici la meilleure manière d'appliquer aux semences quelques engrais actifs, tels que poudrette, noir animal, poussière imprégnée de sels nitreux ou ammoniacaux : après avoir humecté la graine au moyen d'un liquide contenant en dissolution un demi-kilogramme de colle-forte pour 20 litres d'eau, on la mêle avec la substance fertilisante bien pulvérisée et tamisée. Chaque grain, devenu collant, s'empare d'une certaine quantité de poussière. On dit alors qu'il est *praliné*.

Quelquefois, c'est pour détruire un principe de maladie, qu'on applique aux grains des substances salines ou caustiques. Nous reviendrons sur ce sujet à l'occasion des blés de semence. Enfin, sans autre but que de faciliter, par une augmentation de volume, la répartition égale des graines les plus fines, on les mêle de cendres, de sable ou de tout autre corps pulvérulent. Le pralinage présente cet avantage de grossir les grains et de les rendre plus faciles à bien semer.

## CHAPITRE XIII

SEMAILLES (suite); CHOIX DU MOMENT LE PLUS
FAVORABLE POUR SEMER, ENFOUISSAGE
DES SEMENCES.

Pour le semis de chaque plante, il est une saison dans laquelle on doit s'attacher à choisir le moment le plus favorable.

Ainsi, en terre froide et humide, attendons, pour faire les semailles printanières, que le sol soit fortement réchauffé par le soleil, et, pour les semis d'automne, ne laissons pas se refroidir les champs encore pénétrés des feux de l'été. Au contraire, si la terre est sèche et chaude, qu'on s'empresse d'effectuer les semailles de printemps, avant que le champ ne soit desséché par le hâle de cette saison; et qu'on retarde les semis automnaux, jusqu'à ce que la terre brûlée par la canicule ait repris une certaine fraîcheur.

Passons aux considérations climatériques. Si les hivers sont doux et les étés frais, comme dans les régions de l'ouest, on a moins à craindre que partout ailleurs la pourriture des grains par absence de calorique, ou l'avortement des germes par manque de fraîcheur. Il en résulte, pour les semis, une latitude qui n'existe ni dans les régions du midi où l'hiver est doux et l'été brûlant, ni dans celles du nord, du nord-est et des montagnes où l'hiver est long et rigoureux. Dans le le midi, la sécheresse oblige à semer tard en automne et à faire de bonne heure les semailles printanières; dans le nord, la précocité des froids et leur durée nécessitent des combinaisons contraires.

Les graines de plusieurs plantes sensibles à la gelée, telles que maïs, sarrasin, haricot, millet, chanvre, ne peuvent être confiées à la terre qu'à une époque avancée du printemps. Redoutons la sécheresse pour ces semis tardifs, et, s'il survient dans leur saison une pluie bienfaisante, ne laissons pas échapper cet instant favorable.

Ce n'est pas tout. Lorsque la terre contient beaucoup de graines nuisibles, on doit souvent, pour les semis de printemps et d'été, attendre la germination de celles de ces graines que le dernier labour a ramenées à la surface du sol. Avant de semer, on fait périr, par un trait de herse énergique, les mauvaises plantes qui ne font que naître, et la récolte suivante se trouve délivrée d'une foule d'ennemis. En automne, plus on sème tard, moins les graines parasites ont de disposition à lever parmi le bon grain; c'est un motif de retarder parfois les semis qu'on effectue dans cette saison.

Un sol de nature humide est-il humecté par la pluie, et celle-ci menace-t-elle encore; abstenons-nous de confier à la terre des graines qui seraient exposées à pourrir. Évitons surtout d'ensemencer, par une température pluvieuse, les champs limoneux dont la surface ne s'est pas encore hâlée depuis le dernier labour. S'il survenait immédiatement une forte averse, la terre se plaquerait, et la graine privée d'air périrait bientôt, à moins que, le temps passant subitement au sec, il ne devînt possible de rompre presque aussitôt par la herse en fer la croûte du sol rebattu.

Malgré ce péril auquel sont quelquefois exposées les semences enterrées, il convient généralement de les couvrir, afin de les soustraire à l'avidité des oiseaux, et pour maintenir autour d'elles une certaine fraîcheur. C'est à peine cependant s'il faut enfouir les graines les plus fines. On conçoit du reste que, plus la saison est sèche et le sol léger, plus on doit couvrir toute espèce de semence. C'est surtout dans les sols crayeux et dans les terres spongieuses de marais qu'il est indispensable de les mettre à une certaine profondeur, afin que les jeunes plantes s'enracinent de suite très-solidement. Autrement, comme la surface de ces terres est toujours friable, les jeunes sujets, bientôt déchaussés par le vent ou par la gelée, souffriraient beaucoup.

Souvent il faut aussi presser les graines avec le rouleau, afin que, dans le travail de la germination, les radicelles se trouvent parfaitement entourées de terre meuble. Plus la semence est fine et le temps sec, plus cette nécessité devient urgente. Elle se produit plus fréquemment pour les ensemencements de printemps et d'été que pour ceux d'automne. Dans les régions du nord, c'est même exceptionnellement qu'on roule ces derniers, tandis que, sous le climat aride du midi, il convient de le faire presque toujours.

## CHAPITRE XIV

SEMAILLES (suite); SEMAILLES EN POQUETS ET EN LIGNES.

Les semis peuvent s'effectuer d'après deux systèmes qui comprennent chacun plusieurs procédés :

*Premier système.* — On distribue la semence par places également espacées.

*Deuxième système.* — On la répand au hasard sur toute la surface du champ.

La disposition régulière qu'on donne aux plantes par le premier moyen permet de les sarcler plus tard avec facilité. On devrait donc toujours l'adopter pour les champs destinés à recevoir l'opération du sarclage. Ce système nous présente lui-même le *semis en poquets* et *le semis en lignes*.

Pour semer en poquets, voici la description des procédés perfectionnés dont l'ensemble est appelé du nom de l'auteur, *système Ledoct*.

Au moyen d'un rayonneur dont la pièce principale est une barre de fer horizontale supportant plusieurs pieds verticaux, on trace l'alignement des poquets dans le sens de la longueur et dans celui de la largeur du champ. On creuse ensuite les poquets aux points d'intersection de ces lignes; puis, à chacun de ces points, on répand graine et engrais pulvérulent au moyen d'un entonnoir qui en renferme un plus petit. Celui-ci contient la semence ; dans l'autre se trouve l'engrais. Le fond de tous les deux est fermé par une planchette mobile qui, chaque fois qu'on sème, est tirée rapidement à l'aide d'un mécanisme ingénieux. Des entonnoirs de ce genre se font à la célèbre colonie de Mettray.

Une fois levées, les plantes sont sarclées par une houe à cheval, qui n'est autre que le rayonneur ci-dessus décrit, dans lequel on a remplacé les pieds destinés au tracé des lignes par d'autres pieds propres au sarclage.

Jouissant en tous sens de l'action de l'air, de la lumière et de la chaleur, et serrées cependant dans chaque touffe au point d'éprouver cette gêne utile qui accélère la végétation, les plantes en poquets sont généralement très-productives. Toutefois, à cause des soins minutieux qu'il exige, ce mode de semis n'est appliqué qu'à la petite culture. Sur une grande échelle, on préfère les semis en lignes, comme plus faciles à exécuter.

Pour ce second mode d'alignement, on se sert quelquefois du labour même, et, à cet effet, tandis que la charrue travaille, on jette au fond de la raie à tous les deuxième ou troisième sillons, telle graine, la fève, par exemple, qui ne craint pas de se trouver couverte de toute l'épaisseur de la tranche ; ou bien, lorsque le labour est terminé, on répand la semence, soit à la main, soit au moyen d'un entonnoir, dans les lignes que le travail de la charrue a formées à la surface du sol ; puis on l'enterre par un trait de herse ou de rouleau, ou mieux encore, si la graine est très-fine, par le passage de la roue d'une brouette fortement chargée. Lorsque des hersages ont effacé les traces du labour, il est facile de former d'autres lignes avec le scarificateur auquel, enlevant la plupart des fers, on laisse seulement trois ou quatre pieds.

Les *semoirs* rendent ce semis plus expéditif. La plupart sont supportés par deux roues et traînés par un cheval qu'on attèle entre deux brancards. D'une caisse supérieure, la graine tombe dans des tubes, et de là dans de petits sillons que tracent des rayonneurs placés en avant. En arrière, se trouvent des dents qui, pénétrant dans le sol, couvrent la graine répandue. Les semoirs les plus complets ont une seconde caisse qui répand dans chaque sillon un engrais pulvérulent.

Mis en jeu par les roues du semoir, le mécanisme qui fait passer la graine et l'engrais dans les tubes consiste, — tantôt en un axe tournant au-dessus de la semence, axe muni de cuillères verticales qui plongent dans celle-ci, saisissent quelques graines et, se renversant ensuite par l'effet de la rotation, les laissent tomber dans les tubes. — Tantôt l'axe tournant supporte plusieurs disques munis de cuillères horizontales qui se remplissent et se vident de même. — D'autres fois, c'est au moyen de palettes que l'axe, tournant au-dessus de la semence, saisit la graine et la pousse jusqu'à des ouvertures percées dans les parois de la caisse; ouvertures qui peuvent, au moyen de clavettes, s'élargir ou se rétrécir à volonté, suivant la grosseur du grain et la quantité qu'on en veut mettre. — Quelques semoirs ont un cylindre qui, tournant sous la caisse de semence et se trouvant en contact avec elle par plusieurs points, saisit les graines dans de petites cavités qui se trouvent à la surface même du cylindre; ou bien c'est au moyen d'une brosse dont il est garni, que ce cylindre s'empare de la graine. — Enfin plusieurs semoirs contiennent la semence dans une pièce creuse que les roues font tourner, pièce percée de trous à travers lesquels le grain, agité par la rotation, s'échappe sans cesse.

Parmi ces différents systèmes, nous signalons, comme l'un des meilleurs, celui des cuillères horizontales, versant de côté. Du reste, quel que soit le mécanisme adopté, il convient qu'à un point donné de chacun des tubes, la graine, en train de tomber, soit visible pour le conducteur du semoir; autrement, un tube, obstrué par une cause quelconque, pourrait cesser de fonctionner, sans qu'on s'en aperçût. Il convient aussi que les tubes et leurs rayonneurs, au lieu de se composer d'une seule pièce, soient articulés et flexibles, afin qu'ils ne puissent s'endommager par le choc des mottes et des pierres. Enfin, pour qu'aucune déviation ne résulte des écarts du cheval et des accidents du sol, il faut que le semoir ait un gouvernail qui permette d'en changer rapidement la direction.

On emploie, dans la petite culture, des semoirs à brouette qu'une seule personne, sans cheval, fait manœuvrer. Tels sont le petit semoir à cuillères de Mathieu de Dombasle, celui de Grignon et quelques autres.

Parmi les semoirs à cheval on signale, comme des meilleurs, ceux de Grignon, de M. Jacquet Robillard, de M. Crespel-Delisse, etc. Plusieurs semoirs anglais, notamment le semoir Garret, sont encore plus parfaits, mais aussi d'un prix très-élevé. Plutôt que d'employer des instruments défectueux, préférons le semis à la main dans les lignes tracées au rayonneur ou à la charrue ; procédé plus long sans doute, mais qui donne des résultats certains, sans qu'il y ait jamais de lignes privées de graines, comme il s'en trouve dans les champs ensemencés avec des semoirs mal construits ou mal dirigés.

## CHAPITRE XV

### SEMAILLES (SUITE), SEMAILLES A LA VOLÉE.

Lorsque la plante n'est pas destinée à recevoir de sarclage, il convient d'en répandre la graine à la volée. De la sorte, plus serrés que si la semence était mise par places espacées, les pieds luttent plus facilement contre les mauvaises herbes. Le semis à la volée présente aussi l'avantage d'être plus expéditif qu'aucun autre.

Pour y procéder, on s'attache aux épaules un long tablier dont on roule l'extrémité autour d'un bras. On plie celui-ci contre la poitrine de manière à former une poche dans laquelle se met la semence. De la main qui reste libre, on jette au loin une poignée ou une pincée de graine tous les deux pas, parcourant le champ par passées parallèles et assez rapprochées pour que les jets s'étendent au moins sur l'espace compris entre deux d'entre elles, ou mieux encore, entre trois ou quatre. De la sorte, chaque partie du terrain est ensemencée à plusieurs reprises; condition sans laquelle le grain ne pourrait se trouver bien réparti.

Une parfaite égalité doit être observée dans la longueur des pas, dans la grosseur des poignées, dans l'écartement des passées, dans l'étendue des jets.

On s'habitue sans peine à faire des poignées et des pas égaux. L'égalité des jets n'offre pas plus de difficultés, pourvu qu'on répande toujours la graine dans la direction du vent; ce qui oblige à savoir semer des deux mains, puisqu'on se retourne à chaque extrémité du champ.

Pour observer, entre les passées, des distances égales, on se guide sur les traces de la passée précédente, ou mieux encore sur des jalons.

Avant de commencer, le semeur détermine, d'après la direction du vent, de quel côté il jettera la graine, et, conformément aux principes qui seront bientôt indiqués, il fixe l'écartement des passées. Il marche ensuite sur celui des bords de la pièce qui se trouve du côté du vent, sur la limite nord, par exemple, si le vent vient du nord, et il répand la graine de toute sa force dans l'intérieur du champ; si de cette première passée il allait de suite à la seconde, l'espace compris entre elles deux n'aurait pas assez de semence; car une partie du grain des premiers jets s'est étendue au delà de la seconde passée, peut-être même au delà de la troisième. Le semeur ajoute ce qui manque à cette passée, en la parcourant de nouveau à une ou deux reprises, et en jetant à moindre distance que la première fois des poignées plus faibles. Arrivé à l'autre côté de la pièce, et sur le point de finir, il cesse de jeter des poignées pleines, dès qu'il s'aperçoit que la semence sortirait du champ; et, calculant la quantité de grain qui manque à cette dernière zone, il la complète par des poignées plus faibles, jetées avec moins de force. Enfin, pour que l'extrême limite de la terre ait autant de semence qu'il lui en faut, il la suit en dernier lieu, y répandant de la graine en sens opposé de tous les autres jets. Pour bien effectuer ces changements de jets et de poignées, sans dépenser beaucoup trop de semence, il faut un tact tout particulier. Aussi, plus les champs sont morcelés, plus l'ensemencement en est difficile.

Les jets étant obliques et non pas perpendiculaires par rapport aux passées, il se trouverait, aux extrémités de la pièce, des espaces mal ensemencés ou du grain perdu, si, avant de se mettre en marche pour chaque passée, on ne répandait de la graine sur le bord même du champ, et si, près d'arriver à l'autre bout, on ne diminuait peu à peu la poignée et la force du jet. Lorsque le bord de la pièce sur lequel les passées aboutissent, forme lui-même une ligne oblique par rapport à la direction de celles-ci, l'espace pour lequel on doit opérer ces modifications se trouve d'autant plus étendu.

Ce n'est pas tout : il faut savoir mettre exactement sur un espace donné la quantité de grain qu'on désire; ce qui exige deux calculs différents, suivant la nature du grain.

S'il s'agit de blé, d'avoine, d'orge, de pois et autres graines d'un volume et d'une pesanteur tels qu'on puisse les jeter au loin, nous conseillons de les prendre à pleine main, sans chercher à faire varier les poignées, ce qu'il serait toujours difficile d'effectuer régulièrement. Dans ce cas, on règle l'épaisseur du semis sur l'espacement des passées.

Supposé, par exemple, qu'il faille semer par hectare 201 litres de blé, que nos pas soient de 75 centimètres et nos poignées de 6 centilitres; l'hectare formant théoriquement un carré de 100 mètres de côté, les passées ont 100 mètres de long, et se composent chacune de 134 pas. Puisque nous jetons une poignée tous les deux pas, nous avons par passée 67 poignées; et, comme nos poignées sont de 6 centilitres, nous répandons en tout par passée 4 litres 2 centilitres. Cela posé, puisqu'il faut par hectare 201 litres de graine, nous devons avoir autant de passées dans la largeur de l'hectare que 4 litres 2 centilitres se trouvent de fois dans 201, c'est-à-dire 50. Pour trouver leur écartement, nous diviserons par ce nombre 50 les 100 mètres qui font la largeur de l'hectare; opération dont le résultat donne 2 mètres, ce qui est la distance cherchée.

Nous ne pouvons appliquer ce calcul aux graines fines et légères, luzerne, trèfle, etc., qu'on prend par pincées; car pour qu'elles puissent, d'après les principes émis, s'étendre sur une ou plusieurs passées, il faut que celles-ci soient entre elles à une distance de 1 mètre à 1 mètre 30 au plus. En revanche, nous avons une certaine latitude relativement aux pincées dont nous modifions aisément la grosseur en prenant la graine, soit entre trois doigts, soit entre quatre, et en serrant ceux-ci plus ou moins. C'est par là que, dans ce second cas, sera réglée l'épaisseur du semis.

Nous supposons, par exemple, qu'il faut répandre par hectare 20 kilogrammes de graine de trèfle; que nos pas sont de 75 centimètres; qu'il se trouve ainsi, par passée de 100 mètres de long, 134 pas et 67 poignées; qu'enfin la distance que nous croyons devoir mettre entre les passées est de 1 mètre. L'hectare ayant 100 mètres de large, nous avons 100 passées, et par conséquent 100 fois 67, ou 6700 pincées; et puisque nous devons répandre par hectare 20 kilogrammes de graine, chaque pincée sera la 6700$^e$ partie de 20 kilogrammes, c'est-à-dire, un peu moins de 3 grammes; quantité que nous nous exercerons à mesurer entre nos doigts, avant de commencer le travail.

Éclairés par ces calculs, employons toujours la proportion de graine la plus convenable. En effet, si le semis est trop épais, les plantes se gênent, plusieurs périssent, et celles qui restent souffrent de la lutte qu'elles ont eu à soutenir. Au contraire, la semaille a-t-elle été trop claire; la terre présente des vides qui s'emplissent de mauvaises herbes.

Mieux le végétal est appelé à se développer par le bienfait du climat ou par la nature fertile du sol, plus le semis doit être clair.

Exemple : Arrêtés par la sécheresse, les blés du midi ne produisent le plus souvent qu'une tige par pied. Favorisés au contraire dans leur tallement par la fraîcheur printanière, ceux du nord en présentent presque toujours deux ou plusieurs. Évidemment ceux-ci exigent moins de semence que les premiers.

Autre exemple : Le blé d'automne, semé dans les Ardennes au 20 septembre, se développe fortement avant l'hiver. Au printemps suivant, il en résulte une multiplication de tiges plus considérable que si ce blé, répandu un mois plus tard, avait simplement pu lever avant les froids. Dès lors, au vingt octobre, le semis doit être plus épais qu'au 20 septembre.

Règle générale : plus l'automne est avancé, plus il faut semer dru. Ainsi que nous l'avons dit déjà, la gêne que les plantes éprouvent par suite d'un certain rapprochement, en accélère la végétation, effet utile pour le cas que nous indiquons ici.

Il faut encore tenir compte des destructions que causeront les animaux nuisibles, l'excès d'humidité ou de sécheresse, en un mot, toute circonstance défavorable. Ainsi, on doit forcer la quantité de semence pour les champs humides, ombragés, voisins de bois, de colombiers, de haies, comme étant ceux où les insectes, les limaces et les oiseaux font le plus de dégât.

Tel blé contient à l'hectolitre plus de grains que tel autre : voilà encore un motif d'employer plus ou moins de graine.

Le degré d'habileté du semeur doit aussi entrer en ligne de compte. Lorsque plusieurs grains tombent exactement au même endroit, ne s'en trouve-t-il pas d'inutiles? Un mauvais semeur dépense plus de grain qu'il ne devrait, tandis qu'un bon semeur peut en économiser.

Quelle que soit l'adresse de l'homme, la graine est mal répartie, si le champ, grossièrement labouré, présente des cavités où elle tend à se réunir. Dans ce cas, avant de semer, effaçons par un hersage les aspérités du labour.

Après le semis, il faut aussi presque toujours herser la terre pour enfouir les graines. Plus celles-ci ont besoin d'être enterrées, plus le hersage sera énergique. Si les herses en fer ordinaires ne suffisent pas, employons le scarificateur. On peut même, dans bien des cas, couvrir les semences par un léger labour.

En temps pluvieux, aucun travail n'est nécessaire pour enfouir les graines fines; une averse les enfonce suffisamment. Par une température sèche, c'est le rouleau qui devient indispensable, ainsi que nous l'avons déjà dit.

Là où les champs sont disposés en ados de trois à quatre mètres de largeur, on couvre souvent les semences avec de la terre prise à la pelle dans les sillons qui séparent les ados.

Ailleurs, on laboure au binoir les terrains ensemencés, rejetant à la fois de droite et de gauche terre et semence ; ce qui forme un grand nombre de petits ados dont le sommet seul se trouve occupé par la récolte. Nous avons eu occasion d'établir que cette méthode convient surtout aux contrées pauvres ; elle est très-usitée dans nos provinces les moins favorisées, telles que la Bretagne, le Maine, la Sologne, etc.

Nous venons d'exposer les principes relatifs à l'une des parties principales de l'agriculture, l'art des semailles. Au sujet de ces graines que nous avons tant d'intérêt à choisir bonnes, ne devons-nous pas signaler l'établissement fondé depuis plus d'un demi-siècle par la famille Vilmorin ! Étude consciencieuse de toutes les variétés utiles, travaux artistiques remarquables pour en perpétuer les caractères, générosité inépuisable vis-à-vis de ceux qui travaillent aux progrès de l'agriculture, voilà certainement des titres sérieux aux sentiments de gratitude, que nous sommes heureux d'exprimer ici.

## CHAPITRE XVI

TRANSPLANTATIONS.

Si à l'état adulte la plante doit couvrir beaucoup plus d'espace que dans le premier âge, il convient presque toujours d'effectuer le semis dans une pépinière, pour ne mettre les sujets en lieu définitif que lorsqu'ils sont sur le point de s'étendre. De la sorte on a, pour donner au champ les cultures nécessaires, plus de temps que si le semis se faisait sur place, et l'on peut souvent adopter certaines successions de récoltes qui, sans ce moyen, seraient impossibles.

Le colza d'automne, par exemple, doit être semé, dans le nord de la France, au milieu de juillet. On ne peut pas dès lors en répandre la graine sur place pour le faire succéder au blé d'automne, puisque celui-ci se récolte au mois d'août. Mais cette succession devient praticable, si le colza est semé en pépinière.

Autre avantage des transplantations : les sujets destinés à être repiqués reçoivent, dans l'espace restreint d'une pépinière, des soins minutieux qu'on ne pourrait leur donner, si le semis, fait en plein champ, occupait une vaste étendue. Enfin, le repiquage ralentit utilement la végétation de plusieurs plantes bisannuelles, telles que choux, rutabagas, etc.

Du reste, pour assurer le succès de cette opération toujours délicate, il faut observer plusieurs règles fort importantes.

On remarque d'abord qu'un végétal transplanté sur un terrain tout différent de celui dans lequel il a été élevé, transporté, par exemple, d'un sol sec et calcaire dans un sol humide et non carbonaté, souffre d'un changement aussi prononcé. D'un autre côté, s'il a langui dès le premier âge, par suite de la maigreur de la terre ou pour toute autre cause, rarement ensuite il reprend de la vigueur, fût-il transplanté dans un bon champ. Choisissons donc comme pépinière un sol de même genre que celui dans lequel les sujets seront placés un jour, mais de la meilleure qualité. S'il est maigre, appliquons-lui d'abondants engrais, détruisons toute mauvaise herbe, et que les sujets suffisamment éclaircis ne puissent se gêner ni s'étioler. Au moment de l'arrachage, sacrifions tous les pieds faibles.

Pour l'instant de la transplantation définitive, on facilite la reprise par une ou deux transplantations préparatoires, dont la première se fait dans la pépinière sur le végétal encore très-jeune. On empêche ainsi le développement de ces longues racines qui tendent à se former dès le premier âge et dont on ne pourrait plus tard conserver qu'une faible partie, mais à la place desquelles il se produit, par le moyen que nous indiquons, un chevelu serré qu'il est facile ensuite de ménager. Ces transplantations préparatoires ne pouvant toujours avoir lieu, on y supplée jusqu'à un certain point de la manière suivante : on arrache les sujets un jour ou deux avant de les mettre en place ; puis on les place en jauge dans un lieu frais et ombragé, après en avoir humecté les racines avec du jus de fumier. Dans cette situation favorable, au bout d'un espace de temps qui varie de vingt-quatre à quarante-huit heures, il commence à poindre une quantité de radicules qui assurent la reprise.

Ménager les racines lors de l'arrachage ; ne pas exposer au soleil, au vent, à la gelée, à une humidité excessive les plantes déracinées ; ne pas les tenir longtemps en paquets dans la crainte de pourriture ou de fermentation ; au moment de la transplantation, chercher à replacer les racines dans leur position première ; éviter de les blesser, de les tordre et de les plier ; les entourer de terre très-meuble sans vide aucun : voilà des soins dont l'évidente nécessité n'exige pas d'explication. Il faut de plus enlever aux sujets en feuilles une portion de ces dernières, afin de rétablir entre la partie souterraine et la partie aérienne l'équilibre rompu au moment de l'arrachage par la destruction d'un certain nombre de racines. Autrement, les sujets transplantés souffrent plus qu'ils ne devraient, et sont souvent même exposés à périr.

En plein champ, les transplantations se font à la charrue, à la bêche, au plantoir double.

Au moyen de ce dernier instrument qui se compose de deux tiges verticales, ferrées et solidement fixées l'une à l'autre par deux traverses, un homme creuse à la fois deux trous dans le sol ameubli. Un enfant introduit un plant dans chacun de ces trous. L'homme resserre la terre le long des racines par un second coup de plantoir. Pour planter à la bêche, on enfonce verticalement en terre le fer de cet instrument; puis, agitant la poignée de droite à gauche, on produit une cavité triangulaire dans laquelle s'introduisent un ou deux sujets. Le fer retiré, la terre retombe d'elle-même sur les racines.

Enfin, si l'on a recours à la charrue, ce qui est le moyen le plus expéditif, on applique les sujets dans le sillon contre la terre labourée. Les racines sont couvertes par la tranche du sillon suivant. Un enfant régularise ensuite l'opération, tirant à lui les sujets trop enterrés et couvrant ceux dont les racines restent à nu. Si celui des animaux qui marche dans la raie dérange les plants, on fait traîner la charrue par deux chevaux attelés l'un devant l'autre et marchant hors du sillon; ou bien les planteurs, au nombre de deux par charrue, se placent sur la terre labourée entre le versoir de l'instrument et l'attelage. C'est dans cet espace qu'ils appliquent les plants. Ceux-ci sont immédiatement couverts, et le travail marche bien, pourvu que le pas des animaux soit régulier. Cette dernière méthode est très-usitée dans le département des Ardennes pour les plantations de bois.

Des sujets de choux, de betteraves, etc., ne peuvent être repiqués avec plus de chances de succès que sur le sommet d'ados formés au binoir dans un champ couvert de fumier. L'engrais accumulé par la charrue au centre de ces ados, forme comme une couche dont on comprend l'effet bienfaisant. Ce procédé, très-usité en Angleterre, non-seulement pour les repiquages, mais encore pour les semis, ne devrait-il pas se propager dans nos fermes?

## CHAPITRE XVII

### REPOS ET JACHÈRES.

Nous savons qu'un des buts principaux de la culture est d'exposer fortement la terre aux influences atmosphériques, et de favoriser ainsi la formation des sels solubles qui servent à la nutrition des plantes. En général cette action fécondante du travail aratoire ne peut suffire pour que le champ réponde chaque année à nos espérances. Mais nous avons deux moyens d'y suppléer.

*Premier moyen.* — Nous cessons d'ensemencer la terre. Abandonnée à elle-même, elle reforme de nouveaux sucs, et au bout de quelque temps elle en possède assez pour pouvoir être encore utilement ensemencée.

*Deuxième moyen.* — Par l'apport de substance fertilisantes, nous augmentons immédiatement sa puissance nourricière.

Le premier moyen nous offre deux systèmes : le *repos* et la *jachère*. *Repos* : on laisse le champ en friches une ou plusieurs années. *Jachère* : on le soumet quelque temps à des cultures réitérées et énergiques.

Plus la terre est fertile, plus vite elle reforme, à l'état de repos, les sucs épuisés ; et la présence du carbonate calcaire accélère sensiblement cette revivification. La chaleur du climat agit d'une manière non moins favorable. Ainsi, dans le midi de la France, où les fourrages sont rares et les tas de fumier fort petits, l'effet du repos est si puissant, qu'il supplée jusqu'à un certain point au manque d'engrais. Dans nos régions du nord, ce même effet est encore sensible, mais beaucoup moindre. Tantôt on ne laisse reposer les terres qu'un an ou deux ; ailleurs on prolonge cette période réparatrice jusqu'à trente années. Plus les champs sont mauvais, plus on est forcé de l'étendre.

La jachère a un double but : de même que le repos, elle remédie à l'épuisement du sol par l'interruption des produits ; elle doit, en second lieu, ameublir la terre, la purger de plantes nuisibles et la préparer à recevoir dans d'excellentes conditions la semence d'une plante précieuse, telle que le froment, le colza, etc. Tandis que le champ en repos reste d'un certain rapport par le pâturage qu'il procure aux troupeaux, la jachère est toujours coûteuse, puisque le terrain qu'on y soumet est travaillé sans rien produire. Rarement, par ce motif, la fait-on durer plus d'une année.

Insuffisance d'engrais, sol compacte et infesté de mauvaises herbes, voilà ce qui force d'y recourir. Quelquefois on donne une jachère après plusieurs années de repos, moyen long, mais facile de remettre en bon état une terre durcie et épuisée.

Évitons, au sujet du repos et de la jachère, deux fautes opposées : l'une, générale encore sur une grande partie de la France, consiste à appliquer sans mesure ces moyens réparateurs. Comptant sur leur secours, on fait peu d'efforts pour augmenter la masse des engrais et l'énergie des travaux aratoires. Il est si aisé de mettre un champ en jachère ou en repos! Mais aussi quel spectacle que celui d'espaces immenses rendus au désert, ou sillonnés pendant un an sans rien produire!

Par une de ces réactions si communes en France, on a condamné d'une manière absolue, il y a quelques années, le repos et la jachère : autre erreur dangereuse. Sans doute, nous devons chercher à restreindre le plus possible les terrains improductifs. Dans ce but, travaillons le sol avec beaucoup de soin ; recueillons précieusement tout ce qui peut servir d'engrais. Mais, en dépit de nos efforts, le chiendent s'est-il emparé de nos champs, nos fumiers sont-ils insuffisants ; restreignons les ensemencements sans balancer.

Qu'on se garde de commettre une autre faute encore plus grave, celle de ne pas assez bien cultiver la terre en jachère, pour qu'à la fin de l'opération elle soit ensemencée dans des conditions favorables. Tandis que les frais d'une jachère bien faite constituent une avance que les récoltes suivantes paient largement, le travail d'une jachère négligée cause une perte sans compensation. Rien n'est plus déplorable. Déchirons donc dès l'automne par la charrue les champs destinés à passer en jachère tout une année; donnons-leur ensuite trois ou quatre cultures énergiques, deux ou trois labours, par exemple, et un ou deux traits de scarificateur; à l'aide des herses et des rouleaux, arrachons les chiendents ; pulvérisons les mottes, faisons germer par milliers les graines nuisibles que recèle le sol, et détruisons à plusieurs reprises les jeunes plantes ainsi produites ; profitons de la canicule pour tourmenter jusqu'aux dernières fibres de mauvaise herbe. Enfin, loin de compter sur les jachères pour la nourriture des troupeaux, remuons la terre au point d'en rendre le pâturage tout à fait nul.

## CHAPITRE XVIII

### SUBSTANCES FERTILISANTES, DISTINCTION ENTRE LES ENGRAIS ET LES AMENDEMENTS, ENGRAIS ANIMAUX, FUMIER.

Étonnés de la stérilité de leurs campagnes autrefois si fécondes, les Romains du temps de Néron disaient que la terre avait vieilli et qu'elle avait perdu sa vertu première.

*La terre*, s'écrie Columelle, *ne vieillit pas, ni ne s'épuise, si on l'engraisse.*

Vérité incontestable qui nous révèle la valeur des substances fertilisantes. Fondement de toute agriculture progressive, elles sont de deux sortes : *engrais*, formés de débris organisés végétaux ou animaux ; *amendements*, composés de substances minérales.

#### ENGRAIS.

La théorie des engrais se fonde sur ce fait merveilleux, que les principes dont se compose la dépouille des êtres qui ont cessé de vivre sont destinés à se trouver, pour la plupart, absorbés bientôt par d'autres êtres ; véritable résurrection de la nature organisée, que le cultivateur dirige dans l'immense laboratoire des champs. Là, toute espèce de débris disparaît, comme le minerai jeté à la forge ; mais de même que ce minerai procure l'or et l'argent, de même aussi l'engrais se convertit en substances précieuses pour la nutrition des récoltes : 1° Acide carbonique dont une partie, s'exhalant dans l'air, se trouve absorbée par le feuillage, tandis que le surplus, retenu dans le sol par l'humidité, favorise les réactions chimiques qui s'y opèrent et facilite le passage de plusieurs substances à l'état soluble; 2° Sels immédiatement assimilables; 3° Humus qui se décompose lentement et procure longtemps encore aux plantes des sels et de l'acide carbonique.

Entre les différents genres d'engrais, les uns produisent plus de sels, les autres plus d'humus. Les premiers agissent de suite avec plus d'énergie; les seconds ont un effet moins apparent d'abord, mais plus durable.

### ENGRAIS ANIMAUX.

Parmi les substances destinées principalement à fournir des sels immédiatement solubles, il en est qui ne contiennent qu'un ou deux des éléments nécessaires aux plantes. Si le sol possède déjà ces principes à l'état assimilable et en suffisante quantité, la substance n'a pas d'effet. Dans le cas contraire, l'action s'en fait sentir, et elle est surtout très-prononcée lorsque le sol renferme en abondance les autres corps nécessaires à la nutrition végétale. L'addition du principe qui manquait donne à ceux-ci toute leur activité; mais on s'aperçoit bientôt que la terre s'épuise, et cela doit être, puisque, à part un ou deux principes, la nutrition entière des récoltes a été prise sur les éléments du sol. D'autres substances fertilisantes contiennent la plupart des aliments végétatifs. L'action de celles-là se fait sentir sur toute espèce de terrain, attendu que parmi les nombreux principes apportés, il s'en trouve presque toujours tel ou tel que le sol ne renfermait pas en quantité suffisante; et de plus, les récoltes n'épuisent la terre qu'à partir de l'instant où la substance fertilisante a été tout entière décomposée et absorbée.

Les engrais animaux possèdent cette heureuse faculté de procurer à la fois abondance et variété de sels. Ils contiennent notamment, en proportion importante, deux principes des plus précieux, les principes *phosphoré* et *azoté*.

A la tête de ces engrais, doivent se placer, comme étant d'une importance majeure, les déjections animales qui, pour la richesse en sels, se classent ainsi:

1° Déjections des oiseaux de basse-cour.
2° Déjections humaines.
3° Déjections du lapin, de la chèvre et du mouton.
4° Déjections du porc.
5° Déjections de l'âne, du mulet et du cheval.
6° Déjections du bœuf.

Dans chaque espèce, mieux les animaux sont nourris, plus leurs excréments ont de valeur; ce dont on ne peut cependant juger d'abord, à cause de la causticité qu'ils ont au sortir du corps. Aussi, s'est-on souvent trompé sur la qualité de l'urine humaine, de la fiente de l'oie et autres substances qui, de corrosives, deviennent bientôt des plus fécondantes.

### FUMIER.

Généralement, on recueille les déjections du bétail au moyen de litières; ce qui produit le *fumier*, engrais végétal et animal, procurant, par la partie animale, des principes d'effet immédiat, et, par la portion végétale, une certaine dose d'humus qui agit plusieurs années.

Plus le fumier contient de litière, moins il est actif. Sa valeur s'amoindrit encore sous ce rapport, si les urines, qui contiennent plus de sels que les déjections solides, n'ont pas été absorbées.

La méthode la plus usitée de traiter le fumier du gros bétail et des porcs, consiste à le tirer dehors tous les deux ou trois jours et à le tenir quelque temps en monceau dans la cour de ferme. Là, il se trouve exposé à deux genres de déperdition : écoulement de jus chargés de sels; dégagement de vapeurs azotées qui résultent d'une fermentation excessive. Cette fermentation existe-t-elle; le fumier devient brûlant, fume, moisit, et diminue, tant en poids qu'en volume et en qualité. Le fumier de cheval peut se réduire ainsi des neuf dixièmes.

Pour prévenir ce mal, il faut rendre l'intérieur du tas inaccessible à l'air, et, dans ce but, étendre le fumier par couches très-régulières; le faire piétiner par les animaux le plus souvent possible; si la disposition des lieux le permet, l'entourer de barrières et y enfermer le bétail dans les nuits d'été; ne pas donner au monceau plus de 1 mètre à 1 mètre 50 de hauteur; y porter de temps en temps les boues de la cour et l'arroser avec les eaux noires qui en suintent; si ces eaux ne suffisent pas pour bien l'humecter, ajouter encore d'autres eaux.

Il se produit, dans le fumier ainsi traité, une fermentation douce, de trois ou six semaines de durée, qui détruit la plupart des graines nuisibles apportées par les litières et qui augmente, par un commencement utile de décomposition, l'action immédiate de l'engrais. Celui-ci devient onctueux, d'odeur musquée; intérieurement, il est de couleur orange, mais il noircit au contact de l'air.

Pour faire, le plus économiquement possible, du fumier de cette qualité, établissons nos tas près des étables; que la place soit creusée en forme de cuvette à pente douce; préservons-la de toute affluence d'eaux extérieures. En effet, si ces eaux, après y avoir pénétré, ne pouvaient s'écouler, le fumier, se trouvant noyé, ne subirait pas la fermentation de bonne nature qui en augmente la valeur; si, au contraire, elles s'échappaient, elles entraîneraient hors du tas quantité de sels. Que la place entière soit divisée en deux lieux de dépôts; l'un, où l'engrais est porté chaque jour; l'autre, où on le laisse fermenter le temps nécessaire. La fosse dans laquelle les jus se réunissent forme entre eux deux, sur toute leur longueur, une cavité allongée, ce qui permet d'effectuer aisément les arrosages au moyen d'une pelle à vider les bateaux. Lorsqu'un tas se trouve à sa hauteur, on le couvre de terre ou de boue, et on commence l'autre.

Parmi les substances produites par la décomposition du fumier, les sels azotés sont des plus fécondants et tout à la fois des plus volatils. C'est pour les retenir, que nous conseillons de couvrir de terre le tas une fois terminé. Afin de mieux les fixer, on peut mêler avec le fumier, soit de la tourbe et autres matières charbonneuses, soit des substances sulfureuses, du plâtre, par exemple, ou des argiles pyriteuses telles qu'on en extrait en beaucoup de lieux. Les matières charbonneuses absorbent le principe azoté. Les substances sulfureuses le fixent par une réaction chimique qui produit un sel azoté (le *sulfate d'ammoniaque*), non susceptible de vaporisation. Les Flamands, dont la vieille expérience a depuis longtemps reconnu ce que la chimie explique aujourd'hui, recueillent précieusement les plâtras de démolition, pour opérer ce mélange.

Si l'on veut donner au fumier une vertu très-favorable aux sols privés de calcaires, on y mêle une certaine quantité de chaux vive. Quant à la marne, amendement carbonaté dont nous parlerons bientôt, M. Payen n'est pas d'avis qu'on la mélange de même, ses expériences lui ayant prouvé que la présence du calcaire dans le fumier favorise le dégagement des principes azotés.

On a conseillé de déposer le fumier sous des hangars, afin de le préserver de l'ardeur du soleil qui le dessèche et en active la fermentation. Ce soin serait largement payé sous le climat brûlant du midi. Dans le nord, nous ne pensons pas qu'il y ait lieu de le prendre. D'ailleurs, n'obtiendrait-on pas à peu près le même résultat par une plantation d'arbres touffus autour du dépôt?

Afin que le fumier soit plus consommé et plus net de semences nuisibles au moment de l'emploi, on le garde, en quelques pays, d'une année à l'autre. Sans doute, l'engrais conservé de la sorte n'éprouve de déperdition que s'il se trouve en tas mal serrés et non recouverts. Cependant nous ne conseillons pas cette méthode. De même qu'il est plus avantageux de placer l'argent à la caisse d'épargne que de l'enfermer dans le secrétaire, de même aussi, le fumier est plus utilement en terre qu'en dépôt.

Quelques auteurs engagent à séparer le fumier des diverses espèces d'animaux, afin de mieux approprier l'engrais à la nature du champ. Le fumier de cheval, comme plus actif, serait appliqué aux terrains humides, et le fumier de vaches, comme plus froid, aux sols légers. Mais cette séparation ne donnerait-elle pas lieu généralement à des dispositions trop compliquées? Admettons donc plutôt le mélange qu'on fait habituellement du fumier des chevaux avec celui des vaches et des porcs, ce qui procure un engrais également bon pour tout terrain. Si cependant on croit devoir mettre à part le fumier de cheval, il importe d'en traiter le tas avec un soin particulier, à cause de sa grande disposition à trop fermenter.

Quant au fumier de chèvres et de moutons, pourvu qu'on n'y mette pas trop de litière et qu'on l'arrose de temps en temps, afin d'en modérer la fermentation, on peut très-bien le laisser s'accumuler dans les bergeries et le porter directement sur les terres deux ou trois fois l'année.

En Bretagne, ce mode est également adopté pour le fumier des chevaux et des vaches. Avec peu de soin, on se procure ainsi d'excellent engrais, rien n'étant plus favorable à sa confection qu'un piétinement continuel. Mais on se trouve forcé d'établir des mangeoires et des crèches mobiles, afin que leur hauteur reste toujours en rapport avec le sol de l'étable. D'ailleurs, si les aliments du bétail sont aqueux et abondants, il faut une énorme quantité de litière pour que les animaux soient au sec; et l'engrais s'accumule si rapidement qu'on ne peut le laisser plus de deux à trois semaines. Lorsque ce système est suivi, la place sur laquelle couchent les animaux est creusée de 40 à 50 centimètres.

Sur certains points de la Flandre, c'est dans un enfoncement situé derrière le bétail que le fumier est poussé chaque jour et qu'on le laisse fermenter pendant quelque temps; disposition meilleure, mais qui exige une place plus considérable.

Si, nettoyant les animaux tous les deux ou trois jours, on conduit immédiatement le fumier sur les terres, cet engrais, qui n'a subi presque aucune fermentation, contient beaucoup de semences nuisibles prêtes à germer. Dès lors, il ne convient de l'appliquer qu'à des cultures sarclées ou fourragères, les mauvaises herbes qu'il fait naître devant, dans ce cas, se trouver détruites par le sarclage, ou du moins être coupées avant qu'elles n'aient pu porter graine. Ces fumiers sont bons pour les terres compactes que les pailles non décomposées divisent et ameublissent. Dans leur emploi, n'oublions pas qu'il faut tenir compte de leur volume, beaucoup plus considérable, à poids égal, que n'est celui des fumiers fermentés. On serait toujours disposé à en mettre trop peu.

Aussitôt conduit dans les terres, tout fumier doit être étendu. Autrement, une mauvaise fermentation s'établit dans les petits monceaux qu'on fait en déchargeant la voiture, et la pluie entraîne sous chacun d'eux la plus grande partie des sels, au détriment du reste du terrain.

On remarque trop souvent, dans les campagnes, que l'éparpillement est très-mal fait, et par suite, la fumure inégale. Évitons cette faute avec soin. Lors du labour, afin que la charrue ait moins de tendance à s'engorger, enlevons le coutre, et, si le fumier s'amasse encore, qu'un enfant le mette au fond du sillon.

Lorsqu'on étend le fumier, sans l'enfouir, sur un champ déjà ensemencé, il maintient à un degré souvent excessif la fraîcheur des terres humides, favorise la multiplication des chiendents et celle des insectes. Dès lors, ne l'appliquons ainsi que dans quelques cas particuliers, pour couvrir, par exemple, des gazons naturels auxquels l'humidité est toujours favorable, ou bien des prairies artificielles qu'une couverture hivernale abrite utilement; et, pour ce genre d'emploi, préférons à tout autre le fumier non fermenté. Comme il foisonne beaucoup, une petite quantité suffit pour atteindre le but de l'opération.

Au sujet des fumures ordinaires, qui se font sur une terre non encore occupée, observons les règles suivantes :

Moins il doit s'écouler de temps entre l'instant de la fumure et l'ensemencement, plus la récolte profitera des principes actifs de l'engrais. Souvent, des travaux pressés ne permettent pas d'effectuer ce transport à l'instant le plus favorable. Mais on doit toujours chercher à s'en rapprocher.

Si la terre est humide et disposée à se salir, que le fumier soit vite enfoui, de peur qu'il ne maintienne une fraîcheur nuisible. Dans des circonstances opposées, rien ne presse généralement pour ce travail. On pourrait craindre, il est vrai, l'évaporation de substances azotées; mais, à moins que le sol ne soit très-sablonneux, il absorbe à peu près tout ce qui peut s'exhaler de fumier ainsi étendu.

La quantité qu'on met à l'hectare varie de 15 à 50,000 kilogrammes et dépend de la qualité de l'engrais, de la nature du sol, des besoins des récoltes. En général, il convient de fumer souvent et peu à la fois, plutôt qu'abondamment et à longs intervalles. Cependant les fumures très-fortes doivent être conseillées, lorsque la terre contient peu d'humus et qu'il s'agit de porter de suite ce principe à une proportion suffisante, seul moyen de féconder, par exemple, des argiles très-pauvres, ou des craies presque inertes.

## CHAPITRE XIX

ENGRAIS ANIMAUX LIQUIDES ET PULVÉRULENTS, PARC, OS PILÉS, NOIR ANIMAL, ETC.

### ENGRAIS LIQUIDES.

En plusieurs pays, notamment en Flandre, les étables sont disposées de telle sorte que les urines s'écoulent dans des fosses, pour servir, sous le nom de *purin*, à l'engrais des terres. En Suisse, on balaie toutes les déjections dans une rigole en bois située derrière le bétail; puis, on les fait couler dans des réservoirs, après les avoir délayées avec de l'eau; engrais connu sous le nom de *lizée*.

Pour traiter convenablement le purin et la lizée, il faut avoir au moins deux fosses qu'on vide alternativement, de manière à ne pas conduire de liquide semblable avant qu'une fermentation suffisante ne lui ait fait perdre toute âcreté. Ce qu'on trouve de pâteux dans les fosses à lizée, tant au fond qu'à la surface, est mélangé de litière et employé comme fumier.

On transporte le purin et la lizée, soit dans un tonneau monté sur des roues et disposé comme ceux qui servent à l'arrosage des villes, soit dans un baquet placé sur une charrette et duquel on répand le liquide au moyen d'une cuillère de bois.

Appliquons ces engrais aux champs occupés plutôt qu'à la terre nue. Comme, indépendamment de sels très-fécondants, ils procurent aux plantes le liquide nécessaire à l'absorption de ces sels, ils activent beaucoup la végétation, mais sans améliorer le sol. Le seul reproche qu'on puisse leur faire, c'est d'exiger un matériel spécial et des frais de transport élevés. En Angleterre, M. Kennedy et les cultivateurs de son école tranchent cette dernière difficulté d'une manière merveilleuse : sous leurs étables se trouve un vaste réservoir dans lequel ils recueillent et mêlent avec beaucoup d'eau toutes les déjections du bétail. De ce réservoir part un tube de fonte qui communique avec tous les champs par plusieurs tubes secondaires qu'on ouvre et ferme à volonté. Enterrés à peu de profondeur, ces tubes présentent, de distance en distance, au-dessus du sol, des regards disposés de sorte qu'on puisse y attacher un tuyau de cuir ou de gutta-percha pareil à ceux des pompes à incendie. Sous l'action de la machine à vapeur qui sert à mettre en jeu les autres machines de la ferme (et il existe de ces moteurs dans la plupart des fermes anglaises), une pompe pousse l'engrais dans celui des tubes qu'on a ouvert. Un homme attache successivement aux regards le tuyau de gutta-percha, et, dirigeant la lance en l'air, il fait jaillir vers le ciel un filet liquide qui retombe en pluie fine. De la sorte, sans transport dispendieux, on distribue aliment et fraîcheur, aussi souvent qu'il le faut pour entretenir la plus belle végétation. Quelques cultivateurs français, notamment M. d'Herlincourt, dans le Pas-de-Calais, appliquent à leur culture ce système admirable.

De temps immémorial, les Flamands connaissent si bien la valeur de ce genre d'engrais, qu'ils portent sur les terres jusqu'aux égouts des cours de ferme. De plus, ils achètent la matière fécale et la conservent en fosses, pour la répandre aux pieds des tabacs, betteraves, choux, colzas et autres plantes.

Afin d'éviter la perte d'ammoniaque que la fermentation détermine dans les engrais liquides, on conseille d'y mettre, par hectolitre, 40 grammes de plâtre en poudre ou 30 grammes de sulfate de fer. Nous avons expliqué déjà que le principe sulfureux fixe le principe azoté par la formation d'un sel non volatil (*sulfate d'ammoniaque*).

### PARC.

Un autre moyen d'employer les déjections du bétail consiste à les lui laisser répandre dans un parc où on l'enferme et qu'on déplace de temps en temps; procédé très-usité pour les moutons.

Cet engrais détruit beaucoup de germes nuisibles, à cause de la causticité des urines qui tombent sur le sol. D'un autre côté, le piétinement des moutons pulvérise les mottes, resserre une terre trop soulevée par les cultures précédentes, et raffermit utilement les gazons spongieux. Mais le parcage présente l'inconvénient d'exposer souvent les troupeaux au grand soleil ou à la pluie. Aussi, ne doit-on y soumettre que des animaux adultes, de race vigoureuse, en belle saison et sur terrain parfaitement sain.

Le plus souvent, on fait parquer les champs avant de les ensemencer. Par un temps sec, on peut aussi appliquer cette opération à une terre récemment semée. Dans ce cas, le piétinement favorise la germination des graines, comme le ferait le passage d'un fort rouleau.

Ne procurant que des sels et pas d'humus, le parc exerce une action énergique, mais peu durable. On en règle la force par la durée du temps qu'on laisse passer aux moutons dans chaque enceinte et non point par l'étendue donnée à chaque animal. En effet, si on portait cette étendue à plus d'un mètre, par mouton de taille moyenne, les déjections seraient mal réparties, à cause de la tendance du troupeau à se serrer sur une partie seulement d'une enceinte trop vaste.

La géométrie démontre qu'il convient de donner au parc la forme carrée, comme contenant le plus d'espace relativement à l'étendue des contours. On prouve aussi que plus le parc est petit, plus il se trouve de clôtures par rapport au terrain entouré ; d'où nous concluons que cette méthode est particulièrement avantageuse aux propriétaires de grands troupeaux.

### ENGRAIS ANIMAUX PULVÉRULENTS.

Les déjections de toute espèce peuvent encore être portées dans les champs sous forme pulvérulente. Donnons, par exemple, de la terre sèche pour litière aux animaux, et nous obtenons un engrais terreux d'usage excellent sur les plantes en végétation. Si l'on veut suivre cette méthode, il faut faire provision de terre sèche en bon temps et la conserver à l'abri de la pluie, soit sous un hangar, soit en tas coniques couverts de paille.

Sur quelques points du midi de la France, on balaie les crottins de moutons et de chèvres, pour les répandre à la pelle sur les champs.

Auprès de Paris et d'autres villes, les vidanges sont desséchées et réduites en *poudrette*, engrais très-actif. Dans toute exploitation bien tenue, on emploie aussi sous forme pulvérulente la *colombine* ou fiente des oiseaux de basse-cour. Depuis 1840, l'Europe tire de certains îlots de l'Amérique et de l'Afrique un engrais plus puissant encore, le *guano*, poussière brunâtre qu'on croit formée de fientes et de débris d'oiseaux accumulés depuis des siècles. Enfin, d'autres matières analogues sont : la chair et le sang desséchés et pulvérisés, les engrais fabriqués sous le nom d'engrais *Lainé*, de *Javelle*, *Derrien*, etc.; substances toutes très-riches en sels de nature variée. Ainsi 400 kilogrammes de guano non falsifiés, 2,000 kilogrammes de poudrette ou de colombine (proportion qu'on applique souvent par hectare de blé), contiennent autant de sels azotés et phosphorés immédiatement solubles que 30,000 kilogrammes de fumier ordinaire. L'effet est donc très-énergique sur la première récolte; quelquefois il se fait sentir aussi sur la seconde; mais le sol, qui ne reçoit pas d'humus, reste ensuite sans amélioration.

On répand à la main ces divers engrais sur les plantes en végétation, ou bien sur les champs qu'on va ensemencer. Enfin, on en colle aux graines par la méthode du pralinage dont il a déjà été question.

Il importe de se mettre en garde contre les falsifications par lesquelles on altère souvent dans le commerce les meilleures de ces substances, particulièrement le guano. Si l'on en conserve soi-même pendant quelque temps, il faut établir le dépôt en lieu très-sec. Le guano doit en outre être pulvérisé avec soin et mêlé d'un poids égal de sciure ou de terre. Enfin, comme il s'envole au loin, il faut éviter de le répandre par un grand vent.

De son côté, chacun doit chercher à composer des engrais analogues qu'on obtient à bon compte par le mélange fait, en lieu sec, de colombine, de fonds de bergeries, de balayures de maison, de matière fécale avec une poussière absorbante, telle que plâtre, cendre, terreau. On brasse le tout à trois ou quatre reprises.

### OS.

Parmi les débris animaux, les os, composés de substances azotées et de phosphate de chaux, sont loin de devoir être négligés. Les Anglais, qui en font venir de toutes les parties du monde, les réduisent par des machines en une sorte de farine dont ils appliquent à l'hectare de 3 à 4,000 kilogrammes, la répandant de préférence sur les semis de turneps et sur les gazons épuisés auxquels cet engrais rend, dit-on, une vigueur remarquable. Les uns en considèrent l'action comme durant plusieurs années, les autres, comme ne se prolongeant pas au delà d'une récolte; différence qui peut tenir au plus ou moins grand état de division de cette poussière dont on distingue en Angleterre plusieurs qualités.

D'après le savant M. de Gasparin, les Anglais la convertissent aussi en engrais liquide, en mêlant à 20 kilogrammes de poudre d'os 10 kilogrammes d'acide sulfurique et 30 litres d'eau; ce qui forme, au bout de vingt-quatre heures, une liqueur épaisse dont on se sert après l'avoir étendue de 1,000 litres d'eau.

### NOIR ANIMAL.

En France, les os ne sont généralement employés, comme engrais, qu'à l'état de *noir animal*, c'est-à-dire, après avoir été calcinés dans des vases clos, puis broyés en une poudre noire qui sert d'abord à la clarification du sucre. Encore, n'est-ce qu'à partir des expériences de MM. Ferdinand Favre et Payen, en 1820, que la valeur de cette substance a commencé à être connue. Les départements de l'Ouest en utilisent maintenant d'immenses quantités; ainsi, après avoir exploité les énormes dépôts de noir abandonnés autour de nos raffineries, on s'est mis à en tirer d'Amsterdam, de Hambourg, de Saint-Pétersbourg et autres lieux; la seule ville de Nantes en reçoit chaque année 15 à 16 millions de kilogrammes.

L'action de cet engrais n'est complète que sur les terres récemment défrichées et privées de calcaire. L'acide carbonique, qui se produit en abondance dans ces terrains, contribue sans doute à rendre soluble le phosphate de chaux, substance principale du noir. Toutefois, il a été constaté par M. Bobière, chimiste vérificateur des engrais, à Nantes, que certains noirs exercent une action favorable sur des terrains depuis longtemps en culture et pourvus de calcaire; ce qu'il attribue à la forte proportion d'azote que ces noirs contiennent, azote qui aiderait à la solubilité du phosphate de chaux.

Généralement, on répand le noir animal, en même temps que les semences, dans des proportions qui varient de 8 à 10 hectolitres par hectare. D'après les expériences de M. Chambardel, le mieux serait de le coller aux graines par la méthode du pralinage.

Morceaux de corne, chiffons de laine, rognures de cuir, débris de bourre et de crin, toutes ces substances, qu'on peut souvent se procurer à bon compte, sont encore des engrais animaux de haute valeur. On peut les enfouir, par petites portions, au pied de plantes espacées, telles que pommes de terre, houblons, tabacs, etc.

En résumé, recueillons comme très-précieux toute espèce de débris animaux. Sans doute, leur odeur est souvent désagréable ; mais le plus sûr moyen d'empêcher l'insalubrité qui en résulterait n'est-il pas de les incorporer au sol? D'ailleurs, n'avons-nous pas, pour rendre ces débris moins repoussants, plusieurs corps de nature désinfectante, tels que la chaux, les poussières charbonneuses, le sulfate de fer, dont 100 grammes suffisent pour ôter toute odeur à un hectolitre de matière fécale, enfin les terres brûlées ou même simplement desséchées? L'engrais inodore que MM. Payen et Salmon ont fabriqué à Grenelle, sous le nom de *noir animalisé*, n'était autre que de la vidange mêlée avec un terreau calciné.

La Chine est tellement peuplée que la famine la décimerait souvent, si la production agricole ne s'y soutenait toujours à son plus haut point. Aussi, les habitants de ce vaste pays recueillent avec un soin minutieux ce qui peut servir d'engrais, et la police veille à ce que rien ne soit perdu ; prévoyance que nous devrions imiter et qui procurerait plus de richesse à la France que nous n'en pourrions tirer de mines très-précieuses !

## CHAPITRE XX

ENGRAIS VÉGÉTAUX, TIGES LIGNEUSES FOULÉES, ENGRAIS JAUFFRET, GOËMONS, ROSEAUX, GAZONS, RÉCOLTES ENFOUIES, PLANTES AMÉLIORANTES, GRAINES DE LUPIN, TOURTEAUX.

Pauvres, pour la plupart, en sels immédiatement assimilables, les engrais végétaux procurent principalement de l'humus au sol. Aussi, l'effet en est moins sensible au premier abord, mais plus durable que celui des engrais animaux. Ils conviennent surtout aux champs sablonneux ou calcaires, et sont d'une précieuse ressource en pays pauvres.

### TIGES LIGNEUSES FOULÉES.

Ainsi, dans la Bretagne, il n'est presque pas de chemins creux où l'on ne fasse fouler des tiges de bruyère, d'ajonc, de genêt, afin d'en obtenir un terreau fertilisant. Le buis, qui croît sur nos montagnes du centre, de l'est et du midi, est utilisé de même en plusieurs lieux.

### ENGRAIS JAUFFRET.

Un habitant de la Provence, Jauffret, imagina d'activer la décomposition de débris semblables, en les arrosant d'une lessive qui contenait des jus de fumier, de la matière fécale, du salpêtre, du plâtre, du sel, de la suie, des cendres. Il obtenait, au bout de deux à trois semaines de fermentation, un engrais onctueux, comme du fumier d'étable, et sensiblement plus actif que le terreau résultant d'une pourriture ordinaire. Jauffret vécut longtemps du profit que, dans son pays même, il tirait de ce procédé; mais, lorsqu'il voulut l'exploiter sur une grande échelle, il éprouva tant de mécomptes qu'il mourut de chagrin. Sa méthode est certainement utile partout où l'on peut se procurer en abondance des débris ligneux.

### GOËMONS.

Parmi les engrais végétaux, ceux de goëmon et autres plantes marines sont des meilleurs. En Bretagne et en Normandie, on ne se borne pas à recueillir ce que le flot dépose sur la plage, mais encore, à des époques fixées par des règlements, des milliers de personnes vont sur des barques, à une certaine distance de la côte, couper ces plantes sur les rochers. On les enterre, aussi fraîches que possible, à la quantité de 20 à 30,000 kilogrammes par hectare. A poids égal, le goëmon équivaut presque au fumier.

### ROSEAUX.

Les herbes aquatiques d'eaux douces ne doivent pas non plus être négligées. Les habitants de la Provence et du Languedoc exploitent précieusement celles de leurs marais, pour les étendre sur les champs ensemencés et conserver par cette couverture la fraîcheur au pied des récoltes.

### GAZONS.

Ailleurs, on engraisse les terres avec des gazons dont, tous les vingt, vingt-cinq ou trente ans, on dépouille de vastes terrains qui restent toujours en friche. Nous nous demandons si ce système, qui appauvrit des espaces étendus au profit de quelques champs, peut être considéré comme avantageux.

### RÉCOLTES ENFOUIES.

Quant à l'enfouissage sur place de certaines récoltes en fleur, on ne peut douter de son utilité. Le végétal étant formé d'éléments tirés du sol, du sous-sol et de l'air, la terre, dans laquelle on l'enfouit, se trouve améliorée de tout ce qu'il a pris au sous-sol et à l'atmosphère. Coûter peu de semence, pousser vite et vigoureusement, telles sont les conditions auxquelles doit répondre la plante amélioratrice. Le sarrasin et la spergule conviennent aux terrains sablonneux et aux limons ; le trèfle incarnat et la navette, aux sols calcaires ; la fève, aux champs argilo-calcaires ; le lupin, à certains terrains ferrugineux non carbonatés, de nature très-ingrate. « Le « lupin, disait Columelle, fournit aux vignes et aux « champs épuisés le meilleur engrais. » On assure que certaines contrées pauvres de l'Allemagne doivent de grandes améliorations à l'enfouissage des espèces à fleur jaune et bleue, lesquelles mûrissent plus facilement que notre variété blanche. Espérons que ces espèces précieuses seront bientôt introduites dans le nord de la France où le lupin blanc n'arrive pas régulièrement à maturité.

### RÉCOLTES AMÉLIORANTES.

Certaines plantes tirent du sous-sol et de l'atmosphère une si forte proportion d'aliments que, lors même qu'on les récolte, elles laissent à la terre arable, par leurs détritus, beaucoup plus qu'elles ne lui ont pris. Voilà de tous les engrais le plus précieux, puisqu'il se forme de lui-même, sans que le champ cesse d'être productif. Au premier rang de ces végétaux bienfaisants, nous trouvons la luzerne et le sainfoin qui, après avoir occupé le sol plusieurs années, le laissent sensiblement enrichi. Viennent en second lieu le trèfle, la lupuline, la spergule, etc., qui produisent un effet moindre, quoique très-sensible.

## TERREAUX.

Il faut encore mettre au nombre des engrais végétaux les tourbes et terreaux de marais. Quand même ils seraient de nature acide, ces terreaux conviennent aux sols carbonatés; mais ce n'est qu'après avoir été mêlés de chaux ou de marne qu'ils peuvent être portés sur des terrains privés de calcaire. Autrement, ils seraient plus nuisibles qu'utiles, et favoriseraient la végétation d'herbes mauvaises. Quant aux terreaux non acides, faciles à distinguer par la bonne qualité des plantes qu'ils produisent, ils améliorent toute terre pauvre en humus et surtout les sols argileux, dont ils diminuent la ténacité.

## GRAINES DE LUPIN, TOURTEAUX.

Les engrais végétaux nous offrent exceptionnellement quelques substances riches en sels actifs. Telles sont — les graines de lupin qu'on sème sur les récoltes, de la même manière que les engrais animaux pulvérulents, ou qu'on enfouit au pied des arbres, après en avoir fait périr le germe dans l'eau bouillante; — les radicelles de l'orge germée dans les brasseries, substance dite *touraillons,* qu'on répand en quelques pays sur les céréales, à la dose de 30 hectolitres par hectare; — les tourteaux ou résidus d'huileries parmi lesquels on emploie surtout à l'engrais des terres ceux que le bétail mange le moins volontiers, savoir: dans le Nord, les tourteaux de colza, de cameline, de navette et de faîne; dans le Midi, ceux de sésame et d'arachide[1].

Toute espèce de tourteau doit être broyée et répandue soit avec les semences, soit sur les plantes en végétation. L'effet est immédiat, se fait rarement sentir sur plus d'une récolte, n'est complet que pour les sols calcaires, et se trouve toujours fortement activé, si, avec quatre parties de tourteau, on en mêle une de chaux vive. De cette même substance délayée, on peut composer aussi un excellent engrais liquide. Les proportions qu'on applique à l'hectare varient beaucoup. Dans le Midi, d'après M. Raibaux-l'Ange, 400 kilogrammes de tourteau de sésame seraient une dose qu'il ne conviendrait pas de dépasser pour les cultures de froment; dans le Nord, on répand sur les blés de 1,000 à 1,200 kilogrammes de tourteau de colza, du prix de 15 à 16 francs les 100 kilogrammes, et de plus fortes doses encore sur les champs de lin, de tabac, etc., etc. Le tourteau, principalement celui de cameline, éloigne la courtilière et le ver blanc, animaux des plus nuisibles à plusieurs de nos récoltes.

Croirait-on que l'agriculture française se laisse enlever par les Anglais et les Belges d'énormes quantités d'une aussi précieuse substance, quoique, pour

---

[1] Le sésame et l'arachide sont des graines oléagineuses qu'on apporte d'Orient et d'Afrique en quantités considérables.

eux, le prix s'en trouve augmenté d'un quart par les droits de sortie et les frais de commerce ?

Le pain est cher, l'ouvrier souffre. Comprenons donc enfin cette incontestable vérité, que, puisque le pain s'obtient par le bon emploi des substances fertilisantes, laisser perdre l'engrais, c'est contribuer réellement à la misère publique.

## CHAPITRE XXI

AMENDEMENTS; MARNES, FALUNS, SABLES DE MER, VARECH, CHAUX.

### MARNES.

« Je te conseillerai de retenir l'exemple d'un bon
« père de famille normand, lequel habitoit à une pa-
« roisse de Normandie, qui prenoit grand'peine à
« cultiver ses terres, et néanmoins il étoit contraint
« toutes les années d'aller acheter du blé hors de la
« paroisse; car toute ladite paroisse étoit infertile, et
« ne se trouvoit nul qui cueillist du blé pour sa pro-
« vision, et quand il venoit une cherté et que les
« hommes de ladite paroisse alloient acheter du blé
« en la prochaine ville, les autres paroisses les mau-
« dissoient, disant qu'ils étoient cause d'enchérir le
« blé.

« Il advint que ce bon père de famille s'advisa

« quelque jour de prendre son chapeau plein d'une
« terre blanche qu'il trouva dedans une fosse et la
« porta en quelque endroit d'un champ qu'il avoit
« semé et marqua l'endroit où il avoit mis ladite terre,
« et quand les semences furent accrues, il trouva que
« le blé étoit espois, vert et gaillard, sans compa-
« raison, plus qu'en toute autre partie du champ, quoi
« voyant, le bonhomme fuma l'année suivante tous
« ses champs de ladite terre, lesquels rapportèrent
« des fruits abondamment, et après que ses voisins
« et tous les habitants de ladite paroisse furent ad-
« vertis d'un tel fait, ils firent diligence de trouver
« de ladite terre de marne, et, en ayant fumé leurs
« champs, ils recueillirent plus abondamment des
« fruits que nulle paroisse. »

Lors de l'étude des terres, nous avons reconnu que le calcaire est un élément essentiel de fécondité. Procurer ce principe aux terrains non carbonatés, tel est le mode d'action de la *marne*, dont Bernard Palissy vient de nous conter la découverte en un village de Normandie.

Parmi les sols non carbonatés, ce sont les champs acides que cet amendement améliore le plus, parce que, neutralisant le principe acide, il change entièrement la nature de l'humus. En terrain de ce genre, une fois marné, plusieurs mauvaises herbes cessent de se reproduire, ce qui faisait dire encore à Palissy : « La marne est un fumier naturel et divin, ennemi

« de toutes les plantes qui viennent d'elles-mêmes,
« et génératrice de toutes les semences qui ont été
« mises par les laboureurs. »

Souvent ignorées, quoique très-répandues, les marnes nous offrent de nombreuses variétés : les unes sont terreuses; d'autres ont l'aspect de pierres compactes ou feuilletées; on en voit de grises, de blanches, de noires, de vertes, d'un rouge plus ou moins foncé. Au milieu de cette diversité, toutes se reconnaissent à deux caractères : 1° *effervescence avec les acides;* 2° *disposition à se déliter et à fuser par les alternatives de sec et d'humide.*

L'effervescence annonce la présence du calcaire; l'essai est celui que nous avons déjà décrit au sujet des terres. Très-exceptionnellement, le dégagement d'acide carbonique pourrait résulter, non de la présence du calcaire (*carbonate de chaux*), mais de celle d'un minerai ferrugineux (*carbonate de fer*). Si l'on soupçonne cette particularité, on verse dans le verre d'essai quelques gouttes de décoction de noix de galle. Si l'effervescence a été produite par du carbonate de fer, la liqueur devient noire comme de l'encre.

Pour vérifier le second caractère, il suffit de mettre dans l'eau et de faire sécher alternativement plusieurs fois un morceau de la substance essayée; s'il finit par se diviser, on reconnaît la marne à ce caractère joint au premier. Plus cette fusion est rapide et complète, plus le mélange de l'amendement avec le sol sera prompt et parfait.

Le calcaire et l'argile entrent en proportions variables dans la composition des marnes, dont la plupart contiennent en outre plus ou moins de sable. Les *marnes argileuses* ont un toucher doux, l'aspect terreux, une couleur grise, verte, rouge ou brune plutôt que blanche. Un toucher rude et une texture pierreuse distinguent ordinairement les *marnes sableuses*. Quant aux *marnes calcaires*, presque toujours blanches, elles ressemblent à la craie, la plus calcaire de toutes.

Si l'on veut découvrir ce qu'une marne contient de calcaire, d'argile et de sable, on y parvient par l'analyse suivante, que tout cultivateur pourra faire en s'aidant des conseils d'un homme habitué aux manipulations chimiques, d'un pharmacien, par exemple.

On met dans un verre, avec de l'eau, 10 grammes de marne pesés sur une balance de précision; on verse doucement dans le verre de l'acide chlorhydrique. Cette substance chasse l'acide carbonique du calcaire et forme avec la chaux un sel qui se dissout dans le liquide. L'effervescence terminée, on fait passer la liqueur à travers un filtre de papier placé dans un entonnoir de verre. Le dépôt qui reste sur le filtre contient toute la substance de la marne, moins le calcaire dont le poids dès lors sera connu, si on pèse exactement ce dépôt. Pour y parvenir, on laisse sécher le filtre et on le brûle dans un creuset fermé. On pèse alors le dépôt, qui reste seul au fond du creuset, et en extrayant cette pesée des 10 grammes sur lesquels on opère, on connaît, par différence, le poids du calcaire. Il s'agit ensuite de déterminer celui de l'argile. Sachant que cette substance se compose d'alumine, de silice, d'oxyde de fer et d'eau, et que l'alumine entre pour un tiers dans sa composition, on résoudra ce second problème, si on parvient à déterminer le poids de l'alumine. A cet effet, on fait bouillir avec de l'acide sulfurique, dans un ballon de verre, le dépôt obtenu précédemment. Au bout d'une heure, l'alumine se trouve dissoute par l'acide; alors on filtre la liqueur; on fait sécher, puis brûler le filtre ; on pèse le dépôt. La différence qui existe entre ce second dépôt et le premier exprime le poids de l'alumine, lequel, étant triplé, donne celui de l'argile. Les poids réunis du calcaire et de l'argile étant extraits des 10 grammes essayés, la différence représente la proportion des autres substances dont la plus grande partie est ordinairement du sable siliceux.

Indépendamment de leur action par le principe carbonaté, les marnes argileuses sont favorables aux terrains sablonneux qu'elles rendent moins inconsistants, et aux limons dont elles affaiblissent la tendance à se rebattre par l'effet des pluies. Quant aux marnes sablonneuses et calcaires, elles donnent une heureuse friabilité aux terres compactes ; mais à trop fortes doses, elles pourraient nuire aux terrains légers.

L'action principale, celle qui vient de l'apport du calcaire, dure jusqu'à ce que cette substance, qui se dissout plus ou moins lentement suivant la nature des marnes mêmes, ait été absorbée par les végétaux. L'effet se fait sentir parfois pendant trente années ; l'essentiel est de marner assez abondamment pour qu'il soit immédiat. La quantité nécessaire varie depuis 30 jusqu'à 200 mètres cubes par hectare. Moins une marne se délite facilement, plus il en faut mettre à la fois, mais aussi plus l'action se prolonge.

Portée même en quantité suffisante, aucune marne n'aurait d'effet immédiat, si on ne la mélangeait intimement avec la terre au moyen de cultures multipliées ; le mieux est de la répandre sur le sol avant ou pendant l'hiver, afin que les gelées contribuent à la déliter.

Si nous cultivons des terrains non carbonatés, surtout des champs nouvellement défrichés, abondants en humus acide, recherchons la marne, comme si c'était du minerai d'argent. Du reste, ne nous attendons pas à trouver une fécondité exceptionnelle au sol qui la recouvre : souvent, par excès de calcaire, ce sol est maigre et brûlant.

#### FALUN.

Dans nos recherches, nous pourrons rencontrer des coquillages fossiles plus fertilisants encore que les marnes, à cause de la présence d'une certaine quantité de principe azoté et phosphoré. On les exploite, sous le nom de *falun*, dans les départements de la Gironde, des Landes, d'Indre-et-Loire et de Maine-et-Loire.

#### SABLES DE MER.

D'autres amendements analogues, d'une qualité toute particulière, sont les vases et sables marins dont on tire chaque année plus de 10 millions de mètres cubes, sous les noms de *merle*, de *tangue* et de *trez*, sur les côtes de Bretagne et de Normandie. Déposées régulièrement par la mer, ces matières sont pour les contrées voisines une richesse des plus précieuses. En Angleterre, tel chemin de fer, celui de Padstow, par exemple, a été spécialement construit pour faciliter le transport d'amendements semblables.

#### VASES.

Les eaux de l'Océan ne sont pas les seules à enrichir leurs bords de matières fécondantes. Les étangs, les ruisseaux, les rivières recèlent des limons fertilisants; souvent, d'anciens curages les ont accumulés en dépôts faciles à prendre. Comment aperçoit-on à quelques pas de là des terres stériles?

S'il existe, dans la plupart de nos départements, une déplorable incurie au sujet des meilleurs amendements, ce n'est pas que l'emploi n'en soit anciennement connu sur certaines parties du sol national. Varron parle de marnes (*creta fossilicia*) qu'on utilisait, de son temps, dans le nord des Gaules. Pline indique la chaux comme étant employée par les cultivateurs du Poitou.

### CHAUX.

Ainsi que la marne, la chaux procure le principe calcaire aux sols qui en sont dépourvus. Mais elle attaque avec beaucoup plus de force encore l'humus acide et les débris organisés, action particulièrement favorable aux sols nouvellement défrichés. Cette substance, qui, d'un autre côté, tend à décomposer et à diviser l'argile, est utile à tous les champs tenaces, fussent-ils déjà carbonatés. Au contraire, elle nuit aux sables calcaires et aux terrains crayeux dont elle augmente l'aridité; et, appliquée à certains limons non carbonatés, elle ne paraît avoir aucun effet, parce que, se combinant de suite avec la silice impalpable, elle forme des particules insolubles pareilles à un mortier durci.

Pour s'en servir, on la répartit sur le champ à amender par tas de 30 centimètres de haut qu'on couvre de terre. Elle fuse bientôt par l'effet de l'humidité qui s'exhale du sol. On l'étend ensuite le plus également possible.

Un second mode d'emploi consiste à l'entremêler de gazons, formant avec le tout des tas de 1 à 2 mètres de haut qu'on répand, lorsque la fermentation, qui ne tarde pas à se produire, a décomposé les détritus végétaux. De même, on peut mélanger utilement avec la chaux toute espèce de débris de décomposition difficile, tels que sciure de bois, tan, marc de cidre, bruyères, branches de pin, etc. Après dix à quinze jours de décomposition, on remue ces tas qui se nomment *composts*, et on en forme d'autres qu'on brasse encore une ou deux fois pour obtenir une poudre homogène. Celle-ci est excellente à répandre sur les plantes en végétation.

On met par hectare de 50 à 200 hectolitres de chaux, suivant la nature du sol. Plus la terre contient d'argile et d'humus acide, plus il convient de forcer la dose.

Moins durable, mais plus rapide que celui des marnes, l'effet s'en fait sentir ordinairement pendant plusieurs années, et dépend des quantités employées, ainsi que de la nature du terrain. À l'instant même de son application, cette substance caustique fait périr beaucoup de limaces, d'œufs et de larves d'insectes nuisibles.

## CHAPITRE XXII

AMENDEMENTS (suite); PLATRE,
CENDRES SULFUREUSES, SEL COMMUN, CENDRES DE FOYER,
SUIE, SELS DIVERS.

---

**PLATRE.**

Un cultivateur américain fut un jour fort étonné de lire sur un champ de trèfle ces mots : *effets du plâtre*. C'était Franklin qui les avait tracés avec de la poussière gypseuse sur la plante encore jeune, et celle-ci les avait fidèlement reproduits. A partir de cette célèbre expérience, l'usage du plâtre, comme amendement, s'étendit rapidement en Amérique. Au milieu du XVIII$^e$ siècle, le pasteur Meyer avait déjà signalé en Europe l'emploi que, de temps immémorial, en faisaient les habitants du Hanovre.

L'action de cette substance est si puissante que 2 hectolitres bien pulvérisés suffisent souvent pour tripler la récolte d'un hectare de trèfle. Ces résultats ne s'obtiennent cependant, ni dans tous les terrains, ni pour toutes les plantes. Ainsi, le plâtre est sans action sur la plupart des terres schisteuses de Bretagne et sur presque tous les terrains calcaires des environs de Paris. En aucun sol, il n'a d'effet sensible sur les céréales, tandis qu'il favorise merveilleusement la végétation de la luzerne, du sainfoin, du trèfle et autres espèces légumineuses.

Au sortir des carrières, le gypse, ou pierre à plâtre (*sulfate de chaux hydraté*), contient une certaine quantité d'eau que la cuisson fait dégager; de cristallin, il devient alors d'un blanc mat, et prend cette texture friable qui caractérise le plâtre employé par les maçons. C'est à cet état qu'il sert habituellement à l'amendement des terres; non que la cuisson en augmente les propriétés fertilisantes, mais elle le rend plus aisé à pulvériser. Dans les Ardennes, par exception, on emploie presque toujours le plâtre cru.

Généralement, on sème au printemps la poussière gypseuse par un temps humide qui lui permette de s'attacher aux feuilles. Répandu dès l'automne, il aurait toutefois presque autant d'effet, d'où nous concluons qu'il est tout aussi bien absorbé par les racines que par le feuillage. Le principe sulfureux en constitue sans doute la partie active; car l'acide sulfurique étendu de mille parties d'eau favorise également la végétation du trèfle, de la luzerne et du sainfoin, et ce même effet résulte aussi de l'emploi des terres et charbons sulfureux.

### CENDRES SULFUREUSES.

Ces matières contiennent en abondance du *sulfure de fer* qui se change au contact de l'air, par l'absorption de l'oxygène, en *sulfate de fer*, sel soluble et de saveur âcre que nous avons déjà nommé. Lorsqu'on les amoncelle au sortir de la mine, elles s'enflamment et se réduisent en une *cendre rouge* plus riche en sel, à poids égal, que ne sont ces mêmes matières non brûlées, dites *cendres noires*. Mais celles-ci présentent l'avantage d'améliorer le sol par les débris charbonneux qu'elles contiennent. Aussi, doit-on les préférer, lorsque, se trouvant à peu de distance du lieu d'extraction, on n'a pas trop à regarder aux frais de charroi. La dose à appliquer par hectare dépend de la richesse en sulfate de fer et varie, pour les cendres noires de Picardie, de 20 à 30 hectolitres. Une trop forte quantité serait nuisible.

SELS A BASE DE POTASSE ET DE SOUDE, SEL COMMUN.

Les substances salines qui contiennent de la potasse ou de la soude sont favorables à la végétation. De tout temps, ne connaît-on pas les propriétés fertilisantes du sel commun (*chlorure de sodium*)? On le mêlait, en Palestine, avec les fumiers, ainsi qu'il résulte d'un passage de l'Évangile. A côté de ces traditions, on en découvre d'autres dont on pourrait tirer des inductions opposées; ainsi, un vainqueur répandait du sel, en signe de colère, sur les champs de son ennemi, comme pour les condamner à la stérilité. De ces faits et de l'infécondité des terres voisines de la mer, qui contiennent plus de 5 pour 100 de sel, concluons que cet amendement ne doit pas être appliqué à trop fortes doses. De plus, si on le répand sur le sol, sans l'enfouir ensuite, il lie, en se cristallisant, les particules de la surface; puis, le champ se durcit d'une manière fâcheuse. Le mieux serait sans doute de le mélanger avec les fumiers, d'après le procédé israélite, ou bien avec des engrais aqueux. En Suisse, beaucoup de cultivateurs mettent dans la lizée 1/2 kilogramme de sel par hectolitre de liquide.

Les vapeurs qui s'exhalent de la mer fournissant le principe salin à toutes les terres voisines du littoral, il est probable que, sur ces terres, le sel aurait peu d'effet, à moins qu'il ne facilitât, par certaines réactions encore peu connues, la solubilité de quelque principe fécondant contenu soit dans les engrais, soit dans le sol.

Près des salines, on répand avec succès sur les prairies artificielles les argiles salées qui touchent aux bancs de sel gemme.

### GRANITS DÉSAGRÉGÉS, ARGILES CUITES.

D'autres substances solubles à base de potasse ou de soude se forment par la désagrégation spontanée de roches granitiques, schisteuses, volcaniques qui, dans ce cas, peuvent servir d'amendement. En France, on en fait usage dans quelques lieux. On a même porté de l'argile sur des terres sablonneuses dans le seul but d'en diminuer l'inconsistance, et on a répandu du sable sur des terres argileuses afin de les rendre moins tenaces; mais, en général, ces deux derniers modes d'amélioration sont trop dispendieux.

On se sert avec plus de succès d'argiles qui ont été cuites à l'air par lits alternant avec un combustible de peu de valeur; d'où nous concluons que, sous l'action d'une forte chaleur, l'argile forme plus de sels fécondants qu'elle n'en produirait dans son état naturel. Pour bien préparer cet amendement, il faut modérer le feu de sorte que la terre glaiseuse ne se durcisse pas tout à fait; autrement, elle perdrait toute vertu fertilisante. N'y a-t-il pas une grande analogie entre cet effet vivificateur d'un feu modéré sur l'argile et celui d'un soleil ardent sur toute espèce de terre? Nous découvrirons bientôt encore un autre fait semblable, quand nous nous occuperons de l'écobuage, lequel consiste à soumettre à l'action du feu la couche arable tout entière.

### CENDRES VÉGÉTALES.

Quoique provenant de débris végétaux, les *cendres de nos foyers* se rangent d'ordinaire parmi les amendements, attendu que le feu a détruit en elles toute apparence organisée. Elles se composent de phosphate de chaux, de silice, d'oxyde de fer, de sels à base de soude et de potasse. Le lessivage du linge les dépouille en grande partie de ces dernières substances. Dans cet état, le seul sous lequel l'agriculture puisse se les procurer à prix modéré, elles sont encore, par leur phosphate de chaux, très-favorables aux terrains non carbonatés et abondamment pourvus d'humus; action analogue à celle du noir animal, mais moins puissante, le noir contenant, indépendamment du phosphate de chaux, des principes azotés dont les cendres sont entièrement dépourvues. En Bretagne, on les répand, après la semaille du trèfle et du sarrasin, à la dose de 25 à 30 hectolitres par hectare. Elles améliorent beaucoup aussi les prairies naturelles et favorisent singulièrement la végétation du trèfle blanc.

### CENDRES DE TOURBE.

D'une composition différente, et le plus souvent très-riches en plâtre, les cendres de tourbe s'appliquent avec succès, comme le plâtre lui-même, sur les trèfles, les luzernes, les sainfoins, les vesces et autres végétaux légumineux. Dans quelques parties de la Hollande et de l'Angleterre, on brûle en plein air d'immenses quantités de tourbe, uniquement pour se procurer cet amendement.

### SUIE.

La *suie* doit être précieusement recueillie; riche en principes azotés et en sels de nature variée, elle favorise la végétation de la plupart de nos plantes. En Picardie, on l'applique aux prairies artificielles; en Flandre, aux pépinières de colza qu'elle préserve, dit-on, du ravage des insectes.

## SELS AZOTÉS.

Essayés comme amendement, divers sels azotés, tels que le *sulfate d'ammoniaque*, l'*azotate de soude*, le *salpêtre* ordinaire ou *azotate de potasse*, ont donné des résultats remarquables. Si nous ne pouvons nous procurer ces sels purs à un prix assez bas pour nous en servir, recueillons du moins précieusement et portons sur les terres, ou mélangeons avec nos engrais pulvérulents toute espèce de matière salpêtrée, surtout les terreaux de caves et les débris de démolitions.

Aux cultivateurs voisins des villes, nous recommandons la chaux et les eaux ammoniacales qui ont servi à l'épuration du gaz et que souvent on jette à la voirie.

## PHOSPHATE DE CHAUX MINÉRAL.

Enfin, chaque jour amenant de nouvelles découvertes, on exploite depuis peu, dans la Meuse et dans les Ardennes, pour une fabrique d'engrais artificiels, les nodules à base de phosphate de chaux que contiennent en abondance certains sables ferrugineux. Bien que ce phosphate de chaux minéral soit insoluble, il n'est pas impossible que, broyé et mêlé de matières azotées, il constitue une substance de bonne qualité. Les Anglais, nous apprend le savant M. Barral, mélangent avec de la poudre de nodules analogues 20 à 50 p. 100 d'acide sulfurique, ce qui compose un amendement liquide estimé.

# CHAPITRE XXIII.

## Tableau récapitulatif des substances fertilisantes et de leur action.

| NOMS DES SUBSTANCES FERTILISANTES. | MODE PRINCIPAL D'ACTION. | CIRCONSTANCES DANS LESQUELLES ON PEUT S'EN SERVIR AVEC AVANTAGE. |
|---|---|---|
| Marnes, falun, tangue, merle, coquillages, chaux. | Apport du principe calcaire. | A appliquer aux terrains non carbonatés, action d'autant plus efficace que le sol contient plus d'argile et d'humus acide. |
| Engrais végétaux, moins les tourteaux et quelques autres. | Apport d'humus. | Favorables aux champs pauvres en humus, principalement aux terres calcaires. |
| Cendres lessivées; noir animal. | Apport du phosphate de chaux. | A répandre sur les terrains non carbonatés, abondants en humus; action puissante sur les champs acides nouvellement défrichés; pas d'effet sur les sols carbonatés. |
| Plâtre, cendres de tourbe, acide sulf., cendres sulfs. | Apport du principe sulfureux. | Favorables à certaines plantes et seulement dans certains sols; à appliquer surtout aux prairies artificielles et aux gazons naturels. |
| Sel commun, roches granitiques désagrégées. | Apport de potasse et de soude. | A employer lorsque les terres sont pauvres en substances solubles à base de potasse et de soude. Nécessité d'expériences locales pour s'assurer si l'on doit en faire usage. |
| Guano, poudrette, colombine, tourteaux, purin, lizee et autres engrais pulvérulents ou liquides. | Apport de soude, de potasse, de chaux, de magnésie joints aux principes phosphoré et azoté. | Substances efficaces partout, suffisant pour entretenir longtemps la production des sols pourvus de calcaire et d'humus, agissant d'autant plus que la terre est plus humifiée. |
| Fumier. | Apport de tous les principes ci-dessus nommés, moins le calcaire. | Action immédiate et prolongée; engrais applicable à tout terrain, insuffisant cependant pour les champs dépourvus de calcaire. |

On voit par ce tableau que plus le sol contient d'humus, plus l'action des substances qui n'en produisent pas est prononcée. Il se fait donc entre ces substances et l'humus de la terre des réactions utiles, et c'est ce qui explique pourquoi dans les pays où les champs, nouvellement défrichés ou améliorés depuis longtemps, sont très-humifiés, on peut payer plus cher que partout ailleurs les engrais actifs, guano, poudrette, etc. ; substances peu recherchées, au contraire, là où la plupart des champs sont maigres. Ne semble-t-il pas au premier abord que ce doive être l'opposé ? Sur ce point, comme sur tant d'autres, une première richesse agricole en crée une seconde.

De l'effet du calcaire, du phosphate de chaux et des sels azotés sur les sols humifiés, ne concluons pas que les amendements et les engrais qui procurent ces substances, sans donner d'humus, puissent seuls entretenir la fécondité. Après plusieurs récoltes épuisantes, arrive un moment où, la proportion d'humus étant devenue trop faible, il faut en rendre une nouvelle dose soit par les fumiers, soit par les engrais végétaux. Car ce n'est qu'exceptionnellement qu'une terre très-peu humifiée se trouve productive. Ainsi, le mieux est de combiner l'emploi du guano et autres substances de même catégorie avec celui du fumier, et de compléter les fumures par quelqu'un de ces engrais. D'un autre côté, si l'on excepte le noir animal, aucun engrais n'a sa plénitude d'action que sur les terrains carbonatés, ce qui fait dire avec justesse que les engrais ne remplacent pas les marnes, de même que les marnes ne remplacent pas les engrais.

Ce n'est pas tout d'approprier les substances fertilisantes à la nature du sol, il importe encore de les appliquer aux diverses plantes suivant leurs goûts et leurs besoins. Le fumier, par exemple, convient mieux au chanvre qu'au lin, et le tourteau d'œillette est particulièrement favorable à ce dernier. Les engrais qui contiennent une grande variété de sels actifs peuvent être prodigués au colza, à la betterave, au choux, tandis qu'un excès de ces mêmes substances fait verser les céréales et en compromet le produit. En traitant de chaque plante, nous indiquerons ces particularités à l'examen desquelles se joint aussi, pour le meilleur emploi des matières fertilisantes, la question des frais de transport. Les champs sont-ils d'accès difficile; au purin, à la marne, en un mot à toute matière lourde et volumineuse, préférons, comme engrais actifs, le guano, la poudrette, la colombine, le parcage; comme engrais humifiants, les récoltes enfouies; comme substances calcaires, la chaux vive, les os pulvérisés, le noir animal.

Si nous passons aux conditions dans lesquelles toute matière fertilisante produit le plus d'effet, nous remarquons qu'un certain degré de fraîcheur et l'action de l'air sont indispensables. — Sans fraîcheur, les principes fécondants ne peuvent se dissoudre ni, par conséquent, se trouver absorbés ; — sans l'action de l'air, ces principes ne s'élaborent pas convenablement. De là naissent deux règles importantes : 1° il faut choisir un temps humide pour l'application d'une substance fertilisante sur les plantes en végétation ; 2° on doit, en général, éviter d'enfouir profondément amendements et engrais. Par exception cependant, on peut quelquefois enterrer utilement du fumier par un labour profond, afin d'enrichir et de soulever les couches inférieures du sol, ce qui favorise le développement vertical des racines et rend les recoltes plus épaisses, plus vigoureuses, plus solides contre la sécheresse et autres intempéries.

## CHAPITRE XXIV

### BRULIS, ESSARTAGE, ÉCOBUAGE.

« Souvent il est utile de brûler les champs stériles
« et de faire pétiller par la flamme les chaumes
« légers, soit que le sol retrouve ainsi des forces
« secrètes et prépare aux plantes de nouveaux ali-
« ments, soit qu'une chaleur ardente détruise tout

« principe nuisible et en détermine l'exhalaison.
« Sans doute aussi, la terre prend par le feu de nou-
« veaux moyens d'aspiration et devient apte à tirer
« de l'air, au profit de la jeune plante, des sucs plus
« nombreux ; ou bien elle gagne de la consistance ;
« ses particules se resserrent; puis, elle souffre moins
« de l'action dévorante d'un soleil ardent succédant
« à une pluie fine et du froid pénétrant qu'apporte
« Borée. »

(Virgile. *Géorgiques*.)

Que peut-on ajouter à cette admirable description des effets du brûlis des terres, opération importante au moyen de laquelle, à défaut d'engrais et d'amendement, on force le sol par le feu à devenir productif?

Les brûlis s'exécutent de plusieurs manières.

Dans les Ardennes, après avoir coupé un bois taillis, on étend toutes les menues branches sur le sol de la forêt, et on y met le feu par un temps sec. Il se consume beaucoup d'herbes, de mousses et de feuilles, de sorte que la terre se trouve ensuite parfaitement meuble et couverte de cendres; on la cultive alors au hoyau et on l'ensemence. N'ayant été atteintes par le feu que faiblement, les souches repoussent vigoureusement l'année suivante; et la forêt, un instant devenue le domaine de Cérès, se repeuple de ses antiques habitants. Cette opération se nomme *essartage*.

Plus souvent usité, l'*écobuage* consiste à peler une terre inculte et à en brûler les gazons.

Pour dégazonner, on se sert d'une charrue réglée de manière à labourer très-superficiellement; ou bien, faisant le travail à la main, on emploie, soit un large hoyau, en forme de feuille de lierre, soit la bêche courbe qu'on nomme *écobue*, et qui se manie comme la pelle.

Afin d'éviter quelque fatigue, les ouvriers dégazonnent généralement à trop peu de profondeur, de sorte qu'un grand nombre de racines épargnées souillent promptement d'une végétation nuisible le sol écobué. Evitons cette faute, et veillons à ce que les gazons aient de 10 à 12 centimètres d'épaisseur; à moins que, les herbes étant très-claires, on ne puisse craindre que des mottes aussi chargées de terre ne soient difficiles à allumer.

Dans le nord de la France, ce premier travail doit être terminé en juin, afin que les gazons, qu'on retourne une ou deux fois, se trouvent secs au plus tard vers le milieu de l'été. Alors, on les allume par un beau temps, après les avoir réunis en tas de 50 centimètres de haut. Les mottes dont se compose chacun de ces tas sont renversées, afin que l'herbe et les tiges ligneuses forment à l'intérieur un paquet de matière combustible. On ménage deux ouvertures, l'une sur le côté, l'autre au sommet, ce qui permet d'allumer le feu sans difficulté. Dès qu'il est bien pris, on ferme ces ouvertures; car une combustion trop ardente ferait évaporer beaucoup de substances fécondantes, qui restent dans les tas dont l'incandescence est modérée. On visite les monceaux en train de brûler, et on les recharge de terre au besoin pour ralentir la combustion. Celle-ci terminée, on les étend; puis, on laboure la terre et on l'ensemence.

Si les gazons ne sont pas complétement secs, ils brûlent mieux en monceaux, de 1 mètre 50 centimètres de hauteur, au centre desquels on réunit des bruyères, des herbes ou autres matières combustibles. A mesure que ces tas se consument, on les recharge de nouvelles mottes, et le feu peut s'entretenir ainsi plusieurs mois. Nous conseillons d'adopter cette méthode pour réduire en cendres les gazons qui se trouvent le long des haies, des chemins et des fossés.

L'écobuage présente l'avantage de purger le sol de beaucoup de germes et d'insectes nuisibles. De plus, il fait disparaître momentanément l'acidité des terrains de marais et de bruyères. Ajoutons que les sels produits par le feu ont une grande richesse immédiate; mais, comme presque tout l'humus se trouve consumé, le sol s'épuise rapidement.

Dans beaucoup de pays, tels que la Sologne, à terrains pauvres, non carbonatés et acides, après avoir tiré deux ou trois récoltes du champ écobué, on l'abandonne jusqu'à ce qu'il soit assez couvert de genêt, d'ajonc, de bruyère, pour pouvoir être brûlé de nouveau. Mais toutes les fois qu'on peut se procurer la chaux ou la marne, il vaudrait mieux conserver cet humus, en le désacidifiant au moyen des amendements calcaires. On obtiendrait ainsi les mêmes résultats immédiats que par l'écobuage, et le sol resterait ensuite amélioré, au lieu de se trouver appauvri.

## CHAPITRE XXV

### DESSECHEMENTS.

Si la terre est souvent noyée, le premier travail agricole consiste à la mettre à sec. Au moyen âge, la Hollande (*hohl-Land*, pays creux) a été presque tout entière conquise sur les eaux ; et, dans la plus grande partie de l'Europe, tandis que les Bénédictins défrichaient les montagnes avec l'ardeur des premiers religieux de leur ordre fixés au mont Cassin, d'autres moines, les Bernardins, qui se plaisaient dans les vallées, à l'exemple de leur illustre père, fondateur de Clairvaux, (*clara vallis*), desséchaient d'immenses marécages. Sous Henri IV, ces mêmes travaux furent fortement encouragés par Sully. C'est alors que des ingénieurs flamands mirent à sec la portion du bas Poitou qui en a conservé le nom de *petite Flandre*.

Ne serait-ce pas une admirable conquête que celle des 600,000 hectares submergés qui existent encore en France, indépendamment de terrains plus étendus qui, sans se trouver à l'état de marécage, sont gâtés par de fréquentes submersions !

L'élévation des eaux d'un ruisseau est-elle la cause du mal, ainsi qu'il arrive presque toujours; examinons si, par un curage, on ne peut y remédier. Mais souvent des barrages construits en faveur d'usines mettent obstacle à un abaissement suffisant. Dans ce cas, cherchons à dessécher le marais par un fossé aboutissant au-dessous de la retenue; et si, pour ce travail, plusieurs intéressés ne peuvent s'entendre, provoquons l'application des lois actuelles sur la création de commissions locales. Que d'améliorations s'accompliraient, si chaque bassin hydraulique avait son syndicat chargé d'exécuter tout ce que réclame l'intérêt commun !

Avant d'entreprendre aucune opération de desséchement, examinons d'ailleurs attentivement toutes les difficultés qui pourront se présenter, et faisons un plan du terrain avec profils détaillés. Déterminons surtout très-exactement la pente dont nous pouvons disposer depuis le fond du marais jusqu'à l'issue du canal. Comme celui-ci pourra faire écouler d'autant plus d'eau qu'il se trouvera en pente plus rapide, ce sera là-dessus que nous réglerons ses dimensions; et, dans la crainte de ne pas bien évaluer ce qui sortira du marécage, nous ferons d'abord ce canal trop étroit plutôt que trop large, ayant soin que les terres soient jetées à quelque distance des bords, afin que, au besoin, ceux-ci soient reculés sans difficulté. Ce serait une grande faute d'exagérer les dimensions de ce fossé ; car plus il a de largeur, plus facilement l'eau y dépose ensuite son limon, et plus l'entretien en devient dispendieux.

Dans toutes les parties basses, les terres du canal et de ses ramifications seront étendues pour l'exhaussement du sol, au lieu d'être laissées sur le bord, comme on le voit trop souvent, en forme de levée qui nuit à l'assainissement.

Il faut parfois que les eaux d'un marécage traversent le lit d'un ruisseau dont le niveau ne peut être abaissé. Dans la plupart des cas, on effectue facilement ce passage au moyen de madriers solidement assemblés, ou de tuyaux de poterie bien cimentés.

Toutes les fois qu'on le peut, il faut recueillir, par un canal de ceinture creusé autour du marécage, les eaux des terrains supérieurs. Elles ont ainsi un écoulement plus rapide que si on les laissait se rendre jusqu'au fond de la vallée, et, par suite, le travail entier se trouve simplifié. La terre de ce canal est déposée sous forme de digue du côté du marais. Mais rien de semblable ne peut être entrepris, si, composé de gravier, de sable ou de tourbe, le sol est de nature filtrante. Ajoutons que moins la terre est ferme, plus la digue doit être forte. Au minimum, il faut que les talus soient inclinés suivant l'angle de 45 degrés. Afin de favoriser l'engazonnement qui en assure la solidité, on étend par-dessus des herbes prises dans le marais, et on plante çà et là des touffes de roseau.

Les côtés des fossés doivent, comme ceux des digues, être en talus plus ou moins inclinés suivant la nature du sol. En les gazonnant jusqu'au ras de l'eau, on prévient tout éboulement, précaution fort utile, si l'eau doit être rapide et abondante.

Afin que, lors de la fouille, les ouvriers observent les pentes que le plan a réglées, on enfonce pour servir de repères, le long du tracé de chaque fossé, des piquets dont la tête dépasse d'une hauteur régulière le fond du fossé.

Parfois, un canal de desséchement aboutit à la mer ou à une rivière de hauteur variable. Il faut, dans ce cas, le munir d'une vanne qu'on ferme, dès que l'eau commence à grossir au point de faire craindre l'inondation du terrain. On a même, pour cette circonstance, des portes ou clapets qui se ferment et s'ouvrent d'eux-mêmes par le seul effet de l'élévation et de l'abaissement des eaux.

Les herbes sont un autre genre d'obstacle qui peut rendre nul l'effet de canaux de desséchement, tant l'eau s'élève au milieu d'elles par l'effet de la capillarité. Aussi, en bonne règle, tous les fossés d'un marais doivent être fauchés deux fois par an; et le premier fauchage doit avoir lieu dès le mois de juin.

Lorsqu'à l'entour d'un marécage, il ne se trouve au loin que des terrains d'un niveau supérieur, on ne peut dessécher que par épuisement, par exhaussement du sol ou par infiltration intérieure. Les Hollandais ont employé le premier moyen sur une immense échelle. Leurs machines à épuiser, au nombre de plus de neuf mille, étaient mises autrefois en activité par des ailes de moulins à vent. A la force de l'air, on substitue aujourd'hui celle de la vapeur, comme plus régulière et plus puissante. Pour opérer ainsi un desséchement, il faut, au moyen de fossés et de digues de ceinture, commencer par réduire l'eau du marais à un volume déterminé. Les digues des polders de Hollande ont, du côté de la mer, jusqu'à 60 mètres de large à la base. Cependant elles n'ont pas toujours résisté aux fureurs de l'Océan, qui a trop souvent porté la désolation dans ce beau pays.

Le desséchement par exhaussement du sol peut s'opérer de deux manières : ou avec la terre tirée de fossés qui sont creusés dans le marais même, ou par l'introduction d'eaux limoneuses. La première de ces opérations n'est applicable qu'à un sol faiblement submergé. Avant de l'entreprendre, on calcule de quelle hauteur le terrain doit être relevé, et l'on règle en conséquence la largeur, la profondeur et l'espacement des fossés. Le second moyen permet d'utiliser souvent d'une manière merveilleuse les eaux vaseuses des inondations. Nous en parlerons de nouveau en traitant des arrosages.

Quant à l'assainissement par infiltrations intérieures, il n'est praticable que s'il se trouve à peu de distance du sol une couche perméable. Dans ce cas, qui est assez rare, on creuse de distance en distance jusqu'à cette couche, au moyen d'une longue et forte tarière, des trous à travers lesquels l'eau pénètre ensuite dans le sous-sol.

## CHAPITRE XXVI

### DISTINCTION
### ENTRE LE DESSÈCHEMENT, L'ASSAINISSEMENT
### ET L'ASSÉCHEMENT. — ASSAINISSEMENT.

> « Vous me mandez que, dans la Suisse, malgré les différentes espèces de terre qui se rencontrent, tous les labours se font généralement à plat. Les habitants de ces pays agissent aussi peu conséquemment qu'un cuisinier qui ayant un grand repas à apprêter ne ferait qu'une sauce pour tous les ragoûts. »  DE TURBILLY.

Pour que la terre réponde à nos espérances, il ne suffit pas de la mettre à sec, lorsqu'elle se trouve noyée; il faut encore, si le sous-sol est imperméable ou rempli de sources, débarrasser la couche labourée de toute fraîcheur excessive et permanente. On ne corrige même entièrement les défauts d'un sous-sol humide qu'en l'égouttant jusqu'à une certaine profondeur. Ainsi, pour l'enlèvement des eaux nuisibles, voici trois opérations : l'une met à sec une terre marécageuse, c'est le *dessèchement* dont nous avons dit quelques mots. La seconde, l'*assainissement*, purge la couche labourée d'humidité surabondante. La troisième, que nous nommons *assèchement*, enlève l'excès de fraîcheur non-seulement au sol, mais encore au sous-sol.

Lorsqu'on se borne à assainir la couche arable, c'est par les dérayures du labour qu'on y parvient le plus économiquement. Dans ce but, on les multiplie quelquefois à tel point qu'elles ne sont séparées les unes des autres que par 4, 6, 8 ou 10 tranches de labour; ce qui forme des ados de 2 à 3 mètres de large. A chaque trait de charrue, on enraie dans les dérayures de la culture précédente. Cette disposition, qui est souvent adoptée en Belgique, assainit bien une terre humide, et favorise, à cause de l'extension qu'elle donne à la surface du sol, l'effet bienfaisant des agents atmosphériques; mais elle gêne le travail des instruments aratoires, ce qui souvent rend nécessaires des perfectionnements à la main.

Dans des pays moins peuplés et moins avancés que la Flandre, comme on ne trouverait pas facilement à faire exécuter ces travaux supplémentaires, le mieux est de mettre plus d'espace entre les dérayures. Mais alors, pour obtenir un assainissement snffisant, on se trouve souvent amené à élever le sol au-dessus de l'humidité par plusieurs enrayures successives faites sur le même point ou du moins à peu de distance les unes des autres. Les meilleurs ados de ce genre ont 10 à 18 mètres de large, 1 mètre à 1 mètre 50 de haut et une surface convexe sans creux ni aspérité. On les laboure en enrayant alternativement sur les sommets et près des sillons intermédiaires; nous disons *près de ces sillons* et non pas *dedans*, parce qu'un des avantages de la méthode est justement de tenir toujours le sol assaini par des rigoles ouvertes.

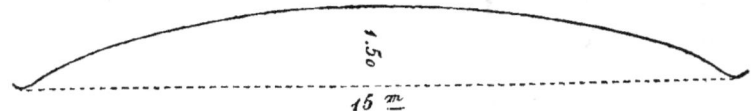

Ados large de la forme la plus convenable.

Tant que ces ados ne sont pas suffisamment bombés, on commence, dans le labour d'une pièce, par les enrayer tous aux parties qu'il faut exhausser; on détermine d'autre part les points sur lesquels les dérayures doivent tomber; puis, on combine en conséquence le travail de la charrue, prenant, de chaque côté des enrayures, le nombre de tranches nécessaires pour que les dérayures se trouvent exactement aux places prévues.

Une fois bien disposés, de tels ados sont de culture presque aussi facile que les champs plats. Seulement, comme la terre végétale est plus épaisse au sommet que sur les côtés, il faut, par une judicieuse répartition des engrais, chercher à égaliser la fécondité des diverses parties; et il convient de corriger par de vigoureux hersages, quelquefois même par un peu de travail à la main, les imperfections de labour qui sont assez fréquentes sur la partie raide contiguë aux rigoles.

Avantageuse pour les terrains plats ou peu inclinés, cette disposition ne convient pas aux pièces de terre qui ont une pente de plus de 5 centimètres par mètre. En effet, si l'on établit la bombure en travers de l'inclinaison, un côté de l'ados présente une pente excessive, tandis que l'autre n'en a aucune et se trouve mal assaini. Si, au contraire, l'ados suit le sens de l'inclinaison, l'écoulement des eaux devenant trop rapide, le champ se ravine à certaines places et s'ensable à d'autres.

Pour l'assainissement d'une terre humide très-inclinée, il suffit de la labourer à plat, obliquement par rapport au sens de la pente, espaçant les dérayures de 8 à 15 mètres et enrayant, à chaque labour, dans les dérayures de la culture précédente. Trop fréquemment, les cultivateurs disposent suivant un système uniforme, toute espèce de terrain, sans distinction de nature et d'inclinaison; aussi, voit-on souvent en pays humide des ados très-défectueux. Pour changer cet état de choses, il faut commencer par aplanir le champ en jetant la terre, au moyen de plusieurs enrayures successives, dans les creux qui séparent les ados. Si la pièce est très-inclinée, il arrive presque toujours que le bas se trouve aplati plus promptement que la partie haute. Dans ce cas, on cultive à part les portions plates, jusqu'à ce que le nivellement soit général, en prenant d'ailleurs pour l'assainissement toutes les mesures provisoires que réclame l'état du sol.

De quelque manière que le champ soit traité, il faut — creuser les dérayures plus profondément qu'aucun autre sillon ; — les nettoyer à la charrue lorsque la terre a été ensemencée et hersée ; — les perfectionner à la bêche partout où il est nécessaire ; — les visiter en hiver et les débarrasser alors de toute obstruction; — faire des rigoles à la charrue ou à la bêche dans tous les plis de terrain que traverse le labour, — ou bien effacer ces plis avec la terre de fossés spécialement creusés dans ce but ; — labourer la tournière en enrayant au milieu d'elle, afin que toutes les dérayures aboutissent sur le dernier sillon de ce champ transversal, sillon collecteur que l'on creuse profondément.

Si la terre que poussent les charrues a tellement

relevé la tournière qu'on ne puisse la border par une raie suffisamment profonde, on abaisse cette partie du champ au moyen de la *galère* ou pelle à cheval, instrument auquel on attèle un animal et qu'on charge de terre en soulevant les manches. On conduit alors le cheval à la place du déchargement pour lequel il suffit de renverser la galère en avant.

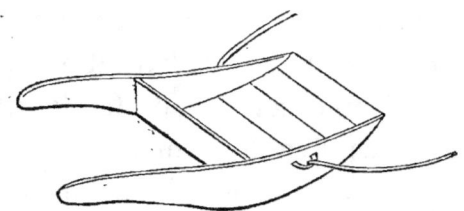

Galère ou pelle à cheval.

Dans quelques pays, les tournières sont engazonnées et maintenues à 30 centimètres au-dessous de l'extrémité du champ, disposition qui facilite l'assainissement et tout à la fois la circulation autour des pièces. Arrosées par l'eau des dérayures, ces tournières produisent une herbe abondante.

Dans la culture des terrains humides, il n'est pas nécessaire, par les soins minutieux que nous venons d'indiquer, de tenir toujours le champ prêt à s'assainir; car, en été, le sol s'humecte rarement avec excès. Mais on ne peut prendre trop de précautions en faveur des plantes qui passent en terre l'automne et l'hiver, ou seulement une partie de ces deux saisons.

## CHAPITRE XXVII

### ASSÉCHEMENT, DRAINAGE.

L'agriculture progressive ne se contente pas d'assainir la couche arable; elle veut que le sous-sol imperméable ou sourceux soit délivré d'humidité surabondante jusqu'à une certaine profondeur. En effet, une fraîcheur excessive des couches inférieures refroidit le sol, favorise la multiplication des chiendents, affaiblit l'action des engrais, rend la terre plus compacte que sa nature ne le comporte, oblige à suspendre souvent le travail aratoire, nuit enfin à la qualité de tous les produits et à la salubrité du pâturage. Tous ces défauts sont corrigés par l'asséchement qui consiste à établir, à une certaine profondeur, des écoulements souterrains, opération connue de toute antiquité.

« Les rigoles couvertes, disait Columelle, se font
« au moyen de gros graviers, de pierres cassées ou
« de branches qu'on serre, sur un pied d'épaisseur,
« au fond d'un fossé étroit, ajoutant, avant de le rem-
« plir, des feuilles, des gazons ou de la paille, pour
« empêcher les parties terreuses de pénétrer dans
« les interstices et de fermer l'écoulement. »

Vers 1810, les Anglais se mirent à faire des conduits de ce genre avec des tuiles, et, à partir de 1842, ils y employèrent des tuyaux de terre cuite entièrement ronds. C'est à cet asséchement perfectionné que nous donnons le nom de *drainage,* du mot anglais *draining.*

Nos premiers drainages furent faits en 1846, chez M. Du Manoir, département de Seine-et-Marne, et chez M. Lupin, département du Cher, avec des tuyaux achetés en Angleterre sur les indications de M. Thackeray. Bientôt, celui-ci fit venir lui-même de Londres une machine à faire des tuyaux. Aujourd'hui, il s'en fabrique dans tous les départements; et le gouvernement a décidé un prêt de 100 millions aux cultivateurs pour le drainage. Aussi, cette importante opération se vulgarise de plus en plus. Du reste, le savant M. Barral, auteur d'un traité complet sur cette matière, dit avec raison que, de tout temps, on a fait en France des tubes, pour conduite d'eau, avec des appareils analogues aux nouvelles machines anglaises; et, ce qui est un fait fort curieux, on retrouvait dernièrement des tuyaux de drainage dans les terrains dépendants du célèbre couvent de Cîteaux, dans un ancien jardin de moines oratoriens à Maubeuge, et encore, nous a-t-on assuré, aux environs d'une abbaye des environs de Namur.

Pour exécuter un drainage, on creuse des tranchées étroites au fond desquelles on met au bout les uns des autres des tuyaux de 30 centimètres de longueur, ce qui forme un tube continu; ou bien les tuyaux s'engagent par leurs extrémités dans des *manchons*, tuyaux plus courts qui relient ensemble toutes les pièces du conduit. Ces tubes, que l'on appelle *drains*, aboutissent à d'autres plus larges appelés *drains collecteurs*. Tout l'ensemble, comme on le voit, a beaucoup d'analogie avec l'appareil circulatoire du corps humain.

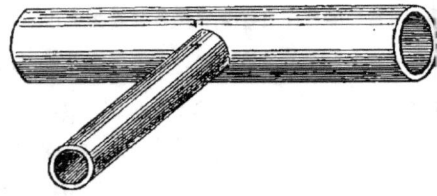

Jonction d'un drain ordinaire avec un collecteur.

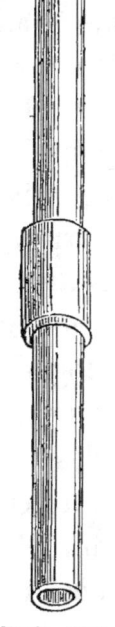

Drain avec manchon.  Drain sans manchon.

Lors même que les tuyaux se touchent le mieux, l'eau y pénètre avec facilité. Si elle provient de sources, elle ne peut guère s'élever ensuite au-dessus du niveau des drains. Pour ce cas particulier, la disposition de ceux-ci dépend de celle des sources. Si, comme il arrive le plus souvent, l'humidité résulte d'eaux pluviales à l'infiltration desquelles s'oppose la nature compacte du sous-sol, celui-ci se fendille après le drainage et devient perméable jusqu'aux tuyaux. La masse de terre, qui devient ainsi poreuse, n'est pas terminée inférieurement par un plan parallèle à celui du sol, mais par une série de plans inclinés, ainsi que le montre la coupe ci-dessous d'un terrain de ce genre sillonné de tubes de drainage. Plus le sol est compacte, plus ces plans s'éloignent de la ligne horizontale, et, par conséquent,

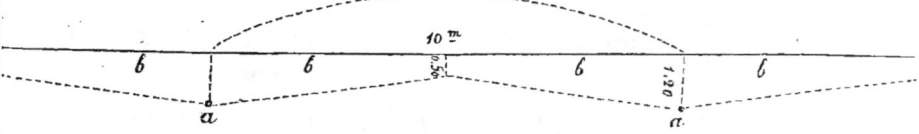

Coupe d'un terrain drainé.
*a a*, Drains à 1 mètre 20 de profondeur et 10 mètres d'espacement.
*b b b b*, Terre asséchée.

plus les drains doivent être rapprochés, pour que, aux points les plus distants des drains, il se trouve encore 50 centimètres de terre asséchée, épaisseur minimum qu'on doit atteindre.

D'un autre côté, plus avant les drains sont enfouis, plus ils assèchent de terre, tant en profondeur qu'en

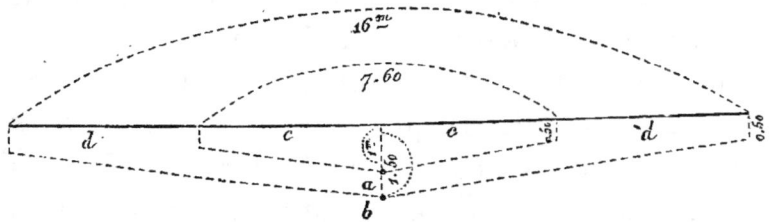

*a*, Drain à 1 mètre de profondeur; — *b*, drain à 1 mètre 50 de profondeur.
*c c*, Terre asséchée par le premier sur une largeur de 7 mètres 50 seulement.
*c c, d d*, Terre asséchée par le second sur une largeur de 16 mètres.

étendue. Concluons qu'il faut les mettre aussi bas que

le permet le point d'écoulement extérieur et que le comporte la nature du sol, très-dur parfois à entamer au delà d'un certain degré. D'après l'expérience acquise, 1^m,20 est une profondeur moyenne qu'on a souvent grand intérêt de dépasser. Pour y parvenir, n'hésitons pas, s'il le faut, à user du droit de passage que la loi accorde aux eaux d'assèchement sur les héritages voisins.

Une inclinaison très-prononcée du terrain produit sur l'écoulement le même effet qu'une augmentation de profondeur, pourvu que les drains suivent la direction de la plus forte pente, condition essentielle d'un drainage parfait. Un autre avantage de cette direction, c'est que, comme elle favorise la rapidité du courant, les tuyaux sont moins exposés à s'obstruer.

Pour déterminer, dans chaque cas particulier, le meilleur espacement des drains, on établit à 20 mètres l'un de l'autre deux drains d'essai. On creuse ensuite, par un temps pluvieux, des fosses de 50 centimètres de profondeur ; les unes, à égale distance des drains ; les autres, plus rapprochées de l'un des deux. Par la quantité d'eau qui reste dans ces fosses après une averse, on juge de l'effet des drains. L'espacement le plus ordinaire varie de 10 à 12 mètres pour des tuyaux enfoncés à 1 mètre 20.

Bien que la plus forte pente doive toujours être recherchée, une inclinaison de 1 à 2 millimètres par mètre suffit pour assurer l'opération. On peut même drainer des terrains tout à fait plats, pourvu que, creusant les tranchées plus profondément à un bout qu'à l'autre, on donne aux tubes cette pente indispensable de 1 à 2 millimètres.

On emploie pour les drains ordinaires des tuyaux dont le diamètre intérieur varie de 25 à 45 millimètres. Les plus petits suffisent presque toujours, et l'hydraulique démontre que plus le calibre est faible, plus le courant de l'eau est rapide. Le seul inconvénient des très-petits tubes, c'est que, sans manchons, on les ajuste difficilement au bout les uns des autres.

Ces pièces accessoires sont encore nécessaires, lorsqu'on opère sur terrain mouvant, pour que toutes les parties du tube soient solidement maintenues. Dans le sol spongieux des tourbières, il faut même que les tuyaux soient appliqués sur des planchettes étroites.

D'après le principe que les drains doivent suivre la plus forte pente, une pièce de terre présente autant de systèmes de tubes que de surfaces différemment inclinées. Au fond de chaque pli de terrain, se trouve un collecteur auquel aboutissent les drains ordinaires. Plusieurs collecteurs se réunissent souvent eux-mêmes en un conduit principal qui fait sortir les eaux de la pièce par une ouverture. Quand il n'y aurait qu'une seule rangée de drains, ils ne doivent pas moins aboutir à un collecteur, afin que les bouches d'issue, dont la construction exige quelques frais particuliers, soient aussi peu nombreuses que possible.

Le diamètre intérieur des collecteurs varie de 6 à 12 centimètres. On calcule que, en l'absence de toute eau de source et avec une pente de 1 à 2 millimètres, un tuyau de 8 centimètres enlève rapidement les eaux d'un hectare. Lorsqu'il s'agit d'établir un collecteur de fort calibre, on peut, au lieu d'un seul tuyau, en employer trois plus petits, dont un se trouve supporté par les deux autres.

Dans les pièces d'une grande étendue, indépendamment des collecteurs qui les bordent et de ceux qui occupent les plis de terrain, il faut souvent en établir de spéciaux pour recueillir, au tiers ou à moitié longueur, les eaux de plusieurs drains qui, sans cette disposition, seraient par trop longs. Les Anglais font rarement des drains de plus de 200 mètres.

Pour éviter dans les collecteurs un reflux nuisible à la rapidité de l'écoulement, on dispose les embouchures des drains ordinaires de telle sorte qu'il ne s'en rencontre jamais deux au même point; et l'on fait aboutir ces drains à angle aigu sur le collecteur dans le sens de l'écoulement, sauf à faire dévier, s'il est nécessaire, l'extrémité du conduit.

## CHAPITRE XXVIII

ASSÉCHEMENT (suite); PLAN ET EXÉCUTION
D'UN DRAINAGE.

Avant d'entreprendre un drainage, il importe d'en bien tracer le plan. Déterminons d'abord sur chaque partie du terrain la direction de la plus forte pente, puisque cette direction sera celle des drains. D'après les règles géométriques, elle tombe à angle droit sur une ligne horizontale tracée à la surface du sol; c'est donc cette horizontale qu'il faut chercher. A cet effet, on divise la pièce par des lignes parallèles assez rapprochées pour que l'une d'elles au moins traverse chaque portion de surface présentant une inclinaison particulière. Puis, se plaçant avec le niveau à bulle d'air et à lunette sur un point d'où la vue puisse parcourir le champ entier, on détermine sur chacune de ces lignes le point qui est au niveau de celui où l'on se trouve soi-même. Ce travail se fait vite, le porte-mire ayant seul à se mouvoir pour mettre la mire là où le lui dit l'ingénieur. La ligne qui passe par tous les points ainsi fixés est une des horizontales cherchées. On en détermine d'autres de la même manière, et l'on en reporte sur le papier le plan exact, adoptant, comme la plus commode, l'échelle de 1 millimètre par mètre. Si l'on ne dispose que d'un niveau d'eau ordinaire, il est peut-être plus expéditif de diviser la pièce en rectangles par un certain nombre de lignes croisées. On mesure ensuite la pente des côtés de ces rectangles, ce qui permet de déterminer facilement le sens des plus fortes inclinaisons.

Ces préliminaires obtenus, on dessine chaque drain sur le papier; puis, au moyen de jalons, on reporte le tracé sur le terrain (Voir page 393). On enfonce ensuite des piquets aux extrémités de lignes et aux points où l'inclinaison des drains doit se trouver modifiée. Pour servir de repères au sujet des pentes, on enfonce de 50 en 50 mètres d'autres piquets dont le sommet dépasse d'une hauteur égale le fond des tranchées; et, pour qu'ils ne soient pas dérangés lors de la fouille, on les met à 50 centimètres à droite ou à gauche du point milieu des tranchées.

Pour l'économie du travail, celles-ci doivent ne présenter que la moindre ouverture possible, 40 à 50 centimètres, par exemple, sur une profondeur de 1 mètre 20; et leur fond ne doit avoir juste en largeur que le diamètre des tubes, qui se trouvent ainsi solidement maintenus.

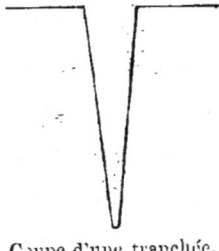

Coupe d'une tranchée.

La fouille se fait au moyen de bêches longues et étroites dont l'une n'a pas plus de largeur que le tuyau n'en a lui-même. Trois ou quatre ouvriers tra-

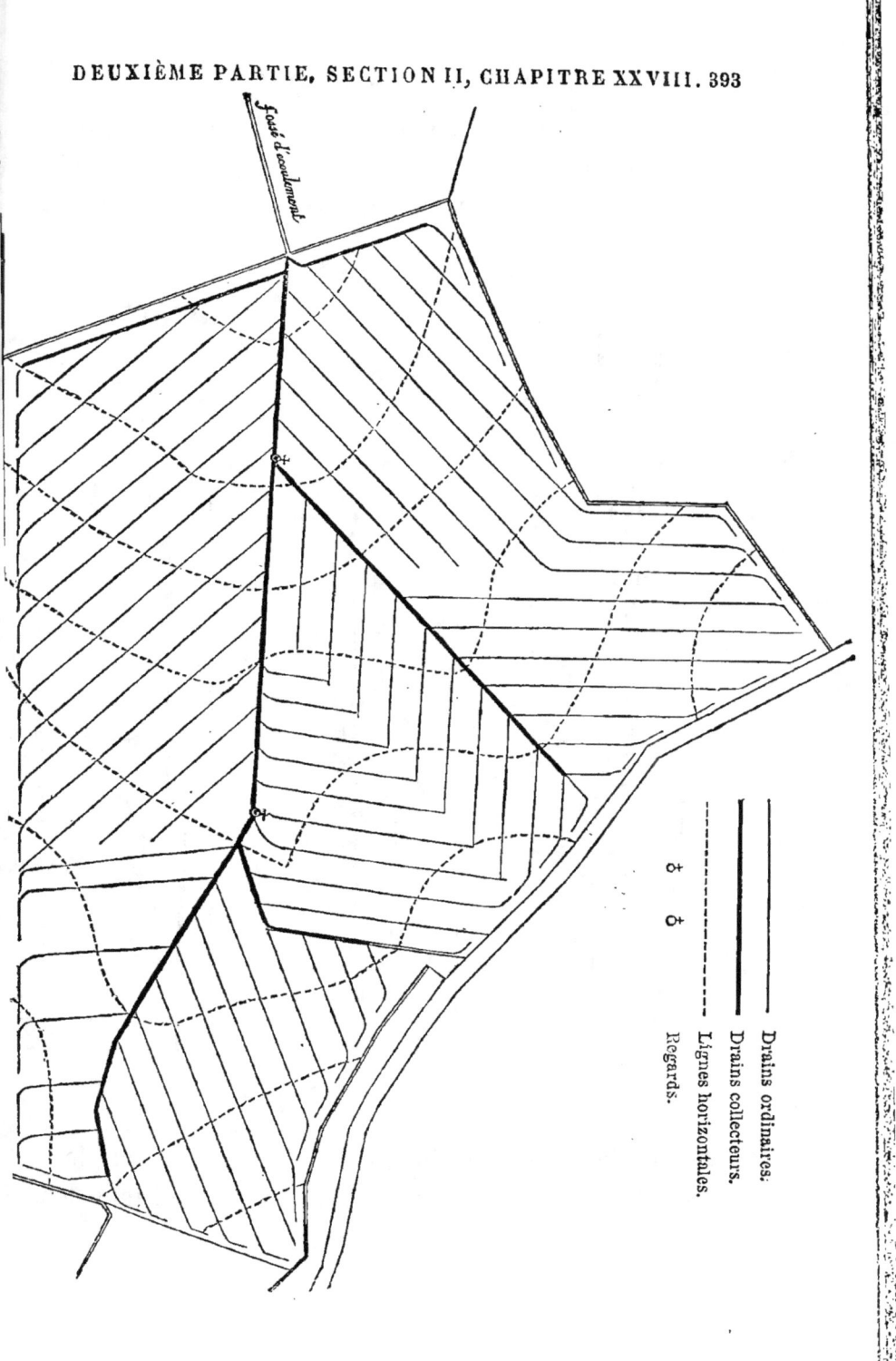

vaillent ensemble, chacun avec l'instrument approprié à la profondeur où il se trouve. On nettoie le fond de la tranchée au moyen d'une drague dont le fer est

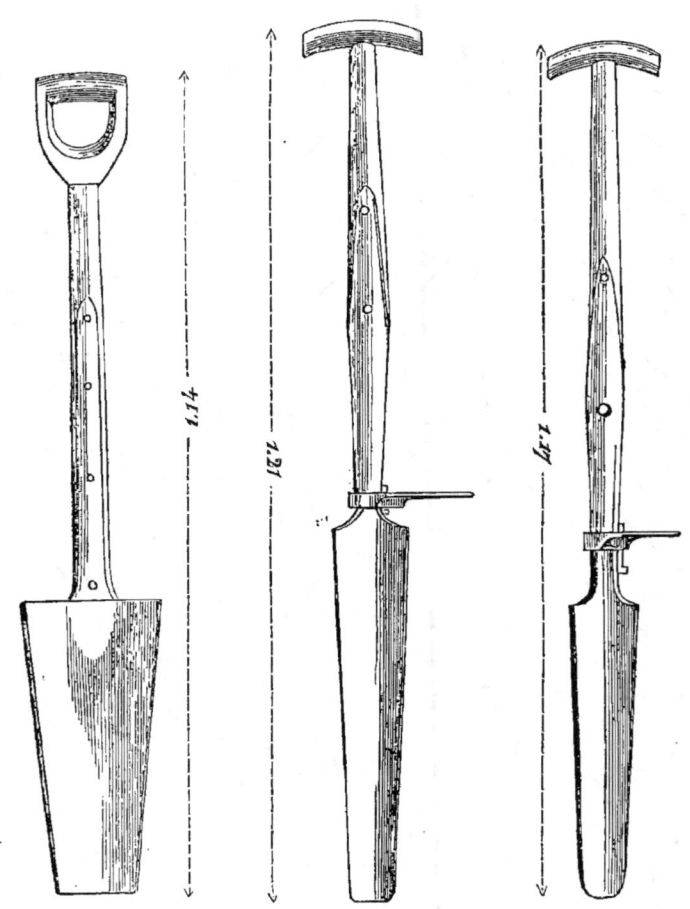

Bêches pour tranchées de drainage.

juste de la dimension du tuyau. Si le terrain est pierreux, on le pioche avec un pic à pédale; et tous les déblais sont enlevés à la pelle ou avec une large drague. Afin de pouvoir, lors du remplissage, replacer

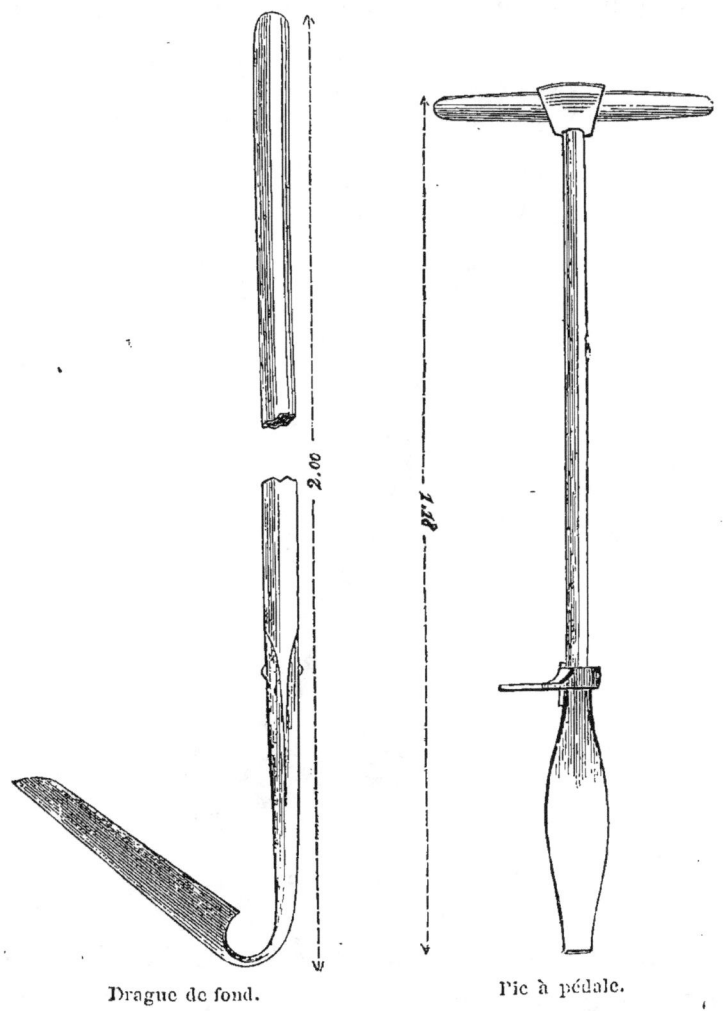

Drague de fond.  Pic à pédale.

en dessus la terre végétale, on la met à part sur l'un des bords.

Il est de nécessité capitale que les ouvriers suivent exactement la pente déterminée. Pour y parvenir, ils se guident sur les piquets repères, et enfoncent

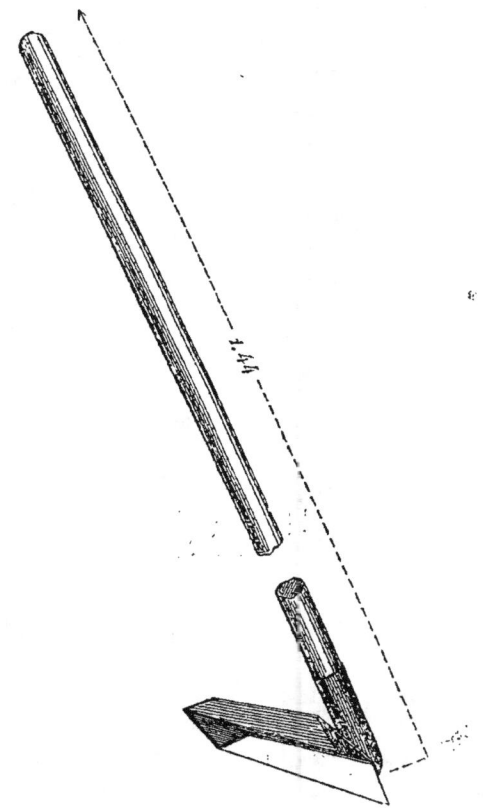

Drague pour terrain pierreux.

horizontalement dans la paroi de la tranchée d'autres piquets entre lesquels ils tendent un cordeau. On fait soi-même une vérification générale au moyen de trois mires, dont deux se placent dans la tranchée, l'une auprès d'un piquet repère, l'autre près du piquet suivant. Après s'être assuré qu'elles sont à la

Tranchée vue de profil avec deux piquets repères, trois piquets horizontaux et cordeau tendu.

profondeur voulue, on fait mettre la troisième à différents points intermédiaires, et l'on voit si son sommet affleure exactement, comme elle le doit, celui des deux autres.

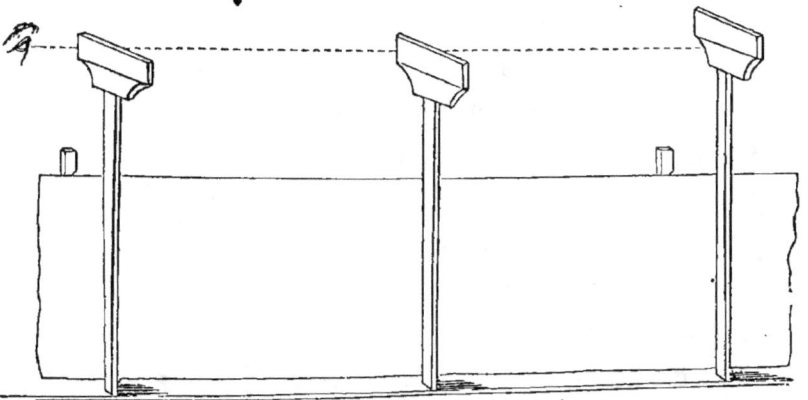

Tranchée vue de profil avec trois mires et deux piquets repères.

Dès que la tranchée est creusée, on s'occupe,

crainte d'éboulements, de la pose des tuyaux. On les répartit le long du bord; et, si le projet le comporte, on munit chacun d'eux de son manchon. Un ouvrier adroit saisit successivement les pièces ainsi préparées, et les pose au fond du fossé avec un instrument appelé *broche*, dont la courte branche présente une rondelle saillante destinée à maintenir le manchon. L'ouvrier remarque-t-il quelque irrégularité au fond de la tranchée; il la fait disparaître avec le dos de la broche; et, une fois les tuyaux posés, il couvre chaque joint de fragments de tubes cassés ou de demi-manchons, afin de rendre moins directe l'infiltration aqueuse et de prévenir ainsi l'introduction du sable. Lorsqu'on opère dans des terrains très-sablonneux, cette précaution n'empêcherait pas les particules siliceuses de se glisser dans les tuyaux, si l'on n'enveloppait le tesson ou le demi-manchon d'une pelote d'argile pétrie, comme si l'on voulait arrêter l'eau elle-même. Le savant ingénieur, M. Hervé Mangon, dont les consciencieuses études nous ont été très-

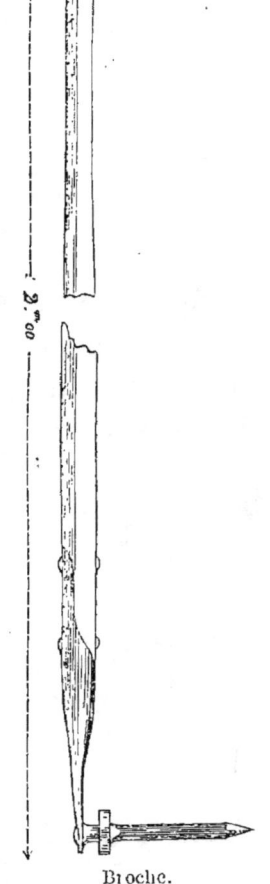

Broche.

utiles pour la rédaction de ce chapitre, nous a certifié que ce dernier moyen lui a toujours réussi.

Nous venons de décrire la méthode la plus usitée. En voici une autre que nous avons vu suivre dans les Ardennes et que M. Charles Gossin recommande comme offrant une sûreté particulière, si l'on n'a pas d'ouvriers poseurs habiles: On donne au fond de chaque tranchée une largeur de 15 centimètres au moins. Marchant sur ce fond, l'ouvrier, au moyen d'une curette qu'il pousse devant lui et dont le fer est exactement semblable à celui de la drague déjà décrite, creuse la place des tuyaux; puis, il les pose à la main, en avançant sur ceux qu'il a mis déjà.

Dès que les tubes sont placés, on ferme par un tesson l'extrémité supérieure du drain, pour que rien n'y pénètre, et l'on dame fortement sur les tuyaux la terre la plus compacte et la plus mauvaise; — la plus compacte, pour empêcher les infiltrations sablonneuses; — la plus mauvaise, afin que les racines ne cherchent pas à s'y étendre, pour, de là, se glisser dans les tuyaux où elles pourraient causer des obstructions. Le remplissage peut se terminer ensuite à loisir. M. Charles Gossin l'exécute facilement avec une charrue sans point d'appui de la manière suivante: Supposé que la tranchée soit à droite des terres de déblais, l'attelage est mis à gauche. On règle la charrue de telle sorte qu'elle soit fortement rejetée du côté de la tranchée, et, comme elle ne peut encore l'être assez par la seule puissance du régulateur, un homme qui marche sur l'autre bord, la maintient par un bâton fixé à l'extrémité de la haie.

Afin que l'eau ne puisse gêner les ouvriers, on commence toujours un drainage par le bas de la pièce. Ainsi, ce sont les collecteurs qu'on établit d'abord; mais, dans chaque drain, c'est par en haut qu'on pose les premiers tuyaux, pour qu'aucune eau vaseuse ne coule dans ceux qui se trouvent déjà placés.

On joint les drains aux collecteurs à l'aide d'ouvertures dans lesquelles on introduit l'extrémité du petit tube, de sorte que la surface supérieure de tous deux soit à peu près au même niveau. La plupart des fabricants vendent des tubes tout préparés pour ces jonctions; au besoin, on fait soi-même les trous avec la pointe d'un marteau d'acier.

Pour qu'aucun animal ne s'introduise dans les drains, on ferme les bouches d'issue par un grillage engagé dans une petite maçonnerie. Enfin, à l'effet de pouvoir s'assurer facilement plus tard de l'état des choses, on met au confluent des collecteurs des regards qui consistent en deux ou trois gros tuyaux emboîtés verticalement l'un au-dessus de l'autre et formant un creux souterrain. Une dalle supporte ce petit ouvrage qui est bien fermé et couvert de 40 centimètres de terre. Les drains qui apportent l'eau au regard débouchent à quelques centimètres au-dessus de ceux qui l'emmènent et font saillie sur la paroi, de sorte que le liquide produit, en tombant, un son facile à entendre du dehors. Une borne indique la place.

D'après M. Hervé-Mangon, pour empêcher les dépôts calcaires ou ferrugineux qui quelquefois obstruent les drains, il suffit toujours d'établir, à quelques mètres en amont de la bouche d'issue et à tous les confluents de collecteurs, des regards analogues, mais disposés de sorte que les tubes d'arrivée, aboutissant à 2 ou 3 centimètres au-dessous de ceux de sortie, plongent dans le liquide, ce qui maintient les drains constamment pleins d'eau. Ce procédé repose sur le principe, que les dépôts calcaires ou ferrugineux ne se forment qu'au contact de l'air. Les eaux ferrugineuses existent surtout dans les prés humides, et se reconnaissent aux flocons rougeâtres qu'on voit dans les fossés. Quant aux eaux calcaires, elles couvrent d'incrustations pierreuses les corps qui y restent plongés.

D'autres fois, les tuyaux sont obstrués par des racines de saule, d'orme et de peuplier. Éloignons donc les drains de 15 mètres au moins du tronc de ces arbres; et, si la disposition des lieux ne permet pas ce détour, entourons de 30 centimètres de pierres cassées les tubes exposés à ces obstructions.

Dans les prés naturels et même dans certains champs, les drains peuvent également se remplir de racines de plantes herbacées. Le plus sûr moyen de l'empêcher est de drainer très-profondément et d'empiler sur les drains, ainsi que nous l'avons dit déjà, la terre la plus compacte et la plus mauvaise. D'ailleurs, on fait disparaître sans grands frais ces obstructions au moyen d'une chaîne en fil de fer articulée comme celle d'arpenteur, mais beaucoup plus longue et munie d'une sorte de tire-bourre, chaîne que, de 50 en 50 mètres, on introduit dans les drains.

Si le terrain est sourceux, il convient d'établir verticalement des tubes, destinés à faciliter l'ascension du liquide intérieur. Pour les placer, on creuse des trous en enfonçant des pieux qu'on retire ensuite. L'extrémité supérieure de ces tubes

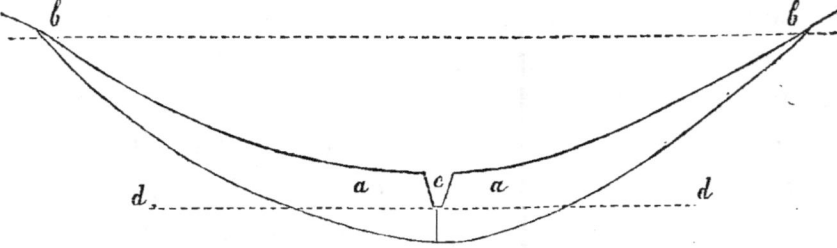

*a a*, Couche argileuse imperméable, tapissant le fond et les côtés d'une vallée et retenant les eaux intérieures jusqu'à la hauteur des points *b b*.

*b b*, Points à partir desquels cette eau suinte à la surface, rendant très-humide tout le terrain inférieur.

*c*, Fossé avec drain vertical, traversant la couche imperméable.

*d d*, Niveau auquel, par suite de ce travail, sont abaissées les eaux intérieures, de sorte que tout le terrain *a b a b* se trouve assaini.

verticaux s'engage dans les drains horizontaux par des ouvertures analogues à celles des collecteurs.

Ce moyen, dont l'application doit varier suivant la disposition des sources, permet souvent de purger à peu de frais une grande étendue de terrain humide, comme le prouve la figure ci-dessus.

Dans un drainage ordinaire, on se sert aussi quelquefois d'écoulements verticaux remplis de pierres cassées, pour mettre les drains en communication avec une couche perméable située à peu de profondeur.

## CHAPITRE XXIX

### ASSÉCHEMENT (suite); QUALITÉ DES TUYAUX, PRIX DE REVIENT D'UN DRAINAGE, AUTRES MÉTHODES D'ASSÉCHEMENT.

Ce n'est pas tout de bien disposer un drainage; il faut encore n'employer que des tuyaux réguliers, unis à l'intérieur, très-bien cuits (ce qu'on reconnaît à leur son argentin), capables de résister à la gelée et inaltérables, même après avoir bouilli dix minutes dans une eau saturée de sulfate de soude. On n'en fait jamais de bons avec une argile très-sablonneuse ou contenant soit des grains calcaires, soit des nodules pyriteux.

Voici, d'après M. Barral, les dépenses minimum et maximum, par mètre courant, d'un drainage exécuté à 1 mètre 20 de profondeur :

|  | MINIMUM. | MAXIMUM. |
|---|---|---|
|  | centimes. | centimes. |
| Étude préalable............................ | 1 93 | 3 » |
| Direction................................ | 1 61 | 5 67 |
| Achat des tuyaux......................... | 6 » | 10 48 |
| Charroi................................. | » 54 | 1 » |
| Fouille des tranchées ..................... | 5 » | 44 48 |
| Pose des tuyaux et premier remplissage...... | 3 » | 8 24 |
| Second remplissage....................... | 1 » | 5 » |
| Usure des outils.......................... | » 30 | 2 98 |
| TOTAL...... | 19 38 | 80 85 |

D'après ces données qui nous paraissent exactes, le drainage d'un hectare, avec tranchées espacées de 10 mètres, coûterait 808 fr. au maximum et 193 fr. au minimum. Cette dépense, qui semble élevée au premier abord, est bientôt largement payée. Une fois drainé, le terrain humide présente les qualités d'un champ perméable. Sans ados, sans fossés, sans dérayures, on peut y mettre la charrue presque en tout temps. La sécheresse le durcit aussi beaucoup moins qu'avant l'opération. Assécher le sol, c'est donc l'ameublir. C'est aussi le réchauffer, l'humidité étant toujours une cause de froid. Par l'effet du drainage, la végétation commence plus tôt et se prolonge plus tard. L'eau pluviale qui traverse la couche asséchée est sans cesse remplacée par de l'air, immense bienfait! Car cette couche, précédemment inerte dans tout ce qui était inférieur au sol arable, se vivifie au contact atmosphérique. C'est comme une table nouvelle servie à la végétation dans les profondeurs du sous-sol. Quant au sol mieux pénétré lui-même par les agents aériens, il devient également plus fécond.

Le seul reproche qu'on ait fait à cette opération, c'est d'avoir trop desséché certaines prairies. Mais aussi, combien de pâturages marécageux a-t-elle transformés en gazons excellents ! Elle améliore puissamment les vignes et les vergers plantés sur terrain imperméable. Enfin, lorsque tout un pays humide a été drainé, le climat, au dire des Anglais, devient plus doux et plus sain.

Si l'on a pris contre les obstructions toutes les précautions nécessaires, l'assèchement résultant du drainage doit durer toujours. Dans deux circonstances très-rares seulement, nous a assuré M. Hervé-Mangon, l'opération reste sans effet : 1° lorsque le terrain est composé de cailloux se touchant et cimentés par une glaise compacte ; 2° lorsque, de nature argileuse, il contient des sources si abondantes que l'argile ne peut parvenir à se sécher et à se fendiller. Dans ce cas, le drainage emmène bien une partie des eaux de source ; mais le terrain reste imperméable aux eaux pluviales.

Si, d'après l'ancienne méthode, on veut assécher au moyen de fascines, il faut les faire de grosseur telle qu'il reste au-dessous d'elles, dans les fossés, un vide de plusieurs centimètres. Pour la confection de ces fascines, les branchages sont étendus sur deux chevalets et fortement serrés avec une corde munie à chaque extrémité d'une poignée de bois.

Un autre procédé ancien consiste à mettre au fond des tranchées 40 à 45 centimètres de pierres cassées de la grosseur d'une noix et parfaitement nettes de terre. Pour empêcher le sable de se glisser entre elles, on les couvre de paille ou de feuilles. On emploie aussi des billes d'aune ou de pin percées de part en part, et des morceaux de tourbe taillés de manière qu'entre deux de ces morceaux appliqués l'un sur l'autre, il reste un creux arrondi. Enfin, au moyen de la charrue taupe, instrument muni d'un soc tout rond, on creuse à 30 ou 40 centimètres de profondeur des galeries analogues à celles des taupes ; travail qu'il faut renouveler tous les 3 ou 4 ans, si l'on veut que le sol reste asséché.

Ces diverses méthodes seront de plus en plus abandonnées ; car, au prix de 15 à 20 fr. le mille pour les petits calibres, les tubes procurent un asséchement moins coûteux et plus durable qu'aucun autre.

Là où la fabrication des tuyaux n'existe pas, on l'organise presque toujours sans difficulté en procurant à un tuilier une machine remboursable par annuités. Nous signalons, comme des meilleures, les machines Scragg, Clayton, Bertin-Godot ; et nous conseillons en général l'adoption de celles dont le service occupe seulement deux ou trois personnes à la fois.

Bien que la France ne le possède pas encore, pouvons-nous passer sous silence l'appareil anglais Fowler et Fry, au moyen duquel on parvient à drainer un champ sans y creuser de tranchées? Une sorte de charrue analogue à la charrue taupe est tirée par la corde d'un cabestan qu'une machine à vapeur ou des chevaux attelés à un manége font tourner. Les tuyaux sont enfilés dans une corde et retenus par un T en fer qui la termine. Par l'autre extrémité, la corde est fixée elle-même au sep de la charrue. A mesure que celle-ci avance, la galerie se creuse, et les tuyaux pénètrent dans le sol. Lorsque tout le chapelet est introduit, on détache le T, la corde s'enlève, et la ligne de tubes se trouve placée, sans qu'il reste presque aucune trace du travail accompli. Cette machine, on le comprend, ne peut fonctionner dans les champs irréguliers ou remplis de pierres.

Honneur au pays dans lequel l'amour de l'agriculture est assez vif pour provoquer de telles inventions!

## CHAPITRE XXX

IRRIGATIONS; PRISES D'EAU,
MACHINES HYDRAULIQUES, PUITS ARTÉSIENS,
KÉRIZ.

> « Ainsi que les eaux du Tigre et du Phiso
> « sont répandues sur la terre au temps des
> « semailles, Dieu remplit tout de sa sagesse;
> « Il féconde l'esprit de l'homme, comme
> « l'Euphrate et le Jourdain fertilisent les
> « campagnes après la moisson;
> « Il inonde l'âme de lumière et de science
> « comme, à la saison des vendanges, le Gé-
> « hon couvre la terre. » (*Ecclésiast.*)

Cette sublime comparaison résume tout ce que nous pourrions dire à l'éloge de l'importante opération dont nous allons nous occuper. En Afrique, en Asie, combien de pays ne sont cultivables que si on les irrigue! Et quelle richesse, dès que cette condition est remplie! En Languedoc et en Provence, l'irrigation quadruple le produit des terres; et, dans le nord de la France, si les champs en labour peuvent s'en passer, l'arrosage est encore le plus puissant moyen de rendre les prairies très-productives.

Nous avons eu déjà occasion de dire quelques mots des immenses irrigations établies par les souverains des premiers empires civilisés. Ainsi que le remarque M. Jaubert de Passa, ce sont elles qui donnent le secret de la puissance de Thèbes, de Memphis, de Ninive, de Babylone et de tant d'autres villes célèbres.

L'art des arrosages n'a jamais été oublié des peuples orientaux. Les Arabes, qui conquirent au moyen âge l'Espagne et une partie du midi de la France, y excellaient. Plus tard, cette science fut propagée en Italie par les croisés revenus de Jérusalem et par les Grecs chassés de Constantinople. C'est alors, du XII$^e$ au XV$^e$ siècle, que furent organisées dans la Lombardie et le Piémont, grâce au concours des hommes les plus distingués, ces irrigations qui font encore aujourd'hui l'admiration de l'Europe. D'après le savant M. Nadault de Buffon, on compte en Lombardie 340,000 hectares de prairies et de terres arrosées par des canaux qui rapportent à l'État 37 millions. Le célèbre Léonard de Vinci a présidé à la construction d'un de ces canaux qui irrigue à lui seul 22,000 hectares. A cette même époque, Adam de Craponne, gentilhomme italien, entreprit en France le canal qui porte son nom et qui dérive les eaux de la Durance. Il existe encore dans le Midi quelques autres dérivations importantes, de sorte qu'il s'y trouve en totalité 100,000 hectares irrigués. L'Italie est, comme on le voit, bien plus avancée que nous. Dans les Vosges et le Limousin, on compte quelques milliers d'hectares de prairies arrosées avec soin. Ailleurs, c'est-à-dire sur presque toute la surface de notre beau pays, l'art des irrigations est inconnu.

Avant d'entreprendre un travail de ce genre, apprécions la valeur des eaux dont nous pourrons disposer. Quelques-unes sont mauvaises, notamment — celles qui ont servi au lavage des minerais et à la teinture des étoffes, — celles qui ont coulé longtemps dans les forêts, — les eaux de plusieurs sources, — celles des hautes montagnes à leur sortie immédiate des glaciers. On doit considérer comme excellentes l'eau des rivières poissonneuses et celle des sources qui font pousser près de leurs bords des herbes tendres et agréables au bétail. La végétation des joncs et des carex donne un indice contraire. Cependant, elle peut tenir à d'autres causes qu'à la mauvaise nature du liquide. Ainsi, la meilleure eau devient nuisible partout où elle séjourne; et, à force de couler sur une prairie, elle se dépouille de certaines propriétés fécondantes.

L'eau mauvaise ou épuisée se vivifie en parcourant des fossés, ou en séjournant dans des réservoirs. Afin d'accroître cette revivification, on peut y mettre, soit de la chaux, soit des débris végétaux ou animaux.

Pour amener l'eau à fleur de terre de manière à pouvoir s'en servir, il suffit souvent de bien diriger des sources sises en lieu élevé, ou les eaux pluviales qui en descendent. Mais combien de fois cet avantage est négligé! Et ne voit-on pas de toutes parts se perdre des eaux très-précieuses?

Si c'est d'une rivière que le liquide doit être dérivé, on creuse, latéralement à son lit, un fossé qui, ayant moins de pente que le cours d'eau lui-même, finit par amener l'eau à fleur de terre. Le plus souvent, il faut, pour faciliter la dérivation, arrêter la rivière au moyen soit d'une écluse, soit de barrages en maçonnerie, en charpente, ou en pieux entrelacés de branches. Les piquets sont enfoncés en travers du lit, sur plusieurs rangées dont la plus haute est située au centre même du barrage. Les autres diminuent de hauteur à partir de celle-là jusqu'à n'avoir que quelques centimètres de saillie au-dessus du sol. On entrelace des branches autour de ces pieux, et l'on en remplit l'intervalle avec des gazons fortement pressés. Le barrage doit toujours s'étendre dans cette partie du rivage qui se trouve minée par les poissons et les rats.

Tantôt, on pratique une retenue complète. Dans d'autres cas, on laisse passer une partie du liquide par-dessus le barrage. Pour obtenir plus de hauteur, on ferme quelquefois la vallée tout entière par une forte digue, ce qui forme un réservoir d'où l'eau est versée sur les terrains inférieurs.

Les bassins de ce genre que Salomon fit établir à Bethléem, et dont parle l'Écriture, existent encore.

A Saint-Remy, en Provence, on en voit un qui, suivant M. de Gasparin, a été construit par les Romains. En Arabie, dit M. Jaubert de Passa, un lac semblable fait par Saba I$^{er}$ arrose une immense étendue de pays. Tout le monde connaît par les récits historiques les lacs Mœris et Nitocris, l'un en Égypte, l'autre en Assyrie, prodigieux réservoirs établis pour prendre le trop plein du Nil et de l'Euphrate, au moment des crues, et pour le rendre aux campagnes lors des sécheresses. La Chine possède des bassins artificiels encore plus vastes, disposés aussi dans ce double but de prévenir les inondations désastreuses et d'entretenir les arrosages.

Après ce voyage dont se souviendront toujours les populations de nos vallées du centre et du midi, éprouvées par d'affreux désastres, l'Empereur posait dernièrement en principe la nécessité de former sur nos fleuves des réservoirs analogues. Espérons qu'il sera donné suite à une pensée si juste et si féconde.

Si trop souvent l'eau se précipite avec fureur sur les campagnes, trop fréquemment aussi nous ne parvenons à l'amener sur un sol brûlant qu'à l'aide d'appareils dispendieux. L'un des plus employés sur les rivières d'Italie et d'Allemagne est celui-ci : on détermine, par un arrêt de 30 à 40 centimètres de haut, une chute qui met en mouvement une roue à palettes dont le pourtour est muni de seaux ou de pots. Ceux-ci plongent dans la rivière et s'emplissent; puis, arrivés au sommet du cercle décrit par la roue, ils se vident dans un bac qui aboutit au canal de dérivation. Pour les eaux stagnantes ou peu rapides, on se sert d'un chapelet de pots qui, plongeant en partie dans l'eau, est soutenu à la hauteur nécessaire par un cylindre à claire-voie formé de plusieurs pièces de bois horizontalement assemblées. Mis en mouvement de rotation, ce cylindre entraîne avec lui le chapelet. Les pots s'emplissent dans l'eau, remontent pleins, se renversent en passant sur le cylindre et se vident au-dessus d'un bac qui emmène le liquide. Pour peu que la masse d'eau à élever ainsi soit considérable, c'est la vapeur qui donne la force motrice la moins coûteuse.

La plupart des autres machines hydrauliques, pompes, béliers, etc., ont trop peu de puissance ou sont d'un entretien trop dispendieux pour que l'agriculture française puisse s'en servir. Toutefois, nous avons été frappés, lors de l'Exposition universelle, de la simplicité et du bon marché d'une pompe dite *arabe*, qui n'est autre qu'une application hydraulique de la théorie des soufflets. Nous voudrions que cette pompe fût essayée dans ses applications à un arrosage étendu.

Il existe souvent dans les profondeurs terrestres des nappes liquides qui viennent de pays plus élevés et qui, se trouvant comprimées par des couches imperméables, ne peuvent se faire jour jusqu'à la surface du sol. Pour les y amener, il suffit de percer, au moyen d'une tarière, un trou dans lequel on introduit ensuite des tubes de terre cuite, de métal ou de bois. Tout le travail s'exécute à l'aide d'appareils dont la manœuvre forme une industrie spéciale. On nous a assuré que, dans le Roussillon, beaucoup d'arrosages sont entretenus avec des eaux provenant de sources ainsi forées, autrement dites *puits artésiens*.

En pays accidenté, on amène encore les eaux à la surface du sol au moyen de *kériz*, galeries horizontales très-étroites qu'on creuse au travers de terrains élevés et qui communiquent avec le haut des collines par des puits espacés de 50 à 100 mètres. Grâce aux exemptions d'impôt que Cyrus et ses successeurs accordaient à toute terre nouvellement arrosée, les montagnes de la Perse furent traversées, dit Polybe, par un grand nombre de kériz. Beaucoup existent encore. L'Espagne en possède aussi plusieurs qui datent de la domination arabe. En France, ne pourrait-on en établir dans les parties accidentées du Midi?

## CHAPITRE XXXI

IRRIGATIONS (suite); CONDUITE ET MESURE DES EAUX.

A partir de la prise jusqu'au terrain destiné à l'irrigation, le liquide doit couler dans un canal avec talus inclinés d'après les règles déjà indiquées au sujet des canaux de desséchement et avec une pente très-faible ($0^m,0007$ à $0^m,0015$ par mètre), afin que l'eau n'affouille pas ses bords et qu'elle perde le moins possible de sa hauteur.

La largeur de ce canal devant être relative à sa pente et à la quantité d'eau qu'il doit contenir, on peut la déterminer au moyen de la formule dite de Tadini [1], donnée par M. Nadault de Buffon dans son savant traité des irrigations et adoptée par M. Keel-

---

[1] FORMULE DE TADINI.

$$x = \frac{q}{50\,h\,\sqrt{h\,\cos\varphi}}$$

$x$ représente la largeur cherchée,
$q$ le volume d'eau que la rigole doit débiter,
$h$ la hauteur de l'eau,
$\cos\varphi$ la pente de la rigole, ou plutôt le cossinus de l'angle formé par la ligne du fond de la rigole avec la verticale.

EXEMPLE :

Quelle sera la largeur d'un canal devant débiter $0^m,50$ par seconde avec $0^m,0005$ de pente par mètre, et une hauteur d'eau de $0^m,50$.

$q = 0^m,50 ; h = 0^m,50$, et $\cos\varphi = 0^m,0005$.

Substituant ces données dans la formule on aura :

$$x = \frac{0,50}{50 \times 0,50\,\sqrt{0,50 \times 0,0005}}$$

$$= \frac{0,50}{50 \times 0,50 \times 0,0158}$$

$$= \frac{0,50}{0,395}$$

$$= 1^m,26$$

qu'il faut dans la pratique augmenter de 1/5 à cause des herbes qui ne tardent pas à obstruer toute conduite d'eau.

hoff, ingénieur belge, auteur d'un travail très-remarquable sur les irrigations de la Campine.

Pour faire usage de cette formule, il faut commencer par mesurer la quantité d'eau qui doit couler dans le canal. A cet effet, le mieux est de l'introduire dans un bassin régulier, humecté et fortement battu, afin que les pertes par infiltration soient insignifiantes. Connaissant la capacité du bassin et le temps qu'il met à se remplir, on sait quel est le débit de la prise.

En Italie, on jauge les eaux des canaux publics au moyen de bouches dont l'unité est une ouverture rectangulaire de 20 centimètres de hauteur, de 15 de largeur, avec 10 centimètres d'eau au-dessus du bord supérieur. Cette ouverture, qu'on appelle *module milanais*, débite de 36 à 38 litres par seconde.

Veut-on mesurer un cours d'eau tout entier; on peut, s'il n'est pas très-considérable, y procéder de la manière suivante :

Les rives et le fond ayant été rectifiés sur une longueur de 30 à 40 mètres, on mesure ce bassin; puis, au moyen d'un flotteur léger s'élevant à peine au-dessus de l'eau, on détermine en combien de temps le liquide s'y renouvelle, et l'on calcule que la vitesse moyenne du courant n'est que des 4/5 de celle du flotteur, attendu que l'eau, ralentie par le frottement, coule moins vite dans le fond et le long des bords qu'à la surface.

Lorsqu'on a fixé la section du canal, on en fait le tracé de telle sorte qu'à moins de nécessité absolue, il ne se trouve ni trop enfoncé, ce qui nécessiterait des déblais considérables, ni trop élevé, afin de n'avoir pas à l'enfermer dans de fortes digues. Si, latéralement au canal, le terrain a peu de pente, une surélévation de 20 à 30 centimètres au-dessus du sol est convenable, parce que, sans donner lieu à un fort travail de déblais et de remblais, elle assure un écoulement facile de l'eau dans les canaux secondaires. Les digues, que nécessite cette disposition, doivent avoir environ 30 centimètres de hauteur au-dessus du liquide et une largeur de crête d'un mètre au moins. Quant à la profondeur de l'eau, elle doit toujours être, au moins, de 50 centimètres. Autrement, la distribution dans les canaux secondaires en serait impossible, pour peu que l'espace à irriguer fût étendu.

S'il se rencontre sur le passage du canal une forte dépression de terrain, on emprisonne l'eau, à un mètre sous terre, dans des tubes de poterie bien cimentés et empâtés d'argile. Le liquide remonterait de l'autre côté de la dépression à toute sa hauteur; mais, afin de déterminer un courant rapide qui permette d'employer des tubes de faible diamètre, on établit la bouche de sortie à un niveau très-inférieur à la bouche d'entrée.

Au-dessus d'un ruisseau, c'est dans un bac en madriers de chêne ou sur un aqueduc en briques cimentées qu'on fait passer l'eau. Enfin, s'il s'agit de traverser une éminence qui n'ait pas plus de 10 mètres de haut, on peut établir par-dessus, comme font les Arabes, un siphon de poteries enterré à peu de profondeur. Plus il se trouve de différence de niveau entre les deux bouches du siphon, plus le courant est rapide, ce à quoi il faut toujours viser. Pour remplir d'eau le tube entier, condition sans laquelle il ne fonctionnerait pas, on ferme chacune de ses extrémités, et, par une ouverture ménagée au sommet de l'éminence, on introduit le liquide nécessaire; puis, après avoir fermé cette ouverture, on débouche les extrémités. Le courant se produit aussitôt. Afin que le tube ne puisse se vider, on a soin que chacune de ses extrémités plonge dans un bassin où se trouve toujours de l'eau. On nous signalait dernièrement un travail de ce genre qui a été exécuté dans le Midi avec plein succès.

Un plan d'irrigation comporte presque toujours des canaux secondaires destinés à distribuer le liquide dans les rigoles d'arrosage. Ces canaux se font d'après les mêmes principes que le canal principal.

## CHAPITRE XXXII

IRRIGATIONS (suite); DISTINCTION ENTRE LES DIVERS SYSTÈMES D'IRRIGATION, ARROSAGES D'ÉTÉ.

L'irrigation agit de deux manières : 1° par l'apport du principe humide qui dissout les aliments végétatifs, entretient l'abondance de la séve et permet d'entamer la terre aux temps les plus secs; 2° par un dépôt de substances fertilisantes dont l'eau est le véhicule.

Les méthodes d'irrigation varient suivant que c'est l'un ou l'autre de ces deux buts qu'on a le plus en vue; mais toujours est-il de règle absolue que le terrain irrigué doit pouvoir, à volonté, être mis à sec. En effet, l'eau, si bienfaisante lorsqu'on la donne avec mesure, devient un agent destructeur, dès qu'on ne peut en régler exactement la sortie de même que l'entrée.

L'arrosage qui a pour objet l'apport du principe humide constitue l'irrigation d'été des contrées méridionales, irrigation merveilleuse dans ses effets et pour laquelle on établit, avec plus de profit que pour aucune autre, puits artésiens, Kériz, machines hydrauliques, conduites souterraines et autres appareils dispendieux.

Un premier principe de cet arrosage est que l'étendue irriguée doit se trouver en rapport exact avec la quantité d'eau dont on dispose; car, par la chaleur, une irrigation excessive refroidit la terre, fait pourrir les racines et anéantit parfois la récolte. L'irrigation, au contraire, est-elle insuffisante; devenues délicates par la trop petite quantité d'eau qu'elles ont reçue, les plantes souffrent plus de la sécheresse que si on ne les eût pas arrosées du tout; et d'ailleurs la terre se durcit plus vite. On ne peut préciser théoriquement ce qu'il faut de liquide, tant sont nombreuses les circonstances qui influent sur ce problème. Voici cependant quelques données. D'après M. Nadault de Buffon, l'irrigation régulière d'un hectare exigerait en moyenne, dans le midi de la France, pendant cinq mois, le débit d'un litre par seconde. M. de Gasparin porte à 800 mètres cubes par hectare l'eau nécessaire à chaque arrosage d'une terre du Midi régulièrement irriguée, de consistance moyenne et de pente faible. Si le terrain est sablonneux, cette quantité s'élève jusqu'à 1,000 mètres. Mais pendant les cinq mois d'irrigation, avril, mai, juin, juillet, août, le nombre des arrosages qu'il convient de donner varie lui-même, et se rapporte au genre de plantes qui occupe le sol. Ainsi, en Provence, cinq arrosages suffisent à la luzerne et procurent cinq coupes abondantes, tandis que les prairies naturelles en exigent au moins douze. Sur ce point, comme sur tant d'autres, chaque lieu, chaque culture a donc ses règles spéciales que l'observateur intelligent doit découvrir.

En général, plus une récolte approche de la maturité, moins il faut arroser ; quant aux plantes fourragères, elles ont d'autant moins besoin d'eau qu'elles sont plus hautes et que le sol se trouve plus ombragé.

On distingue deux manières d'effectuer les arrosages d'été : 1° Si le sol a peu de pente, ou s'il en manque tout à fait, on le divise en compartiments au moyen de rigoles horizontales pour le tracé desquelles on peut utiliser les dérayures du labour. L'eau qu'on y introduit ne déborde pas, mais pénètre par infiltration dans les planches intermédiaires. La largeur la plus convenable à donner à celles-ci varie de 4 à 8 mètres suivant la nature du sol. 2° Si le terrain a une pente d'au moins 3 à 4 centimètres par mètre, on le divise de même en compartiments par des rigoles horizontales ; mais, au lieu d'y faire séjourner le liquide, on y introduit assez d'eau pour qu'elle coule promptement à la surface de la planche située au-dessous. Celle-ci humectée, on en irrigue une autre et toujours ainsi. Toutes ces rigoles doivent avoir le moins de profondeur possible, afin qu'il se perde peu d'eau dans le sous-sol.

Pour ces deux genres d'irrigation, il ne faut arroser à la fois ni trop, ni trop peu de terrain relativement à la quantité de liquide dont on dispose. En effet, si l'on donne d'un seul jet trop d'eau à un espace restreint, le terrain peut être raviné et ne se trouver cependant humecté qu'imparfaitement, parce qu'il a fallu promptement cesser l'irrigation et que le liquide n'a pas eu le temps de bien pénétrer. Arrose-t-on, au contraire, trop d'étendue ; l'opération se faisant avec une excessive lenteur, il entre beaucoup de liquide dans le sous-sol ; or tout ce qui s'enfonce à plus de 50 centimètres se trouve perdu. La nature du sol et le degré de pente influant sur ce problème, on ne peut d'avance en indiquer la solution ; mais, au moyen de tâtonnements, on y parvient sans peine dans la pratique.

Autre précaution indispensable : les arrosages d'été ne doivent jamais se faire par la grande chaleur, de peur de refroidissements nuisibles aux plantes.

De telles irrigations bien combinées procurent les plus belles récoltes ; mais le sol se trouve ensuite d'autant plus épuisé que l'eau a mieux dissout les aliments végétatifs et favorisé leur succion d'une manière plus complète. Dès lors, pour soutenir le bienfait de ce genre d'arrosage, il faut donner à la terre d'abondants engrais.

## CHAPITRE XXXIII

IRRIGATIONS (SUITE); IRRIGATION PAR EAU COURANTE.

Les arrosages qui ont pour objet principal de féconder le sol par un dépôt, présentent deux systèmes différents, suivant que l'eau contient en dissolution ou en suspension les substances fertilisantes. Lorsqu'elles sont en dissolution, et que par conséquent le liquide dont on se sert est plutôt limpide que trouble, on doit chercher à le faire courir rapidement sur le terrain; car c'est le mouvement, joint à l'action de l'air, qui favorise le mieux le précipité de la plupart des matières dissoutes. Ce genre d'irrigation n'est applicable qu'aux prairies, car le chevelu d'un gazon peut seul retenir ce que dépose un liquide en train de courir.

L'eau qui coule ainsi sur un gazon perd de ses principes fertilisants à mesure qu'elle s'éloigne de son point de départ, et l'étendue qu'elle peut améliorer dépend de la vitesse de son courant tout aussi bien que de sa nature et de sa masse. Par exemple, une quantité d'eau qui, avec 2 centimètres de pente par mètre, fertilise 10 mètres de gazon, en féconde 15 à 20, si on lui donne 3 centimètres de pente, et 25 à 30, avec 4 centimètres. Ainsi s'explique l'effet si remarquable de l'irrigation sur les prairies en pente rapide.

Pour obtenir cet effet au plus haut degré possible, il faut, par des rigoles judicieusement combinées, amener sur tous les points de la prairie du liquide non encore épuisé. Si le terrain est très-irrégulier, c'est d'après les accidents de la surface qu'on trace les rigoles. S'il est presque plane, on peut avoir intérêt à le régulariser tout à fait, en adoptant l'une des deux dispositions que nous allons décrire.

La première convient aux terrains qui ont au moins 25 millimètres de pente par mètre, et consiste à les diviser en planches inclinées et unies, au moyen de rigoles horizontales dont chacune arrose la planche

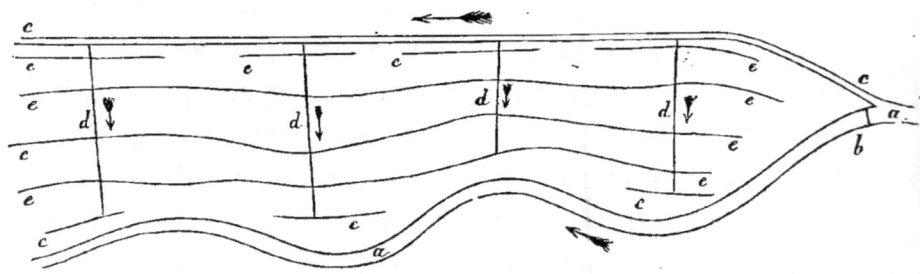

Irrigation par planches inclinées.

*a a*, Cours d'eau. — *b*, Barrage. — *c c*, Canal de déviation.
*d d d d*, Canaux de distribution. — *e e e e e e e e e*, Rigoles d'arrosage.

située au-dessous d'elle. Toutes partent d'un canal établi dans le sens même de la plus forte pente, et qui leur distribue le liquide, suivant la mesure voulue, au moyen de petits arrêts. Lorsqu'on veut cesser l'arrosage, on ferme l'entrée du canal, et l'on enlève tous les arrêts. L'humidité surabondante s'écoule alors par les rigoles qui servaient précédemment à l'arrosage. Cette irrigation est plus parfaite encore, si l'on établit dans chaque planche, à 1 mètre 1/2 de la rigole d'arrosage de la planche inférieure et parallèlement à celle-ci, une rigole qui emmène les eaux épuisées dans un canal d'assainissement situé à l'opposé du canal d'arrosage. D'après M. Keelhoff, la largeur des planches ne doit pas dépasser 13 mètres ni être inférieure à 3. Plus les eaux sont fertilisantes, le terrain régulier et le sous-sol compacte, plus cette largeur peut s'étendre.

Applicable aux surfaces en pente très-faible, le second système consiste à former des ados avec rigole d'arrosage au sommet et rigole d'assainissement entre deux ados. Voici, pour cette disposition, les principales règles à observer.

— Diriger la longueur des ados perpendiculairement à la plus forte pente du sol, d'où résulte moins de travail de déblai et de remblai que si on les établissait dans le sens de cette pente ;

— Leur donner 25 à 30 mètres de long seulement, afin que l'eau se porte sans peine aux extrémités ;

— Régler la pente des côtés de 2 à 5 centimètres par mètre, le terrain le plus perméable exigeant l'inclinaison la plus prononcée ;

— Ne jamais faire d'ados très-élevés, parce qu'ils coûtent trop à établir, ni de très-étroits, à cause de la grande quantité d'eau qu'ils exigeraient. M. Keelhoff conseille une largeur de 10 mètres avec une pente transversale de 5 centimètres par mètre, et une largeur de 16 mètres, avec une pente de 2 centimètres;

— Faire les rigoles d'arrosage complétement horizontales, et, pour éviter les pertes d'eau par le sous-sol, donner à ces rigoles peu de profondeur et de largeur, 5 centimètres, par exemple, de profondeur sur 25 de largeur;

— Afin que l'assainissement soit rapide, donner une profondeur de 20 centimètres au moins aux rigoles d'écoulement;

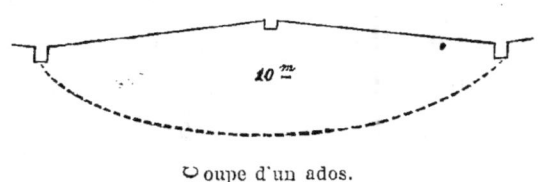

Coupe d'un ados.

— Établir, pour la circulation des voitures, des banquettes élevées dont on maintient le sol ferme en ne les irriguant que rarement.

Les eaux qui ont arrosé une série d'ados peuvent servir à l'irrigation d'une autre série, pourvu que cette reprise ne fasse pas refluer le liquide dans les rigoles d'assainissement de la première. Lorsque la pente du terrain est nulle sur un point et très-prononcée ailleurs, on combine dans un plan général ados et planches inclinées; et les mêmes eaux sont employées deux ou trois fois suivant leur qualité. Du reste, on doit, autant que possible, amener sur chaque point de la prairie une certaine quantité de liquide qui n'a pas encore servi, à moins que le but principal de l'irrigation ne soit le rafraîchissement du sol. Dans ce cas, l'eau, même la plus épuisée, peut servir encore ; mais, bien loin d'améliorer la prairie, elle en excite l'appauvrissement, comme nous l'avons établi d'une manière générale au sujet des arrosages d'été ; et pour soutenir la production, il devient nécessaire de recourir ensuite aux substances fécondantes. M. Keelhoff croit qu'on aurait le plus souvent intérêt à combiner ainsi l'emploi de l'eau et celui des engrais, afin d'étendre le liquide sur plus de surface.

Pour disposer les prairies à ces irrigations perfectionnées, on divise d'abord tout l'espace au moyen de l'équerre, en carrés de 50 mètres. A l'aide du niveau, on mesure la pente des côtés de ces carrés ; puis, guidé sur ce nivellement, on fait le plan des canaux et des rigoles, tracé qu'on reporte sur le terrain au moyen de jalons. On enfonce à chaque extrémité de canal et de rigole, et de 25 en 25 mètres sur toute leur longueur, des piquets repères à une hauteur fixe, de 30 centimètres, par exemple, au-dessus de la surface de l'eau dans les rigoles projetées. On procède alors au creusement de celles-ci, et on en forme les bords, avec des gazons, à la hauteur indiquée par les piquets repères, sauf à rectifier plus tard tout le travail d'après le niveau même du liquide. Lorsque les rigoles sont faites, on défonce le sol, on le nivelle, on lui applique de l'engrais et on y sème des graines d'herbes de prairie. Tant que le gazon n'est pas formé, il suffit, sans irriguer, de maintenir pleines les rigoles d'arrosage. Un autre système consiste à peler le terrain, à mettre les gazons de côté, à opérer le nivellement, puis à replacer les gazons. Pour ces travaux, on emploie — une bêche à fer arrondi et bien tranchant au moyen de laquelle on trace les rigoles, — une bêche courbe à détacher les gazons, instrument qu'on manie comme la pelle, — la bêche ordinaire, — enfin un large hoyau.

M. Keelhoff détaille ainsi la moyenne des sommes en Campine dépensées par hectare de pré disposé pour l'irrigation :

| | |
|---|---|
| Tracé des travaux. | 10 f. » c. |
| Défoncement à 50 centimètres de profondeur. | 150 » |
| Terrassements. | 60 » |
| Achèvement des travaux. | 30 » |
| Fumure. | 350 » |
| Mise à niveau de toutes les rigoles. | 50 » |
| Semaille des graines de pré. | 84 50 |
| Plantations. | 7 » |
| Buses de bois et objets divers. | 18 75 |
| Journées pour maintenir l'eau dans les rigoles pendant la sécheresse. | 8 50 |
| TOTAL. | 768 75 |

Les prés ainsi *reconstruits* sont arrosés ensuite d'après les règles suivantes :

— En automne, irrigation abondante et prolongée de 15 jours à un mois, si la terre est perméable; interrompue tous les huit jours, si le sous-sol est compacte;

— Au moment des fortes gelées, pas d'arrosage; terrain parfaitement assaini, le gazon ne pouvant se trouver enveloppé de glace sans souffrir;

— Après les gelées, irrigations moins longues qu'en automne; terrain souvent mis à sec;

— Par la chaleur, irrigations de courte durée et faites la nuit; cessation dix jours avant la coupe du foin; un peu d'eau au moment même de la coupe afin de faciliter le fauchage; reprise des arrosages huit jours après; cessation dix jours avant la coupe de la seconde herbe.

## CHAPITRE XXXIV

IRRIGATIONS (suite); IRRIGATION PAR EAU DORMANTE.

Le dernier genre d'arrosage dont il nous reste à parler consiste à laisser séjourner une eau vaseuse sur le terrain, afin d'obtenir le dépôt des substances qu'elle tient en suspension.

C'est en hiver, lors des inondations, qu'on peut

réaliser ainsi les améliorations les plus importantes, en faisant arriver directement sur les parties basses des vallées les eaux bourbeuses des rivières. On ouvre à cet effet de larges tranchées à travers l'espèce de digue que les cours d'eau se font eux-mêmes en déposant sur leurs bords plus de sable et de gravier qu'ailleurs. Lorsqu'un tel travail est effectué, on aperçoit bientôt un exhaussement sensible aux points sur lesquels aboutissent les tranchées. On les déplace alors, afin que l'envasement s'étende partout d'une manière égale. Le mieux serait de diviser par des digues l'espace en plusieurs compartiments où l'on ferait séjourner le liquide bourbeux, le remplaçant par d'autre eau tous les jours ou tous les deux jours, selon qu'il s'éclaircit plus ou moins vite. L'illustre agronome allemand, Thaër, parle d'immenses améliorations accomplies ainsi en Angleterre. Dans le Bolonais et la Romagne, beaucoup de champs régulièrement envasés ne reçoivent jamais d'autre engrais.

Bien qu'en principe l'eau stagnante soit nuisible, elle ne séjourne pas, dans ce cas, assez longtemps pour que l'effet pernicieux puisse se produire. Ajoutons que, l'hiver, une nappe liquide protégeant l'herbe contre le froid loin de nuire à une prairie, lui est utile, pourvu que la glace ne puisse atteindre le gazon. On reconnaît d'ailleurs que l'eau commence à faire du mal, lorsqu'elle se couvre de mousses verdâtres.

Il est un genre de limonement, appelé *terrement*, qui s'opère avec des eaux artificiellement rendues bourbeuses.

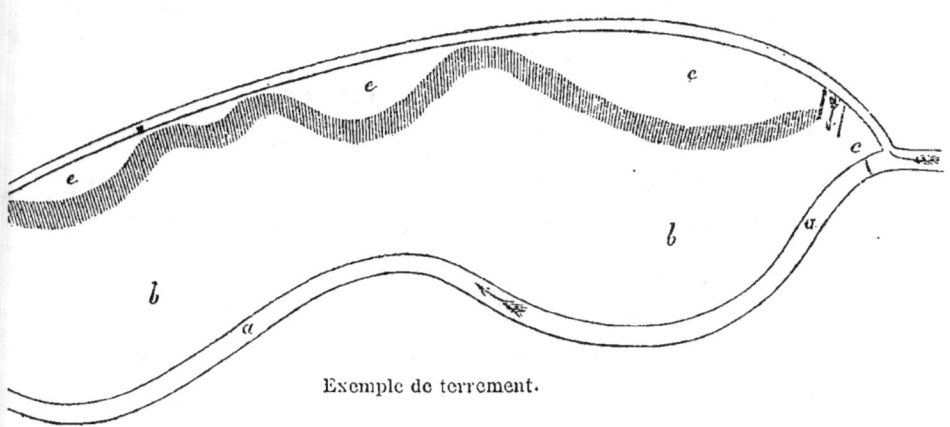

Exemple de terrement.

Soit donné, par exemple, le cours d'eau $a\,a$, bordé d'une prairie $b\,b$, voisine elle-même des tertres $e\,e\,e$; il peut se faire que, si la terre de ces tertres était rejetée dans la prairie, tout l'espace $e$ et $b$ fût irrigable par un canal creusé du point $c$ au point $d$. On commence à creuser ce canal $c\,d$, et on conduit l'eau jusqu'aux tertres $e$; puis, on lui donne issue vers la prairie, et l'on jette dans son courant la terre du tertre, terre que l'eau étend sur son passage. On continue de même jusqu'à ce que toutes les éminences aient disparu et que le canal entier soit creusé. L'opération terminée, le terrain présente une surface unie et parfaitement propre à être irriguée par planches inclinées. Mais il faut souvent, pour retenir les terres et empêcher le cours d'eau d'en être obstrué, établir le long de son bord une digue en fascines au travers de laquelle le liquide filtre et s'épure.

Quelque séduisants que soient les arrosages, n'entreprenons rien en ce genre qu'après une étude minutieuse de tout ce qui peut influer sur le succès. Assurons-nous, entre autres choses, que nous n'avons pas à craindre de procès d'issue douteuse relativement à l'emploi des eaux. Mettons ensuite au travail tout le soin possible, donnant aux digues et aux fossés une largeur suffisante ; aux travaux d'art, beaucoup de force et de solidité. Ne recourons à ceux-ci que lorsque nous ne pouvons nous en dispenser. En effet, on fait souvent en gazons des talus, des digues, des barrages meilleurs qu'avec de la pierre ou des planches; et, dans toutes les rigoles de petite dimension, les gazons remplacent les vannes avec avantage et économie.

Beaucoup d'irrigations ne peuvent s'établir qu'à frais communs entre plusieurs propriétaires. Il en est même qui exigent le concours de tous les habitants d'une vallée. Nous n'avons pas encore de loi qui contraigne un homme arriéré à suivre un plan général d'arrosage dans lequel son terrain se trouverait compris, lorsque ce plan, demandé par ses voisins, serait administrativement reconnu avantageux. N'est-ce pas là cependant le cas de faire fléchir la volonté de l'individu devant l'intérêt général, d'après ce principe, que, pour la conduite des eaux, l'association est souvent nécessaire et doit être déclarée obligatoire. En France, sans lois semblables, les irrigations seront toujours beaucoup trop restreintes.

D'un autre côté, on a fait de grands travaux pour la navigation intérieure. Pourquoi n'ont-ils pas été combinés avec de vastes plans d'arrosage? Les intérêts du commerce ne pouvaient-ils, en France comme en Italie, s'accorder avec ceux de l'agriculture? Malheureusement nos ingénieurs, si habiles du reste, n'étaient pas, pour la plupart, suffisamment initiés aux questions agricoles. Remercions le gouvernement d'en avoir dernièrement introduit l'étude parmi les cours savants des ponts et chaussées. Que l'enseignement agricole pénètre ainsi dans toutes les écoles, surtout dans celles où sont réunis les jeunes gens les plus distingués; et les graves omissions qui ont été commises seront réparées, et nos fleuves, plus riches que le Pactole, répandront en abondance sur nos campagnes leurs paillettes d'or.

## CHAPITRE XXXV

### DÉFRICHEMENTS.

Dans plusieurs de nos départements, il se trouve encore beaucoup de terres en friche. Chaque année, le progrès agricole en restreint l'étendue. Les difficultés particulières qu'on rencontre alors doivent un instant fixer notre attention.

Le premier travail consiste à extraire les souches que le terrain peut contenir. A cet effet, on introduit sous chacune d'elles une fourche de fer fortement emmanchée que l'on fait basculer sur un billot placé en arrière. La souche cède souvent à ces efforts; si elle n'est qu'ébranlée, du moins devient-il beaucoup plus facile de couper les racines. On laboure ensuite le terrain avec une charrue solide qu'on fait marcher lentement de peur d'accident.

Si l'espace à défricher est couvert de bruyères, d'ajoncs et d'herbes grossières, on profite d'un instant calme et sec pour y mettre le feu, après avoir circonscrit l'espace à brûler par une zone de 3 à 4 mètres qu'on fauche et qu'on laboure. L'hiver suivant, au moyen d'une charrue à oreille elliptique renversant bien la tranche, on retourne à peu de profondeur le terrain incendié.

Si le sol, comme il arrive le plus souvent, est de qualité médiocre, on s'abstient de tout ensemencement immédiat. Un an après, on donne en travers un second labour plus profond que le premier, et on divise les mottes par des hersages vigoureux. Les plantes qui réussissent le mieux alors, sont le sarrasin, le seigle et l'avoine.

L'écobuage que nous avons déjà décrit, constitue

un second mode de défrichement sur lequel nous ne reviendrons pas. M. Rieffel préfère le défrichement à la charrue, quoique un peu plus dispendieux, parce qu'il ne détruit pas l'humus comme fait l'écobuage. Toutefois, il semble à ce savant agronome que, dans de vastes opérations, il convient de recourir aux deux moyens.

Lorsque le terrain est rempli de pierres, on ramasse les plus gênantes; et, si on ne peut les utiliser, on en fait des tas réguliers. Du reste, on se garde d'épierrer d'une manière complète un champ très-sec. Ainsi que nous l'avons dit à l'étude du sol, les pierres maintiennent souvent la fraîcheur d'une manière utile. Pour fendre de gros blocs, en vue d'un déplacement plus facile, on y creuse avec le ciseau, suivant le sens dans lequel on suppose qu'ils se diviseront le mieux, un trou de 8 à 10 centimètres de profondeur; puis, entre deux coins de bois dur placés dans ce trou, on enfonce à coups de masse un coin en fer. On se débarrasse aussi d'un quartier de rocher en le faisant tomber dans une fosse creusée tout auprès.

Souvent, un terrain vierge présente de grandes irrégularités. Le sous-sol se trouve-t-il imperméable; le drainage est alors particulièrement avantageux, parce qu'il dispense des nivellements et formations d'ados auxquels il faudrait recourir, si on cultivait le champ sans l'assécher.

D'autres fois, la pente de l'espace qu'on défriche

est tellement roide qu'il est difficile d'y mettre la charrue et que, si on le cultivait du haut en bas, les pluies entraîneraient une grande partie du sol végétal. Dans ce cas, il faut laisser, en travers de la colline, des bandes engazonnées sur lesquelles on accumule peu à peu la terre et les pierres, au point d'y former des talus rapides. Le surplus du terrain forme des terrasses plates ou d'inclinaison modérée. Si les pierres abondent, on construit, en les appliquant contre ces talus, des murs sur lesquels peuvent se palisser les arbres fruitiers et la vigne. En Dauphiné et en Provence, de vastes coteaux, ainsi disposés, présentent l'aspect le plus ravissant.

Ailleurs, faute de précautions, le défrichement des terrains en pente a causé des maux irréparables. Considérons les montagnes dans leur état primitif. Au-dessous des neiges, elles sont revêtues de gazons; plus bas, s'étendent de majestueuses forêts. Retenues par le chevelu serré de cette végétation, les eaux pluviales pénètrent en partie dans le sol et alimentent les sources. Le surplus coule à la surface sans causer de dégâts; car la terre est fixée par les racines des herbes et des arbres. Mais si une pioche imprudente vient à les détruire, l'eau emporte la terre végétale devenue mouvante et se précipite dans les ravins avec une effrayante rapidité. Torrentiels à leur tour, nos fleuves causent d'affreux ravages. Quelques semaines après, ces mêmes rivières, presque à sec, suffisent à peine aux besoins de la navigation.

Rétablir partiellement les bois et les gazons, ralentir le cours des eaux par des fossés creusés en travers, par des digues engazonnées et par des fascinages d'osier : voilà quelques moyens d'atténuer le mal. Toutes les fois qu'on laisse subsister un écoulement rapide, qu'il soit gazonné, s'il est possible. Ne remarque-t-on pas qu'un ravin qui s'est creusé longtemps commence à se remplir, dès que l'herbe s'est mise à en tapisser le fond? Voici encore un autre exemple de l'effet protecteur du gazon : on sait qu à chaque tournant les rivières rongent un de leurs bords ; cette rive est abrupte et minée en dessous. Qu'on change cet état de choses et qu'on abaisse le bord attaqué, de sorte qu'il présente un talus très-incliné et gazonné jusqu'au ras de l'eau ; le dégât cesse à l'instant.

Si nous revenons au défrichement dont cette digression nous a écartés, il existe souvent, dans les pays incultes, une insalubrité qui s'accroît par l'effet du premier labour et ne disparaît qu'après plusieurs années de culture et d'assainissement. On peut l'atténuer au moyen de plantations forestières, le feuillage des arbres, ainsi que nous l'avons dit déjà, absorbant les miasmes répandus dans l'air. Mais le plus sûr moyen de s'y soustraire est de ne pas habiter l'endroit même. On s'y transporte pour les époques de grands travaux,

Hercule, dit la Fable, a fait périr l'hydre de Lerne, ou plutôt il a défriché une terre pestilentielle et détruit avec la faux les mille têtes de plantes aquatiques qui l'infestaient; travail assurément digne de passer à la postérité sous les riches couleurs de la poésie. Quant à la France, elle n'oubliera pas les vastes défrichements exécutés dans le Maine, vers 1750, par le marquis de Turbilly et les excellents écrits qu'il a laissés sur ce sujet. Elle conservera également avec respect le nom de M. Rieffel qui a fondé, au milieu des landes ingrates de Grand-Jouan, une ferme modèle devenue aujourd'hui l'un de nos principaux centres de progrès agricole.

## CHAPITRE XXXVI

### CLÔTURES ET VOIES RURALES.

Dans beaucoup de départements, par suite d'usages trop respectés, le bétail de tous les habitants de la commune a droit de *vaine pâture*, à certaines époques de l'année, sur les prairies non closes et sur les champs qui ne sont ni ensemencés ni fermés; de sorte que, pour pouvoir disposer de ses héritages en liberté, comme l'exige une agriculture progressive, il faut commencer par les clore; opération applicable seulement aux pièces d'une certaine étendue.

Pour les terres humides, les meilleures clôtures sont des fossés. Avec leurs déblais on effectue d'utiles nivellements. De plus, les fossés servent de décharge aux rigoles d'assainissement et aux tuyaux de drainage. Si le climat, sec ou venteux, nécessite la création d'abris, ou bien si les champs doivent servir souvent au pâturage, on creuse deux fossés de 1 mètre à 1 mètre 50 de large, séparés par un espace de 2 à 3 mètres sur lequel on accumule les déblais. Sur la haute levée ainsi établie, on plante une haie vive qui se trouve défendue par les fossés contre les atteintes du bétail. Parfaitement assainie et jouissant d'une terre profonde que l'air pénètre de toutes parts, cette haie pousse vigoureusement, pourvu qu'elle se compose d'espèces ligneuses appropriées au climat et au sol. L'aubépine convient aux terres douées d'une certaine fraîcheur; le charme et l'acacia, aux terrains secs; l'ajonc, qui gèle dans le Nord, forme d'assez bonnes clôtures dans nos régions occidentales, ainsi que dans celles du centre et du sud. Il ne faut jamais employer d'arbrisseaux traçants, tels que l'épine noire et l'églantier, ni des sujets détachés de vieilles souches; mais des plants de semis, nés soit en pépinière, soit dans les bois, et élevés un an ou deux en bon terrain. Pour obtenir de jeunes aubépines, on répand les baies de cet arbrisseau dans du terreau, et afin qu'elles germent la première année, on les cueille dès le mois d'octobre, puis on les mélange de terre, et on les tient tout l'hiver en lieu chaud.

On sarcle la haie pendant quelque temps, et pour reporter la séve sur les branches inférieures et obliques qui doivent en fourrer le pied, on coupe les pousses verticales à plusieurs reprises. Lorsque, devenue vieille, la haie s'éclaircit dans le bas, on la recèpe rez terre. De chaque souche il surgit alors de nouvelles pousses qui lui rendent l'épaisseur voulue.

S'il importe d'enlever aux autres l'accès de nos héritages, nous devons chercher à les rendre facilement abordables pour nous-mêmes. C'est ainsi que de bons chemins ruraux augmentent singulièrement la valeur d'une propriété. Dans presque tout domaine, il existe à cet égard de grandes améliorations à accomplir, travaux devant lesquels ne doit pas reculer le propriétaire intelligent.

L'humidité est pour les chemins la principale cause de destruction. Dès lors, tâchons de les établir en lieu sain et élevé; et, si nous sommes forcés de suivre des bas-fonds, qu'au moyen de fossés la place soit disposée en ados très-bombé. Lorsque les matériaux solides abondent, le mieux est de donner à la voie 5 à 6 mètres seulement de largeur entre les fossés, afin que l'assainissement soit parfait. Quatre mètres sont chargés de pierres sur une profondeur de 35 centimètres. A la base de l'empierrement, on peut mettre d'assez gros blocs; mais, pour que la surface se trouve ensuite parfaitement liée, il importe que les 15 centimètres supérieurs se composent de graviers ou de morceaux cassés de la grosseur d'un œuf.

Peu de temps après sa construction, le chemin commence à se sillonner d'ornières. Faisons alors un rechargement complet; et plus tard, chaque fois qu'il se produit une cavité, remplissons-la promptement de pierres cassées, afin que le chemin, restant bombé, ne présente jamais d'eau stagnante. En effet, la moindre ornière s'approfondit en fort peu de temps.

Si l'on manque de pierres, c'est par le gazon qu'on donnera de la solidité aux voies rurales. Elles auront, dans ce cas, 20 mètres de largeur au moins, afin qu'un piétinement trop fréquent ne fasse disparaître nulle part l'herbage solidificateur. Tout l'espace formera un ados arrondi entre deux fossés, et, à chaque printemps, on remplira les ornières avec le niveleur ou le hoyau. Bordées d'arbres, de telles avenues forment une belle décoration, et elles sont très-bien utilisées comme pâturage.

Créons à nos chemins engazonnés ou empierrés les pentes les plus douces, et évitons les dépressions qui donnent lieu à des secousses et à des efforts pénibles pour les attelages. Ainsi, lorsqu'un écoulement doit traverser la voie, préférons aux rigoles à ciel ouvert les conduits souterrains qui se font d'une manière durable et économique avec des tubes en poterie.

## CHAPITRE XXXVII

### VOITURES ET CHARROIS.

Ce n'est pas tout d'avoir de bons chemins ; il faut mettre cet avantage à profit par l'excellente construction des voitures. Pour apprécier l'importance de ce point, essayons de tirer ces deux charrettes qui paraissent d'égale dimension. L'une se meut sans difficulté. Attelés à l'autre, nous plions sous le fardeau, et nous ne la faisons avancer qu'à grand'peine. Dans nos fermes, combien de véhicules ressemblent à ce dernier ! Dès lors, que de fatigues en pure perte pour nos courageux auxiliaires !

Au sujet de l'essieu et des roues, pièces capitales de toute voiture, il faut se souvenir que les roues ont pour but de substituer au frottement rude et difficile qui aurait lieu sur le sol, si le véhicule ne roulait pas, le frottement doux et régulier de l'extrémité de l'essieu contre les parois internes du moyeu. L'économie de force qui résulte de cette disposition est prodigieuse; pour la rendre complète, il faut réduire à leur plus simple expression les frottements de l'essieu. A cet effet, celui-ci aura un très-petit diamètre et sera fait, par conséquent, d'excellent fer et non pas de bois. Le moyeu lui-même sera très-court.

A chaque tour de roue, l'essieu frotte une fois contre le moyeu. Ainsi, plus la circonférence de la roue est étendue, moins ce frottement se renouvelle. La roue élevée présente un second avantage, celui de franchir toute aspérité plus aisément que la roue basse. Nous donnerons donc aux roues le plus grand diamètre possible, c'est-à-dire, 1 mètre 70 à 1 mètre 80. Des roues plus grandes rendraient les voitures trop hautes, par suite, pénibles à charger et facilement culbutantes.

Il convient que les rayons s'éloignent de la voiture par l'extrémité qui se lie aux jantes. Quant au cercle formé par celles-ci, il faut qu'il se trouve dans un plan vertical; et l'essieu doit lui-même être exactement horizontal. Les roues évasées et les essieux courbes, qu'on fait souvent pour donner plus de place au coffre de la voiture, causent des frottements particuliers par suite de la direction oblique que ces roues, si elles étaient libres, prendraient, l'une à droite, l'autre à gauche.

Il se produit encore des irrégularités de frottement et, par suite, augmentation de résistance, lorsque les jantes, le moyeu et l'essieu ne forment pas autant de cercles d'une exacte concentricité. Aussi, l'essieu doit tourner dans une boîte en fonte juste de sa mesure, qu'on a soin de graisser souvent et de tenir hermétiquement fermée, afin que la graisse ne s'échappe pas et que la poussière ne puisse s'y introduire. Les carrossiers ajustent toutes ces pièces avec beaucoup de soin. Pourquoi l'agriculteur n'exigerait-il pas de son charron et de son maréchal la même perfection? Les forces du cheval de ferme sont-elles moins précieuses que celles des animaux citadins?

Pour le graissage, rien n'est plus commode que les boîtes et les moyeux traversés latéralement par un conduit au moyen duquel on introduit de l'huile sans être forcé de démonter les roues. Ce conduit se ferme avec une cheville de fer.

Les jantes doivent avoir des dimensions relatives à la charge. Trop larges, elles augmentent le tirage inutilement; trop étroites, elles n'ont pas de solidité; et, par l'effet d'une pression excessive sur peu de surface, elles enfoncent dans les terres et détériorent les chemins. Pour les voitures habituellement attelées d'un seul cheval, elles ne doivent pas avoir plus de 8 centimètres.

Mathieu de Dombasle conseille exclusivement ce système d'attelage. En effet, isolés chacun à un véhicule particulier, plusieurs chevaux traînent des fardeaux plus lourds que lorsqu'ils sont réunis. Dans ce second cas, le meilleur charretier ne peut les faire tirer avec un ensemble parfait; et la longueur de l'attelage produit sur la ligne de tirage d'inévitables déviations, par suite, des pertes de force qui deviennent très-considérables lorsque les animaux sont mal attelés ou mal conduits, tandis que la personne la moins habile mène bien une voiture traînée par un seul animal.

Autre avantage des petits véhicules : ils sont plus aisés à charger et à décharger que les grands. Toutefois, les voitures attelées d'un animal ne peuvent être exclusivement adoptées, lorsqu'on emploie des juments poulinières et des animaux non encore adultes, surtout de ceux qui appartiennent aux petites races. Afin de ménager ces animaux que des efforts soutenus fatigueraient outre mesure, on doit le plus souvent les réunir, sans cependant en mettre ensemble plus de 4 ou 5 ; car au delà de ce nombre, il y aurait trop de force perdue.

Une autre question se présente, celle de savoir s'il convient d'adopter les voitures à deux roues ou celles à quatre. A charge égale, les premières, sur terrain plat, sont moins résistantes que les autres, puisqu'il y a pour elles, du côté des roues, moitié moins de frottement. Mais, dans les descentes, une partie de la charge appuyant sur l'animal, celui-ci peut fléchir et éprouver de graves accidents. Dans les montées, au contraire, la voiture tend à se renverser en arrière, et l'animal dépense une partie de sa force à la tenir en équilibre. En pays de plaine, ces inconvénients sont à peine sensibles; et le véhicule à deux roues est préférable, quoique plus sujet à verser et plus difficile à bien charger, à cause de la nécessité d'équilibrer la partie qui est en avant de l'essieu avec celle qui se trouve en arrière. Mais en pays accidenté, il convient d'employer le chariot, surtout lorsque les animaux dont on se sert ne sont pas complétement adultes et ont besoin d'être ménagés.

Ordinairement, afin de rendre plus facile la manœuvre de ce dernier genre de voiture, on fait les roues de devant assez basses pour que l'avant-train puisse opérer une demi-conversion. Cette disposition augmente le tirage. Aussi, lorsqu'il ne se trouve pas sur la ferme de passage où il faille tourner de très-court, le mieux est d'adopter le chariot franc-comtois dont toutes les roues sont du diamètre de 1 mètre 70.

Quant aux voitures à deux roues, elles doivent être construites de telle sorte que l'arrière soit équilibré avec le devant, et qu'elles ne pèsent pas sur l'animal. Il convient en outre de leur adapter un tuteur composé de deux pièces, l'une verticale, terminée inférieurement par une roulette et fixée au-dessous de la partie antérieure de la voiture; l'autre, oblique, s'articulant par le bas avec la pièce précédente et s'attachant par l'autre bout à l'essieu. On comprend toute l'efficacité de cette pièce qui, dans les descentes, soutient la voiture et empêche la charge de peser sur le cheval de brancard. Lorsqu'on n'a rien à craindre, on relève ce tuteur en décrochant de l'essieu la pièce oblique et en l'attachant plus en arrière.

Pour le transport des matières encombrantes, pailles, fourrages, etc., on a des voitures longues et garnies d'*écalages*, sorte d'échelles destinées à maintenir la charge. En dessus, celle-ci est consolidée par une perche qui, d'un bout, se fixe à l'échelle de devant, et de l'autre, aux pièces postérieures de la voiture à l'aide d'une corde qu'on serre vigoureusement. Pour les charrois de fumier, il suffit d'enlever un des écalages, afin que l'engrais soit aisément tiré avec le croc. S'il s'agit d'un transport de terre ou de racines, on remplace les écalages par une caisse en planches. Nous conseillons d'avoir aussi deux ou plusieurs tombereaux à bascule spécialement affectés à ce dernier transport. On les monte, au moment du besoin, sur les roues d'autres véhicules.

Pour tout charroi important, le service doit être organisé de sorte que le chargement s'effectue sans perte de temps. A-t-on, par exemple, des récoltes à rentrer ; il faut généralement trois voitures. Tout à la fois, on charge l'une, on décharge l'autre, et on conduit la troisième.

Quel qu'en soit l'usage, les véhicules doivent être faits de bois solide et léger. Le charme convient pour les moyeux, l'orme ou le noyer pour les jantes, le frêne pour les autres pièces. Afin d'en assurer la durée, il faut les enduire, si ce n'est de peinture à l'huile, au moins de goudron, les tenir à couvert tant qu'on ne s'en sert pas, et, au temps des grandes chaleurs, mettre sur les moyeux de la paille humide ou du fumier, afin que les rayons des roues ne puissent se disloquer par l'effet d'une dessiccation excessive.

FIN DU PREMIER VOLUME.

# TABLE DES MATIÈRES

## DU PREMIER VOLUME.

|  | Pages. |
|---|---|
| Préface | v |
| Table alphabétique et désignation agricole des lieux indiqués sur la carte | xiii |
| Altitude des principales villes de chaque département | xxxv |
| Altitude des principales rivières de France sur différents points | xl' |
| Altitude de quelques points très-élevés | xliv |
| Table générale et alphabétique des matières | xlv |
| Table alphabétique des noms propres | liv |

## PREMIÈRE PARTIE.

### L'AGRICULTURE CONSIDÉRÉE AU POINT DE VUE MORAL, SOCIAL ET RELIGIEUX.

| | |
|---|---|
| I. — L'agriculture et la famille | 1 |
| II. — L'agriculture et la propriété | 5 |
| III. — L'agriculture et le respect de la propriété | 9 |
| IV. — L'agriculture et la propriété foncière | 15 |
| V. — Inégalité de la propriété foncière | 20 |
| VI. — Hérédité de la propriété foncière | 25 |
| VII. — Liberté d'usage de la liberté foncière | 27 |
| VIII. — L'Agriculture et la société | 29 |
| IX. — Association nécessaire dans toute société pour assurer à la propriété foncière la liberté d'accès et celle des eaux | 30 |
| X. — L'agriculture et l'autorité | 33 |
| XI. — L'agriculture et les professions qui résultent nécessairement de l'état social | 35 |
| XII. — Location d'une partie des terres, conséquence de l'état social; fermage | 43 |

## TABLE DES MATIÈRES.

| | | Pages. |
|---|---|---|
| XIII. | — Métayage.................................................. | 52 |
| XIV. | — Usage de la monnaie, conséquence de l'état social; crédit agricole......................................... | 55 |
| XV. | — Service salarié, conséquence de l'état social; direction agricole.............................................. | 62 |
| XVI. | — Mœurs agricoles........................................ | 73 |
| XVII. | — Mœurs agricoles (suite) .......................... | 79 |
| XVIII. | — Mœurs agricoles (suite)........................... | 85 |
| XIX. | — Tendance de l'homme à délaisser l'agriculture; action de plusieurs religions païennes contre cette tendance........................................................ | 90 |
| XX. | — Rapports intimes qui existent entre la religion véritable et l'agriculture.................................. | 99 |
| XXI. | — Faits tirés de l'histoire sainte à l'appui du chapitre précédent.................................................... | 105 |
| XXII. | — Suite du sujet des chapitres précédents; influence du christianisme sur l'agriculture moderne..... | 112 |
| XXIII. | — Protection due par le gouvernement à l'agriculture; exemples tirés de l'antiquité........................... | 129 |
| XXIV. | — Suite du chapitre précédent; exemples tirés de l'histoire moderne.............................................. | 142 |
| XXV. | — Savoir agricole; savoir pratique, savoir philosophique ou théorique........................................ | 153 |
| XXVI. | — Science agricole locale; science agricole générale... | 159 |

## DEUXIÈME PARTIE.

L'AGRICULTURE CONSIDÉRÉE AU POINT DE VUE PRATIQUE

### SECTION Ire. — VÉGÉTATION, TERRES, CLIMATS

| | | |
|---|---|---|
| I. | — Germination, floraison, fructification, perfectionnement des espèces, dégénérescence, divers moyens de multiplier les plantes........................ | 165 |
| II. | — Influence de la chaleur et de la lumière sur la végétation............................................................. | 175 |
| III. | — Composition et nutrition des plantes .............. | 181 |
| IV. | — Des terres................................................. | 196 |

## TABLE DES MATIÈRES.

Pages.

V. — Des terres (suite); profondeur, sous-sol, exposition, couleur, voisinage, etc.................. 209
VI. — Climats agricoles........................... 215
VII. — Suite des climats agricoles; division de la France en plusieurs régions......................... 223
VIII. — Classification agricole des diverses régions françaises................................... 230
IX. — Pronostics du temps........................ 232

### SECTION II. — OPÉRATIONS PRINCIPALES DE L'AGRICULTURE.

I. — Culture du sol, instruments qui y sont employés. 241
II. — Charrues.................................. 243
III. — Charrues qui ne renversent la terre que d'un seul côté..................................... 247
IV. — Charrues renversant la terre soit à droite, soit à gauche.................................... 259
V. — Attelage des charrues, enrayures, tournières.... 267
VI. — Labours, leur importance, profondeur et largeur des tranches, fouilleur....................... 270
VII. — Pelleversage, labours d'automne, premiers et seconds labours............................. 275
VIII. — Herses, scarificateurs, hersages............... 278
IX. — Houes et autres instruments à lames horizontales. 284
X. — Rouleaux.................................. 289
XI. — Progrès actuel de la mécanique appliquée à la construction des instruments aratoires....... 294
XII. — Semailles, choix et préparation des semences.... 296
XIII. — Semailles (suite), choix du moment le plus favorable pour semer, enfouissage des semences. 300
XIV. — Semailles (suite), semailles en poquets et en lignes..................................... 303
XV. — Semailles (suite), semailles à la volée.......... 308
XVI. — Transplantations............................ 316
XVII. — Repos et jachères.......................... 320
XVIII. — Substances fertilisantes, distinction entre les engrais et les amendements, engrais animaux, fumier..................................... 324

# TABLE DES MATIÈRES.

Pages

XIX. — Engrais animaux liquides et pulvérulents, parc, os pilés, noir animal, etc.................... 335
XX. — Engrais végétaux, tiges ligneuses foulées, engrais Jauffret, goëmons, roseaux, gazons, récoltes enfouies, plantes améliorantes, graines de lupin, tourteaux........................ 344
XXI. — Amendements; marnes, faluns, sables de mer, chaux............................... 350
XXII. — Amendements (suite), plâtre, cendres sulfureuses, sel commun, cendres de foyer, suie, sels divers................................... 359
XXIII. — Tableau récapitulatif des substances fertilisantes et de leur action...................... 366
XXIV. — Brûlis, essartage, écobuage................. 369
XXV. — Desséchements............................ 373
XXVI. — Distinction entre le desséchement, l'assainissement et l'asséchement, assainissement....... 378
XXVII. — Asséchement, drainage..................... 384
XXVIII. — Asséchement (suite), plan et exécution d'un drainage................................... 391
XXIX. — Asséchement (suite); qualité des tuyaux, prix de revient d'un drainage, autres méthodes d'asséchement................................. 403
XXX. — Irrigations; prises d'eau, machines hydrauliques, puits artésiens, kériz.................... 408
XXXI. — Irrigations (suite); conduite et mesure des eaux. 414
XXXII. — Irrigations (suite); distinction entre les divers systèmes d'irrigation, arrosages d'été........ 419
XXXIII. — Irrigations (suite); irrigation par eau courante.. 423
XXXIV. — Irrigations (suite); irrigation par eau dormante. 429
XXXV. — Défrichements............................. 433
XXXVI. — Clôtures et voies rurales..................... 438
XXXVII. — Voitures et charrois........................ 442

PARIS. — IMPRIMERIE DE J. CLAYE, RUE SAINT-BENOÎT, 7.

www.ingramcontent.com/pod-product-compliance
Lightning Source LLC
Chambersburg PA
CBHW071704230426
43670CB00008B/907